黑龙江省玉米全程机械化栽培技术

戴凌燕　张树权　姚玉波　于　莹　著

哈爾濱工程大學出版社
Harbin Engineering University Press

内容简介

黑龙江省玉米全程机械化生产水平与黑龙江省玉米产业和农业生产技术水平紧密相关。本书结合黑龙江省玉米机械化发展现状及趋势,探讨了适合机械化生产的玉米育种技术和机械化生产的生理基础,论述了播种、田间管理、采收及整地等全程机械化生产技术,并总结了特用玉米机械化生产情况,可为黑龙江省玉米大面积种植提供技术支持。

本书适合农业相关专业科研工作者、管理者和生产者参考使用。

图书在版编目(CIP)数据

黑龙江省玉米全程机械化栽培技术 / 戴凌燕等著. —哈尔滨:哈尔滨工程大学出版社,2018. 8

ISBN 978 - 7 - 5661 - 2085 - 4

Ⅰ. ①黑… Ⅱ. ①戴… Ⅲ. ①玉米 - 机械化栽培 - 黑龙江省 Ⅳ. ①S233. 73

中国版本图书馆 CIP 数据核字(2018)第 207465 号

选题策划 刘凯元
责任编辑 刘凯元
封面设计 博鑫设计

出版发行 哈尔滨工程大学出版社
社　　址 哈尔滨市南岗区南通大街 145 号
邮政编码 150001
发行电话 0451 - 82519328
传　　真 0451 - 82519699
经　　销 新华书店
印　　刷 北京中石油彩色印刷有限责任公司
开　　本 787 mm × 1 092 mm 1/16
印　　张 14. 75
字　　数 360 千字
版　　次 2018 年 8 月第 1 版
印　　次 2018 年 8 月第 1 次印刷
定　　价 49. 00 元
http://www. hrbeupress. com
E-mail:heupress@ hrbeu. edu. cn

前　言

玉米是黑龙江省种植面积最大、总产量最高的农作物。由于黑龙江省地处寒区,研究探讨适于黑龙江省的玉米机械化栽培技术,对于指导玉米生产具有重要的实践价值。黑龙江省玉米机械化发展水平较高,科技力量和相关研究机构实力雄厚,在玉米机械研发和栽培技术推广方面获得的经验可以借鉴用于其他省份的玉米产区。因此,本书的编写内容符合我国玉米种植业发展的技术需求,具有较高的研究和应用价值。

本书概述了黑龙江省玉米机械化发展现状、趋势及机械化精插技术、方法,并重点对比国内外玉米机械化生产的设备研究和使用现状、应用特点;详述了黑龙江省和国内外玉米精量播种、田间管理(肥药施用、灌溉、植保及深松)及收获机械的研究现状;介绍了机械化施肥、机械化灌溉、机械化植保技术、生物防治、中耕等内容,可以为黑龙江省玉米机械化生产提供数据和技术参考。同时,本书探讨了适合机械化生产的玉米育种技术和机械化生产的生理基础,对指导玉米生产具有一定的实际意义,为玉米全程机械化种植技术提供了理论支撑。选用高效一体化的联合收获机械,可以实现玉米采收、脱粒、秸秆还田等联合作业,大幅度提高劳动生产效率并减少收获损失。耕整地技术和机械设备的选择,对黑龙江省寒地黑土保护、病虫草害防治及玉米产量影响很大。糯、甜玉米和青贮玉米等是黑龙江省玉米产业结构调整后主要的特用玉米,选用专用的特用玉米生产机械,对提高其种植管理水平和采收效率具有良好的促进作用。

本书相关研究得到了著者主持和参与的黑龙江省博士后基金项目“高产玉米品种间寒地灌浆及脱水相关特性对比的动态分析”(编号 LBH - Z13187)、科技部国家重点研发计划课题“机械化栽培春玉米、粳稻丰产增效栽培技术”(编号 2017YFD0300505)和“黑龙江半湿润区春玉米全程机械化丰产增效技术体系集成与示范”(编号 2018YFD0300102)、黑龙江省自然科学基金项目“利用 CRISPR/Cas9 基因组定点编辑技术降低高粱醇溶蛋白含量的研究”(编号 C2016046)等项目支持,并参考了相关国内外文献资料总结而成。感谢参与实验和著作整理的李志江、唐呈瑞、蔡欣月和陈卓等老师和学生的努力付出。在此一并对本书研究给予支持的领导和同行表示感谢!

本书共 9 章,具体撰写的分工如下:黑龙江省农业科学院博士后、黑龙江八一农垦大学生命科学技术学院教师戴凌燕负责撰写第一章及第三章第四节、第五节和第六节(共约 120 千字);黑龙江省农业科学院经济作物研究所张树权负责撰写第三章第一节、第二节和第三节(共约 63 千字);黑龙江省农业科学院经济作物研究所姚玉波负责撰写第七章、第八章、第九章和参考文献(共约 102 千字);黑龙江省农业科学院经济作物研究所于莹负责撰写第二章、第四章、第五章和第六章(共约 75 千字)。

囿于著者学术能力有限,在编写过程中难免会出现不妥和纰漏,衷心希望读者和同仁给予批评指正!

著 者

2018 年 3 月

目　　录

第一章　黑龙江省玉米机械化发展概述

第一节　黑龙江省玉米种植现状与经济效益分析概述

黑龙江省是中国玉米第一主产省，地处世界玉米生产黄金地带，每年一季，是典型的北方春播玉米种植产区。2013 年 4 月，国务院常务会议批复建设黑龙江省先行开展现代农业综合配套改革试验工作，《黑龙江省“两大平原”现代农业综合配套改革试验总体方案》正式获得批准，标志着优化黑龙江省玉米种植结构、提高玉米综合生产能力和单产水平等工作将更加科学化、合理化。因此，大力提高黑龙江省玉米机械化种植、栽培与收获技术水平，符合国家政策需求，有利于降低劳动强度，确保农艺措施及时有效，实现玉米生产的节本增效。

一、黑龙江省玉米种植情况

2012—2016 年，黑龙江省玉米种植面积受政策产业结构调整波动较大，2014 年降到极值为 8 160.3 万亩（1 亩 = 666.67 m^2），亩产达到 819.5 斤（1 kg = 2 斤），2016 年回涨到 9 662.0万亩，亩产降到 790.0 斤（表 1 - 1）。玉米种植是黑龙江省粮食丰产丰收的重要组成部分。从种植区域看，黑龙江省玉米主产区集中在哈尔滨、绥化、齐齐哈尔等西部城市和地区，种植面积约占黑龙江省总面积的 2/3，产量约占全省总产量的 90%，黑龙江省农垦总局玉米产量占黑龙江省总产量的 1/10 左右（孙士明等，2015）。据统计，黑龙江省玉米种植面积在 10^5 hm^2 以上的主栽品种有龙单 13、龙单 19、龙单 38、绥玉 10、克单 14、吉单 27、吉单 519 和郑单 958 等品种。种植面积达到 4×10^5 hm^2 以上的主栽品种主要有先玉 335 和德美亚 1 号（孙士明等，2015）。这些主栽品种在产量、抗病虫害及冷害等方面性能优良，品质较好，适于在黑龙江省大面积推广种植，但在栽培模式及机械化运行方面的推广仍受土壤、轮作、气候等自然和种植方式的限制，应逐步探索加以大面积推广。

表 1 - 1　2012—2016 年黑龙江省玉米生产情况统计表

年份	播种面积/万亩	总产量/万吨	亩产/斤	商品量/万吨
2012 年	7 785.9	2 888.0	741.9	2 513.0
2013 年	8 171.2	3 216.5	787.3	2 841.5
2014 年	8 160.3	3 343.5	819.5	2 918.5
2015 年	8 731.7	3 544.1	811.8	3 119.0
2016 年	9 662.0	3 816.0	790.0	3 300.0

注：2012—2015 年数据为国家统计局数据；2016 年数据为黑龙江省粮油批发交易信息中心预估值。

二、黑龙江省玉米耕种模式

黑龙江省玉米耕种栽培技术模式主要有“等行距垄作”技术，采用 60 ~ 70 cm 等行距垄播，一次播种保全苗，保苗株数达到 4.5 万 ~6.0 万株/公顷，已基本完成由穴播向单粒播过渡（王福亮，2010）。在黑龙江省龙江县、甘南县、泰来县等旱区，推广实施催芽坐水种和免耕播种技术，实现了玉米大垄双行栽培模式的推广。玉米生产存在的主要问题是耕作不合理、播种质量差、苗不齐不匀不壮等现象比较突出，迫切需要提高播种机械化水平和提升合理耕作技术，实现抗灾稳产、科学良种良法配套等综合管理，提升黑龙江省玉米耕种与机械化水平。

三、黑龙江省玉米种植效益

2016 年，随着玉米收储市场的改革，黑龙江省玉米市场价格整体下滑（图 1 - 1），同时，受政策调整、降低种植面积及灌浆期突发高温干旱、倒伏等影响，玉米单产降低；玉米市场收购价为 1 296 元/吨，较年初下跌 614 元/吨，跌幅为 32%（陈子刚和代滢芸，2017）。

黑龙江省玉米从 2016 年开始“市场化收购”加“补贴”的新机制，即通过加大市场收购扶持力度，对规模企业实行提供补贴、区域合作政策，缓解玉米受市场带来的价格波动压力，带动种植户的积极性。据黑龙江省农户成本基点县调查数据，2016 年，黑龙江省玉米单产为 6.375 t/hm^2，同比降 17.48%；玉米种植收益亏损达 4 782.9 元/公顷，纯收益同比减少 5 672.7 元/公顷，减幅达 637.53%；净产值平均为 1 877.85 元/公顷，较上年减少了76.88%（表 1 - 2）（韩春晖，2016）。其中，2015—2016 年，玉米机械作业费成本占总成本的百分比，由 2015 年的 18.47% 增加至 2016 年的 19.48%，增加近一个百分点，但人工成本得到了显著的降低。

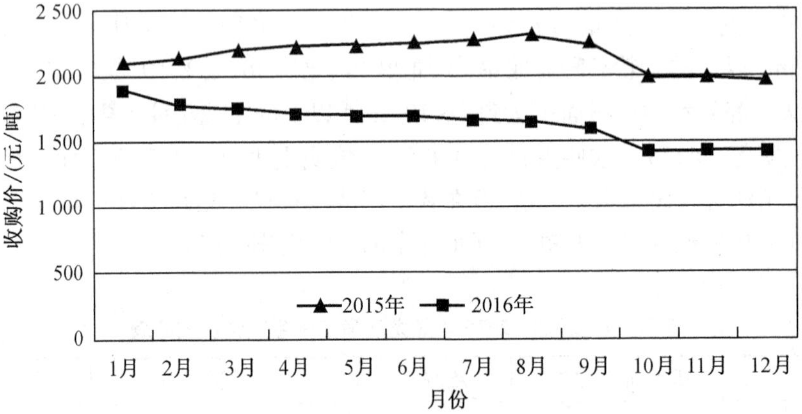

图 1 - 1　2015 年和 2016 年黑龙江省玉米价格走势对比图

分析玉米种植收益下降的主要原因，结论是：总成本差别不大，2016 年受灾情的影响产量降低明显，玉米临储新政实施初年的市场价格走低显著，导致玉米收益下降。但从未来趋势看，随着市场变化，尤其是玉米深加工业的拓展，玉米市场需求会不断提升，主产品产值会得到大幅度增加，玉米种植收益会不断增加。

表1-2 2015—2016年黑龙江省玉米种植成本与收益对比

单位:元

项目	2015年	2016年
总成本	12 991.50	12 472.35
生产成本	7 741.50	7 822.35
物质与服务费用	5 760.00	5 811.60
种子费	720.00	675.00
化肥费	1 890.00	1 920.00
农药费	225.00	255.00
机械作业费	2 400.00	2 430.00
人工成本	1 981.50	2 010.75
土地成本	5 250.00	4 650.00
主产品产值	13 701.30	7 574.70
净产值	8 121.30	1 877.85
种植收益	889.80	-4 782.90
三项补贴/农业支持保护体贴	1 035.00	1 071.75
纯收益(含部分补贴)	1 924.80	-1 402.35

第二节 国内外玉米机械化发展现状

一、玉米机械化生产现状与趋势

《中华人民共和国农业机械化促进法》第二条规定,“农业机械化是指运用先进适用的农业机械装备农业,改善农业生产经营条件,不断提高农业的生产技术水平和经济效益、生态效益的过程”。因此,玉米的机械化生产,可以加强玉米产业的高速发展,提高生产效率,是我国农业现代农业机械化的重要组成部分。

近年来,我国玉米耕种收机械化率得到了长足的发展,有效提升了玉米产业竞争力,但玉米机械化生产水平在国际上仍处于较低层次,加快技术研发和应用推广仍是当前实施玉米产业全程机械化的关键所在。

(一)我国玉米机械化生产分析

2015年,我国农业机械总动力投入已经达到11.17亿kW,我国农业耕种收综合机械化水平达63.82%。玉米生产机械化得到了快速的发展,其中,耕整地和种植等环节的技术得到显著提升,机械收割作业发展尤其突出。随着玉米机械化水平提升,玉米产业也得到了快速发展。如图1-2所示,2008—2015年,我国玉米耕种综合机械化率提升了近30%,机耕率增加了超过10%,机播率提升了20%以上,机收率增加50%以上。与水稻机收率86.2%和小麦机收率95.23%相比,玉米的机收率仍相对较低,玉米的机收仍以采收果穗为主,直接的籽粒机收率仅为3%(张丽娜,2017)。

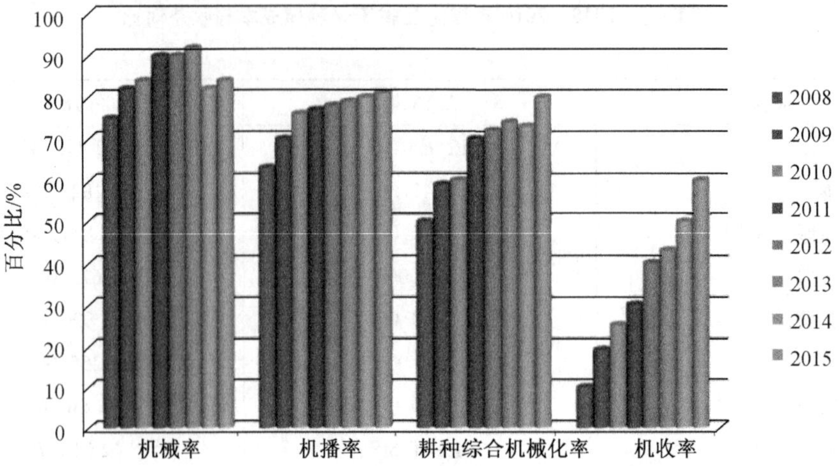

图 1-2　2008—2015 年我国玉米生产机械化率统计图

我国玉米种植区域可划分为三个种植区：

(1)北方玉米种植区，包括辽宁、吉林、黑龙江、山西、内蒙古、陕西、甘肃、宁夏、新疆。

(2)黄淮海玉米种植区，包括北京、天津、河北、江苏、安徽、山东、河南。

(3)南方山地丘陵玉米种植区，包括上海、浙江、福建、江西、湖北、湖南、广东、广西、海南、重庆、四川、贵州、云南、西藏、青海。

2015 年，北方玉米种植区域的机耕率和机播率最高，耕种机械化较高，但机收率仅为 74.32%，居较低水平；黄淮海玉米种植区，机播率低于北方玉米种植区；南方山地丘陵玉米区的玉米机械化水平处于刚开始发展阶段(表 1-3)。综合国内情况，总结我国玉米机械化生产存在的问题有以下几个方面。

表 1-3　2015 年全国玉米机械化生产情况

地区	地区/合计	机耕面积/khm^2	机播面积/khm^2	机收面积/khm^2	机耕率/%	机播率/%	机收率/%	综合机械化率/%	收获机保有量/万台	单位面积玉米联合收获机数量/(台/公顷)
全国		27 974.32	33 019.81	24 135.42	89.92	86.62	64.18	81.21	42.07	0.01
北方玉米种植区	合计	21 672.09	22 220.21	15 274.77	100.00	100.00	74.32	92.30	16.34	0.01
	辽宁	2 555.87	2 441.82	1 267.72	97.41	93.06	48.31	81.37	1.79	0.01
	吉林	3 674.37	4 054.26	2 368.42	94.76	91.33	53.36	81.31	4.36	0.01
	黑龙江	7 493.87	7 481.37	6 192.58	99.71	99.72	82.67	94.60	3.54	0.01
	山西	1 552.05	1 592.18	1 000.46	91.42	84.83	53.30	78.01	2.10	0.01
	内蒙古	3 422.80	4 015.78	2 609.21	92.53	91.51	59.46	82.31	2.36	0.01
	陕西	849.00	843.94	620.53	94.43	64.73	47.60	71.47	1.33	0.01
	甘肃	728.64	404.32	247.15	70.21	38.96	23.82	46.92	0.31	0.00
	宁夏	289.70	269.97	197.91	100.00	85.00	65.00	85.00	0.31	0.01
	新疆	1 105.79	1 116.57	770.79	99.23	96.29	62.89	87.45	0.24	0.00

表 1-3(续)

地区	地区/合计	机耕面积/khm²	机播面积/khm²	机收面积/khm²	机耕率/%	机播率/%	机收率/%	综合机械化率/%	收获机保有量/万台	单位面积玉米联合收获机数量/(台/公顷)
黄淮海玉米种植区	合计	2 963.78	10 539.60	8 607.78	100.00	92.53	75.57	90.43	25.47	0.02
	北京	8.08	73.78	59.30	92.78	95.81	77.21	89.02	92.78	0.01
	天津	178.02	233.35	218.69	99.68	92.32	86.52	93.52	99.68	0.01
	河北	1 038.55	3 009.94	2 277.44	100.00	91.00	75.00	89.80	100.00	0.02
	江苏	398.87	320.17	303.18	86.84	67.22	63.65	74.00	86.84	0.03
	安徽	527.04	791.62	640.16	61.83	92.87	75.10	75.12	61.83	0.02
	山东	167.25	3 054.62	2 612.85	96.64	96.26	82.33	96.64	96.64	0.03
	河南	645.97	3 056.12	2 496.16	98.38	91.39	74.65	89.16	98.38	0.02
南方山地丘陵玉米种植区	合计	3 338.45	260.00	252.87	58.54	4.21	4.09	25.91	0.24	0.00
	上海	0.00	0.00	0.00	100.00	99.42	99.42	99.65	0.00	0.00
	浙江	17.18	0.06	0.04	25.62	0.10	0.06	10.29	0.00	0.00
	福建	7.01	0.00	0.00	27.82	0.00	0.00	11.13	0.00	0.00
	江西	26.51	1.15	3.89	87.58	3.80	12.90	40.04	0.00	0.00
	湖北	534.21	181.63	200.81	75.41	26.40	29.19	46.85	0.20	0.00
	湖南	89.57	13.02	12.53	16.75	2.43	2.33	8.13	0.00	0.00
	广东	128.94	0.00	0.29	72.06	0.00	0.17	28.88	0.00	0.00
	广西	419.75	0.00	7.19	71.88	0.00	1.25	29.12	0.00	0.00
	海南	6.68	0.00	0.00	17.12	0.00	0.00	6.85	0.00	0.00
	重庆	105.33	0.05	0.00	89.19	0.01	0.00	35.68	0.00	0.00
	四川	867.19	23.88	11.39	69.00	1.70	0.82	28.35	0.01	0.00
	贵州	277.83	1.68	2.46	36.26	0.22	0.32	14.67	0.00	0.00
	云南	827.69	18.86	9.25	89.67	2.04	1.00	36.78	0.01	0.00
	西藏	4.17	2.92	2.73	73.47	51.43	48.22	59.28	0.02	0.04
	青海	26.39	16.75	2.29	102.93	62.13	8.49	62.36	0.00	0.00

数据来源:国家统计局《中国统计年鉴 2015》,中国统计出版社,农业部农业机械化管理司编。

1. 地区差异导致玉米机械化水平发展不平衡

由于各地区自然条件、经济发展及种植面积不同,导致我国目前玉米机械化总体特点是发展不平衡。例如,土地分散、小面积种植及积温等现状,造成机械化生产投入费用高,推广范围小,限制了大规模机械化的实施。此外,玉米平播、垄播、沟播、点播等生产方式不同,株距和行距差异,以及单垄、大垄双行、宽窄行、2 比空、4 比空等种植形式的多样性,使得玉米种植标准不统一,限制了玉米机械化的作业效率(周霓,2005)。

2. 玉米机具装备结构不合理

我国玉米机具装备结构性矛盾十分突出，存在装备结构不合理、大中型机械数量严重不足、小型动力机械过剩等问题。2015 年，我国玉米生产的拖拉机与农机具的配套比仅为 1:1.7（合理配套比为 1:3），而发达国家配套比为 1:5 ~ 1:7（张丽娜，2017）。动力机械多，配套机械少，分散经营的土地，形成了不同的种植模式、种植品种和管理办法，限制了大规模机械作业的广泛应用。

3. 农机和农艺配套不当

我国不同地域的玉米品种、耕作方式、种植模式等差异较大，制约着机械化作业的实施，使得标准的作业方式难以推广。因此，农机和农业不匹配，无法达到预期的机械化操作，如玉米的高度及玉米穗的位置不同、秸秆软硬度不同，以及玉米籽粒的水分差异，使联合脱粒设备作业会提高采收损失率（赵鑫和陈长智，2010）。

4. 农机具质量及性能较低

玉米生产的农机具关键部件的质量、生产效率及设备通用性亟待提高。由于互换性不高，适用性差，因此零部件的配套及维修成本高。如玉米收获机造成的籽粒损失大、维修难等技术问题，限制了种植户使用机械化设备，因此，急需加大玉米机械化设备的研发，提升我国玉米机械的制造水平（周霓，2005）。

5. 农户收入、经营规模和发展需求不适应

我国农民户均耕地仅有 7.8 亩，大规模的玉米种植面积较少，因此，大型玉米机械化的普及程度和使用率较低。同时，大功率、多功能机械价格昂贵，种植户购买能力有限。当前应积极探索发展思路，解决农户收入、经营规模等实际问题，加快我国玉米机械化的健康发展。

6. 社会化服务水平有限

目前，我国玉米机械化技术仍处于发展阶段，为实现玉米全程机械化的快速发展，应加强社会化服务体系建设，着重加强农机具质量监管体系，落实技术人员培训体系，加快机械技术创新及维修保障体系，建成基于安全生产的管理综合配套体系，解决玉米机械化过程中存在的技术、监管、维护及配套一体化进程等矛盾，为玉米产业提供技术支持。

（二）国外玉米机械化生产分析

据国际谷物理事会（IGC）发布的最新报告显示，2016—2017 年度（9 月到次年 8 月）美国玉米产量为 3.79 亿 t，高于早先预测的 3.65 亿 t，上年为 3.46 亿 t，占世界产量的 38.80%，如图 1－3 所示。

1. 美国的玉米机械化生产

美国是世界上农业和玉米机械化技术最先进的国家。20 世纪 60 年代后期，美国已经实现从玉米土地耕翻、整地、播种、玉米田间管理、收获、干燥全程机械化。在机械设备生产领域，美国约翰·迪尔公司、凯斯·万国公司、福特公司等大型粮食农机公司在全世界具有较高的水平和声誉，生产的机械设备性能先进，设备的标准化、系列化、通用化程度较高，已达到世界先进水平。同时，美国卫星全球定位系统监控作业在玉米联合收割机、喷雾机、播种机等装备进行应用，极大地提高了玉米机械化生产的质量和精度，具有较好的应用效果。

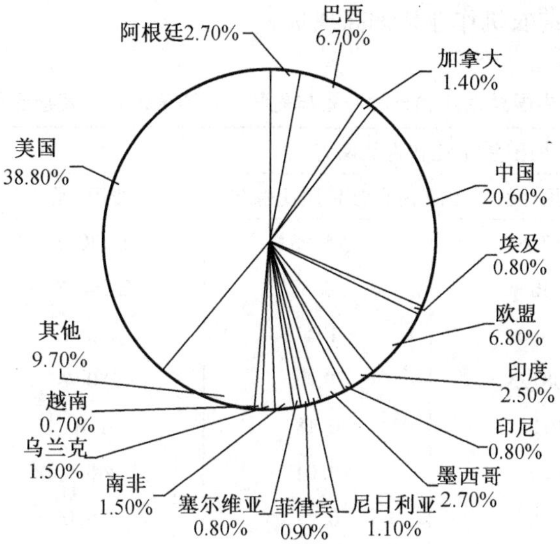

图 1－3　玉米产量比例示意图

与中国田耕相比，美国田耕及整地方式主要包括免耕、垄作、条带耕作、圆盘耙整地 4 种（图 1－4），翻耕方式应用较少。由于美国玉米带种植区的气候特点是春季雨多、土壤湿度大，导致不易作业操作，需抢播耕作。美国的整地和施肥等作业多需要在秋季玉米收获后实施。

图 1－4　美国玉米田主要耕作类型

对中国黑龙江和吉林两省的直接费用进行分析表明，两省的农资费用（种子、肥料与农药之和）比美国的费用低（表 1－4）。中国黑龙江和吉林两省种植玉米种子费是美国费用的 54.7%。美国农资费用占直接费用的 79%，而中国黑龙江和吉林两省则为 59%，其中美国的转基因玉米种子、农药和高阶化肥是导致费用较高的直接原因（王琦琪和陈印军，2018）。

在农机作业费用（机械作业、排灌、燃料动力与维护修理费之和）方面，由于美国大型机械的普遍使用，其燃料动力费和维护修理费较高，造成美国的农机作业费用占直接费用的 16%，而中国黑龙江和吉林两省占比不到 1%；中国黑龙江和吉林两省的机械作业费是美国的 7.45 倍，占黑龙江和吉林两省直接成本的比重高达 40%。据 2017 年 6 月的调查显示，黑龙江省的合作社或国有农场拥有大多数的大型机械，而小规模经营者多选择租赁的方式进行机械作业,造成了当前农机作业费偏高现状。

表1-4　中国黑龙江和吉林两省与美国每公顷玉米生产直接费用对比表

项目	中国黑龙江和吉林两省		美国	
	费用/元	占直接费用比例/%	费用/元	占直接费用比例/%
种子费	837.6	15.98	1 530.1	28.67
肥料费	2 036.7	38.87	2 246.3	42.10
农药费	234.0	4.47	436.4	8.18
机械作业费	2 087.3	39.84	280.4	5.26
排灌费	9.2	0.18	1.8	0.03
燃料动力费	0.5	0.01	440.0	8.25
维护修理费	6.0	0.11	398.0	7.46
其他直接费用	28.2	0.54	2.9	0.05
合计	5 239.5	100.00	5 335.9	100.00

2. 加拿大玉米机械化水平与特点

加拿大主要粮食作物为小麦、玉米和马铃薯,总产量高于 10^5 kg。根据当地耕作和冬季秋雪管理的实际情况,加拿大玉米耕作逐步实现了覆盖面较大的保护性耕作技术,如玉米普遍推行双列圆盘犁和偏置式圆盘犁机械化耕作。田间管理方面,玉米主要采用双翼铲中耕机、翻转式中耕机或双翼杆式中耕除草机防治杂草并增施肥料技术。结合加拿大地域和温度特点,加拿大每隔6年左右采用壁犁进行土壤深耕,实现耕作可动表层土壤和疏松犁底层,实现高水平大规模机械化生产。

3. 法国农业机械化水平与特点

法国农业机械化水平较高,玉米生产已实现了全过程机械化。玉米从整地、播种、中耕、病虫害防治、收获、运输、加工、储存等生产过程的机械化水平较高。法国的农机生产企业主要有雷诺、麦赛·福格森、萨朗约翰·迪尔公司。

(三)国内外玉米机械化差异启示

玉米机械化历经起步、发展到壮大,并广泛应用于种植、管理和采收过程中,各国玉米机械化发展历程相似,但技术水平差异较大。通过相互对比,可以外为已用,对比不足,提升我国玉米机械化水平。

1. 制定保护和扶持政策是国内外玉米机械化发展的共同特点

从发达国家的农业机械化发展历程看,为确保农业机械化的推行,许多国家在实现农业机械化的过程中都无一例外地制定了保护和扶持政策,并且通过立法的形式对促进农机化发展的各项政策措施做出具体的规定,包括财政补贴、优惠贷款、减免税收等政策,在资金、税收、水电和农业基础设施建设等各方面,都给农业机械化的发展创造了有利的条件。

2. 科技支撑及创造是发达国家实现玉米机械化向现代化发展的必经之路

国外先进的科技力量,使得玉米生产机械的先进性和适用性更强,同时,国外一些国家建立了全面的农机科研机构和开发体系,应是我国可借鉴之处。

3. 完善的社会服务体系为玉米机械化生产提供了保障

社会服务体系和组织代表玉米种植户和农机企业的利益,可以使农机化发展和农户的需求得到最大化的满足,并在多方面发挥积极的作用。

4. 免费培训政策提高了从业人员的素质,提升了玉米机械化的高效运行

通过开展玉米机械化生产操作的教育与培训,使操作者能够掌握现代化的玉米机械使用、维护和修理,并结合现代农艺知识,利用 GPS 等先进的信息和通信工具,极大地提高了设备使用效率和工作效率,对玉米科学种植和产业结构调整起到了促进作用,使玉米产业的生产率得到显著提高。

二、国内外玉米机械化设备现状与趋势

(一)玉米精密播种机械化发展现状与趋势

传统的玉米种植方式源于种植户的认知程度较浅,造成我国部分地区的玉米种植效率低下,而玉米精密播种机械的问世,正在使传统种植方式向精密播种机械化时代发展。国外玉米精密播种机械化发展较快,体系完善,形成了涉及农机、农艺、土肥、种子和植保等多学科的综合性的先进技术(冯晓静等,2010)。我国从 20 世纪 70 年代开始,集中力量开始研发玉米精密播种机,近年来,随着玉米科学种植技术的不断发展,精密播种设备及技术也不断发展完善。

1. 国外玉米精密播种机发展现状与研究

20 世纪 30 年代,国外开始进行玉米精密播种的研究,技术体系日臻完善,并成为一种玉米种植的常规技术。玉米精播主要使用气力式和机械式玉米精密播种机。

(1)气力式玉米精密播种机

20 世纪 50 年代,国外许多农业先进的国家开始推行使用气力播种,按其排种原理不同可分为气吸式、气压式和气吹式三种气力播种方式(张波屏,1997)。

① 玉米气吸式精密播种机

气吸式排种机构采用气吸式垂直圆盘,圆盘的一面与风机吸风口相连,产生真空,使种子室产生负压,圆盘的另一面是种子室。作业时排种盘旋转,吸孔在充种区吸附种子,经过刮种器刮掉多余的种子,从而使每个吸孔只保留一粒种子。种子在开沟器上方转出真空室,吸力消失,种子靠自重下落到种沟里。如图 1 - 5 所示为德国 Horsh 玉米气吸式精密播种机的排种器工作部件,机械排种与负压吸种结合,有效克服了气吸式播种机在开始和结束时的漏播现象,达到高效、低气压和节能效果,工作速度可达 16 km/h。

② 玉米气压式和气吹式精密播种机

气压式是靠种子重力和刮种器完成排种,如 20 世纪 70 年代,美国的哈维斯特公司的 Cyclo - 500 型 8 行回旋气流式播种机,排种器工作可靠且均匀度高。气吹式是用高速气流吹走多余的种子,如德国贝克尔公司的 Aeromat - 2 型气吹式播种机。如图 1 - 6 所示为瑞典 Vaderstad 新型玉米精密播种机及排种器部件,机械式排种与正压压种结合,有效克服了开始和结束时的漏播现象,气压要求低、节能、播种效果好。

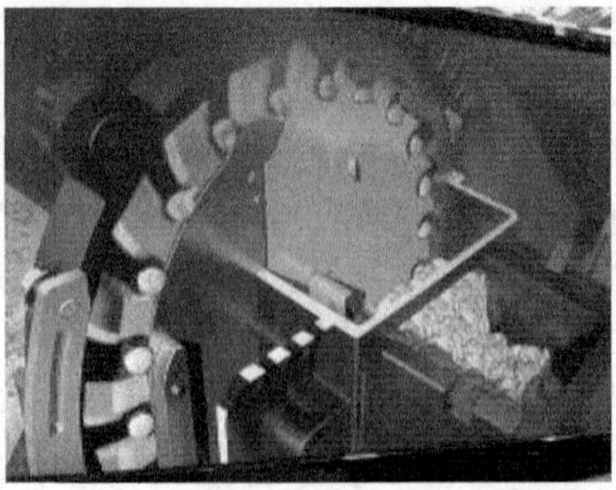

图 1-5　德国 Horsh 玉米气吸式精密播种机的排种器工作部件

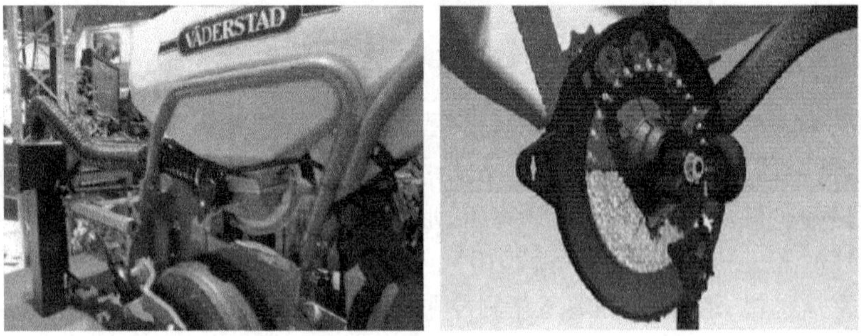

图 1-6　瑞典 Vaderstad 新型玉米精密播种机及排种器部件

常见的气力式玉米精密播种机举例如下：

① 玉米 CaseIH 精密播种机

该播种机的气力式排种器有 48 个或 30 个型孔，吸附种子的一面是平盘，对玉米种子尺寸适应性很强，播种精度可达 99.8%。

② John Deere 气力式排种器

如图 1-7 所示，排种盘有平盘和孔盘 2 种，利用气压将单粒种子吸入，可以做到精确的群体和株距控制。播种不同的种子只需更换排种盘，还可以和指夹式排种盘通用。

图 1-7　John Deere 气力式排种器

③ KINZE 公司的玉米气力式播种机

KINZE 公司的气力式精密播种机及排种器部件(图 1 - 8)能够适应多种种子的尺寸和形状,运动部件少,调整方便,更换不同颜色的盘可以播多种作物,其中蓝色盘可以播种百粒重为 19.8 ~ 39.7 g 的种子,能达到较高的排种精度。

图 1 - 8　KINZE 公司的气力式精密播种机及排种器部件

(2)机械式玉米精密播种机

① Great Plains Manufacturing 公司的单粒排种器

此排种器由多个排种盘(图 1 - 9)组成,通过更换排种盘可以播种多种农作物。例如,排种器对包衣玉米种子能达到较高的排种均匀性,但不适用于非圆形的种子。

图 1 - 9　Great Plains Manufacturing 公司的单粒排种器

② Nibex 勺匙式精密排种器

该排种器可通过勺匙取出玉米种子,可以对不同种子进行排种,适应性强。

③ KINZE 公司的玉米指夹式精密排种器

KINZE 公司的玉米指夹式精密排种器播种玉米时,种子可以实现较高的排种精度。国外生产的玉米精密排种器无论是机械式还是气力式,均结构复杂,造价高,不适合我国农民和农技服务组织的经济条件,且主要是气力式精密排种机,而机械式精密排种机较少,不适合我国农业机械主机的具体条件。我国农业作业中使用的拖拉机主要是中、小功率的拖拉机,许多拖拉机难以提供用来驱动排种的风机、气泵等气力系统所需要的动力。

2. 国内玉米精密播种机发展现状与研究

自 20 世纪 60 年代中期开始,我国开始对玉米精密播种技术进行研究,并在 20 世纪 70 年代末,初步在吉林省开展了玉米万亩精密播种试验(廖庆喜等,2006)。随着科技的进步,我国不断在机械式和气力式玉米精密播种机领域有所创新。我国玉米播种机研究现状及特点如表 1 - 5 所示。

表 1－5　我国玉米精密播种机研究现状及特点

精播方式	研制单位	型号或部件	特点
机械式	吉林工业大学	2BS－2 型	将种子单粒分开,基本实现单粒排种,但会产生若干空穴和双株,仅适合半株距播种
	黑龙江八一农垦大学	棱锥形孔排种部件	台架试验效果较好
	西北农林科技大学	2FBJD－2 型（半精密）	一次完成深松、施水、定距、起垄和宽幅覆膜
	石河子大学	2BCM－6 型（半精密）	用于小麦收获后直接在麦茬地上进行玉米等中耕作物的半精量播种
	黑龙江省农业科学院	2XJB－4 型	该机能够连续均匀供种,但存在作业速度低的问题
气力式	沈阳市通用长青机械厂	2BQM－3 型	通过更换排种盘和链轮可进行玉米等作物的单粒全株距、单粒半株距穴播或条播作业
	农哈哈集团	2BYQF－4 型	实现了单粒精播
	农哈哈集团	2BQYF－6 型	适用于小麦高茬地夏播作物的施肥精密播种

总之,我国玉米精密播种机总体上以机械式为主,而气力式播种机在国内发展较晚,大部分是通过引进国外相关技术开发和改造的,应用范围较小。

3. 展望

相比于机械式播种,气力式播种对玉米籽粒的几何形状要求低,可保护种子不磕籽,播种精确,保障了出苗率。国内外玉米精密播种机多采用气力式,能够节约种子和提高生产效率。但是气力式播种机需要风机和气力系统,结构复杂,技术要求高,动力消耗大,调整操作复杂,要求高度的气密性,需要大功率拖拉机配套。

(二)玉米田间管理机械化发展现状与趋势

玉米的田间管理是指根据玉米的生长发育规律,在其生长发育时期内进行的田间定苗、中耕除草、追肥灌水、防治病虫害等一系列田间技术性生产劳动。利用先进的机械化操作,可提高玉米田间管理水平,增加玉米产量和效益。

1. 玉米田间耕整地机械化现状与趋势

运用机械化的手段,实现对农田耕作的过程称为机械化耕整地。耕地是指翻土、松土、杂草掩埋、施肥等作业过程。整地作业技术主要包括在耕后播前对耕地土壤表层进行的松碎、平整、起垄、开沟、镇压等过程。美国的玉米耕地从 1895 年的犁耕时代,发展到如今的机械化时代,从单一耕地至联合作业,大大提高了生产效率,节省了生产成本(图1－10)。

机械化耕整地作业可由多种机具完成,其中主要包括圆盘犁、铧式犁、旋耕机、联合整地机、深松机、耕耘机、圆盘耙、动力耙等,可在玉米田间耕整地过程中代替人力。

图 1－10　美国不同时代耕地发展历程

(1)国内耕整地机械化现状

我国的耕整地机械化发展迅速，主要以中小型机械为主，拖拉机功率可以达到 3 kW～140 kW，应用范围较广，设备水平也较高。目前，国内的耕整地机械也存在一些缺点，如知识产权保护力度和水平不足，原始创新能力较差；设备精度不高，与生产实际需求还有一定差距；由于地域差异和种植方式不同，我国的耕整地设备专用性和适用性较差(张焕章，2016)。

(2)国外耕整地机械化现状

美国等发达国家技术发达，耕整地设备精度和适用性较高，主体呈现宽幅大型化、高效联合化、自动智能化、多用系列化的耕整地机械发展现状。在拖拉机功率方面，发达国家的田间拖拉机功率普遍偏大，其功率可达 360 kW，配套的耕整地机械尺寸大、生产效率高、单位幅宽的成本低、作业速度快。

图 1－11 为美国 Great Plains 公司生产的大平原 SS1300A 悬挂式深松机，运输宽度 3.8 m，作业宽度可调整，工作深度 20～45 cm，深松齿数量 5 个或 6 个，耙片直径 508 mm，配套功率 250 马力(1 马力 = 735 W)。

这种设备能够完成多种方式的耕整地，例如，用于不翻土的耕作，或用于深松作业，垂直松土深度可达 400 mm。

图 1－11　大平原 SS1300A 悬挂式深松机

2. 玉米田间施肥机械化现状与趋势

施肥机械是保障玉米等农作物生长的重要手段,包括固体肥料施肥机械、液体肥料施肥机械、变量施肥机械、灌溉施肥机械,未来的施肥机械发展趋向于大型化和智能化特点(白由路,2016)。

(1)国外施肥机械发展现状与趋势

① 固体肥料施肥机械

固体有机肥料主要是畜禽养殖过程中产生的畜禽粪便,施用难度较大。近年来,国外有机肥料的施用机械主要向着大型化和自动化方向发展,主要包括离心圆盘式撒肥机、桨叶式撒肥机、锤片式撒肥机三种(李洁等,2013),如表1-6所示。

表1-6 国外有机肥施肥机械概括

类型	工作原理	优缺点	代表机型
离心圆盘式撒肥机	肥料经重力从肥料箱下落到高速旋转撒肥盘上,利用撒肥盘所产生的离心力,将肥料抛撒到田间	优点为单盘或双盘,工作效率高;缺点为沿横向与纵向分布不均匀	国格力格尔-贝松公司生产的 DPX Prima 撒肥机。该机的肥箱体积最大为 2 100 L,撒肥量为 3 ~ 1 000 kg/hm^2
桨叶式撒肥机	肥料通过输送机构输送到抛撒部位,抛撒部位是一个高速旋转的桨片,肥料输送到高速旋转的桨片时,桨片将肥料旋转撞击,抛撒到田间	缺点为沿横向与纵向分布不均匀	法国库恩公司的 Pro Push 2000 系列撒肥机,肥箱最大装载体积为 15.3 m^3
锤片式撒肥机	一种侧式抛肥机,其抛撒器采用锤片式。当物料运送至卸料口时,高速运动的锤片将物料撕裂、粉碎,并自下而上将物料抛出,可以抛撒堆肥、厩肥、泥浆、垫料等	优点为均匀、定量地抛撒,性能较高	库恩公司生产的 Pro Twin 8150 型侧式抛撒机

② 液体肥料施肥机械

液体肥料施肥机是直接将液体肥施入土壤的机械,包括有压液氨和无压的尿素硝铵溶液。美国的液体肥料发展较早,特别是液氨。美国很早就研制了液氨施肥机械,其主要由液氨罐、排液分配器、液肥开沟器及操纵控制装置组成。

液氨通过加液阀注入罐内。排液分配器的作用是将液氨分配并送至各个施肥开沟器。排液分配器内的液氨压力由调节阀控制。施肥开沟器为圆盘-凿铲式,其后部装有直径为10 mm左右的输液管,管的下部有两个出液孔。镇压轮用来及时压密施肥后的土壤,以防氨的挥发损失。其主要代表机型有 John Deere 公司生产的 2510L 型液体肥料施肥机,该机展宽 20.1 m,肥料筒容积 9 085 L,注肥深度 50.8 cm。

③ 变量施肥机械

20 世纪 80 年代以后,随着精准农业的快速发展,信息技术广泛应用在变量施肥机械中,主要有基于 3S 技术的变量施肥机和基于传感器技术的变量施肥机。基于 3S 技术的变量施肥机是将地理信息系统(GIS)、全球卫星定位系统(GPS)和遥感技术(RS)应用于施肥机,实现控制变量机构,从而达到变量施肥。

目前,美国的 AGCO 公司、John Deere 公司、CASE 公司、Micro - Trak 公司、Mid - Tech 公司、Trimble 公司、Agleader 公司,加拿大的 Agtron 公司,欧洲的 AMAZONE 公司、RDS 公司、AMASAT 公司,日本的 Hatsuta 公司等都生产与变量施肥有关的整机或控制设备及信息技术设备等(白由路,2016)。

④ 灌溉施肥机械

灌溉施肥是将肥料通过灌溉水带入农田的施肥方式。其原理是通过一定的设备把液体肥料带入灌溉水中,以灌溉水为载体,把肥料带入农田。其主要代表机械是以色列 Netafim 公司的系列产品。

(2)我国施肥机械发展现状与趋势

我国施肥机械发展较晚,目前已从单一性能发展到施肥播种一体机,如表 1 - 7 所示。目前,我国播种施肥机可以分为两类:一类是圆盘式小麦播种施肥机,一般播幅为 12 ~ 24 行,也可以用于免耕播种;第二类是玉米播种施肥机,该机播幅一般为 2 行或 3 行,施肥方式主要是条施到玉米种子的侧位。

表 1 - 7　我国施肥机发展历程

时期	地区	机型
20 世纪 60 年代中期	华北、西北、东北等地	犁播、耙播、施肥联合作业的机具
20 世纪 80 年代	全国	小型的施肥机械,且大部分是与播种机联合使用
近年	全国	施肥播种一体机

由于我国农业高度分散,机械化程度低,目前国内基本上没有专门的施肥机械生产厂家,市场上的施肥机械大部分是小型的兼用型机械,如用于小麦、玉米等作物的播种施肥机等。我国施肥机械主要缺点首先是科技水平和市场化率低,研发力量不足;其次施肥机械应用难度大,如根际施肥、近根施肥、根区施肥等技术研发不足,应用范围较小。

3. 玉米田间节水灌溉机械化播种作业技术现状与趋势

玉米田间节水灌溉机械化播种作业技术,是结合作物旱作栽培农艺,采用现代装备技术手段,实现农机与农艺有机结合,促进农业可持续发展的集成技术,主要包括地面灌溉技术、喷灌技术、滴灌技术、膜上灌和地下浸润灌溉等(刘阳,2013)。国内外的节水灌溉机械差异较小,主要形式如图 1 - 12 所示。

4. 玉米田间植保机械化现状与趋势

(1)田间喷药除草机

防治病虫草害是玉米保护性耕作技术的重要环节,主要用化学药品防治病虫草害的发生,也可结合浅松和耙地等作业进行机械除草。

① 国外喷药除草植保机具的研究现状

世界发达国家自 20 世纪 60—70 年代开始研发高效、低污染的施药技术及其机具。目前重点开发和应用的施药新技术包括对靶喷雾技术、离心喷雾技术、可控雾滴技术、低量喷雾技术等。目前发达国家的植保机械以中、大型喷雾机为主,并采用了大量的先进技术以提高设备的可靠性、安全性及方便性,可满足越来越高的环保要求,实现低喷量、精喷洒、少污染、高工效、高防效。

喷灌1

滴灌

喷灌2

膜上灌

图1－12　玉米喷灌及其他节水灌溉设备图

a. 构建了以大型植保机械和航空植保为主体的防治体系。国外发达国家逐步形成了大型农场专业化生产方式，病虫害防治及化学除草采用大型牵引式喷杆喷雾机，如图1－13所示。喷幅达18～34 m，药箱容量400～3 000 L，作业速度达8～10 km/h，配套拖拉机功率59～74 kW。同时，在玉米、棉花、水稻及牧草等作物中采用专用飞机喷洒农药，构成了以大型植保机械和航空植保为主体的立体防治体系（古燕，2005）。

图1－13　大型牵引式喷杆喷雾机

b. 植保机械科技水平发达。在大型喷雾机上，液压机构、机电一体化技术和电脑对作业速度、作业面积、喷雾压力、喷雾量等进行监测和自动调整，显著提高了作业效率。

c. 实施安全生态施药方式。在大、中型喷雾机上采用完善的过滤系统、安装防风屏等技术改进，减少农药对操作员的污染以及减少农药流失、飘移对生态环境的污染，

② 国内喷药除草植保机械的研究现状

我国的喷药除草机械，经历了由仿制国外先进产品到自行研制设计，由人力手动喷雾器到机动植保机械和与拖拉机相配套的大、中型施药机械的发展阶段（高焕文和李问盈，2000）。目前，我国植保机械产品主要有手动背负式喷雾器、手动压缩式喷雾器、手动踏板式喷雾器、手摇喷粉器，以及背负式机动喷雾喷粉机、担架式机动喷雾机、风送式喷雾机、喷

烟机、航空喷雾喷粉和超低量喷雾装置等大类(刘建等,2003)。

目前国内植保喷药除草机主要缺点如下。

a. 科技水平较低。国际上普遍采用的低容量宽喷幅喷洒、全密封自动混药、宽喷幅气帘防飘移、微电脑及液压控制、静电喷雾等技术,在我国植保机械产品上还很少使用或尚未开始应用。

b. 专用化和系列化程度低。植保机械种类较少,产品单一,专用植保机械还没有发展起来,大多利用同一机具进行多种不同施药要求的作业。

c. 产品的使用可靠性、产品质量与适用性水平较低。其主要零部件质量差,类型少,专业化生产程度低。

d. 产品种类少。多数植保机械的喷头仍然是20世纪60—70年代研制开发的产品,往往只配有种喷头,无法满足用户多种作业的需求。

我国积极研发和提升植保机械的技术水平,如雷沃ZP7700水旱两用自走式喷杆喷雾机(图1-14),稳定可靠,抗冲击能力强。该机械配备雷沃重工成熟的专用动力系统,匹配6速变速箱,发挥动力优势,满足作业需求。药箱采用先进的滚塑工艺,厚度均匀,强度高,抗冲击能力强。匹配升降式撒肥机,采用双作用升降结构,可实现撒肥、播种等功能拓展。

图1-14 雷沃ZP7700水旱两用自走式喷杆喷雾机

(2)田间追肥机

追肥是肥料管理的重要环节,是指在作物生长过程中加施固态或液态肥斜的作业程序。通过科学追肥可以提高玉米产量,提高肥料利用效率。

① 国外玉米田间追肥机发展现状

以欧美为代表的玉米生产技术发达的国家,其玉米生产已基本实现全程机械化,耕整地、播种、收获等环节都由与之配套的农业机械来完成,而且普及率相当高,但这些国家在玉米生产中较少进行田间管理,因而专门针对玉米的追肥机械相对较少,如表1-8所示(胡红,2017)。

表1-8 国外追肥机发展历程

时间与发明者	设备名称	特点
20世纪70年代,美国	简易的追肥装置及机具	—
1979年,Larry J S等人	化肥深施追肥装置及机具	—

表 1-8(续)

时间与发明者	设备名称	特点
1986 年,William J D 等人	单元盘覆土装置	由施肥开沟器、肥管、缓冲弹簧、覆土圆盘、连接支架等组成
1999 年,Don Daddoux 等人	颗粒肥料施肥机	采用螺旋轴将肥箱中的肥料撒施到地面,通过调节螺旋轴的转速来调节追肥量
21 世纪后,欧美国家	追肥机具	
2004 年,Chang Y P 等人	带电磁控制的种背负式的园林追肥机	由肥箱、驱动机构、控制器、手动开关、输送软管和排肥管组成
2011 年,Nagat Takashi 等人	带摇杆装置的高地隙颗粒肥料撒施机	—
2011 年,Sakuma Daisuke	起垄施肥机	—
2016 年,Gregory W R 等人	玉米行间免耕播种覆盖作物的方法及施肥播种机具	由土壤整备总装、开沟圆盘、播种施肥总装、喷施总装和覆盖镇压总装构成

国外的这些追肥设备各有特色,欧美等发达国家的追肥机具在机械结构、动力配套及控制系统等方面具有较大的优势,但多为大型、重型装备,不适于中国小地块追肥作业,且价格较为昂贵,不适合中国家庭为单位的土地经营模式;日韩等亚洲国家的追肥机具配套动力小,多为轻小型机具,比较适合中国追肥作业的应用,但针对玉米中后期追肥的相关研究及机具相对较少。

② 国内玉米田间追肥机发展现状

我国追肥机的研究和开发较晚,自 20 世纪 80 年代开始,才出现以手扶式为特点的小型追肥机。近年来,我国形成了功能较为完善的中耕追肥机械系列,根据肥料的形态可分为固态肥料追肥机和液态肥料追肥机。根据固态肥料施入方式的不同,国内固态类肥料追肥机可分为开沟条施类追肥化、培土覆盖类追肥机、扎穴深施类追肥机和表面撒施类追肥机 4 种。液态肥料追肥机分为灌水施肥机和叶面施肥机 2 种,如表 1-9 所示(胡红等,2016)。

表 1-9　国内追肥机发展历程

肥料形态	分类	原理
固态肥料追肥机	开沟条施类追肥机	采用开沟部件顺着作物行开出深沟,然后将固态肥料均匀施入肥沟并用土覆盖的一种追肥方式
	培土覆盖类追肥机	将固态肥料撒施于作物行两侧,然后采用耕翻设备耕翻作物行间的土壤,土壤覆盖撒落的肥料,使肥料覆盖严实,供作物吸收
	扎穴深施类追肥机	采用扎穴装置在玉米植株附近扎下肥孔,然后将定量的肥料施入肥孔的施肥方式
	表面撒施类追肥机	直接通过撒肥机将固体肥料撒施于地面的一种施肥方式

表 1－9(续)

肥料形态	分类	原理
液态肥料追肥机	灌水施肥机	将肥料溶于灌溉水中，使肥料施入土壤
	叶面施肥机	将含有营养的溶液喷洒在根系以外的作物表面的一种追肥方法

上述国内的追肥机械能够对不同作物进行追肥，可满足作物不同生育期的需肥要求。但针对玉米等高秆作物生长中后期对靶定位深施的机具及装置研究较少，且上述机具用于玉米定点追肥深施还存在不足。

(3)田间深松机

为改善传统机械耕作方式运用过程中风蚀、水蚀越发严重现象，应积极采取土壤深松等保护性耕作技术。随着全球农业的发展，国内外深松技术的运用已比较普及。土壤深松不仅能够打破犁底层，增进土壤透气、透水性，还可以减少风蚀、水蚀，提高蓄水能力。

① 深松机国外发展现状

20 世纪 30 年代，欧美国家开始对深松机械进行研究，振动深松机、弯腿犁、主被动联合作业机是国外当前新型深松机具的主要类型(刘欣等，2011)，如表 1－10 所示。

表 1－10　国外深松机发展历程

发明者或公司	深松机名称
Willians 等人	对弯腿犁
Harrison	弯折 45°的弯腿犁
Sakai 等人	配套中型拖拉机的振动深松机
土耳其 Uzel 公司	作业深度可达 600 mm 的 E979 型深松机
美国 Sgubbers 等人	主被动联合作业机
西劳德公司	悬挂式深松机
凯斯纽荷兰公司	9300 型联合作业机
约翰迪尔公司	2623VT 立式联合整地机

② 国内发展现状

我国对深松技术的研究始于 20 世纪 60 年代。国产深松机有多种形式，如表 1－11 所示。

表 1－11　国产深松机的形式分类

结构原理	工作方式	深松项目数量	深松范围
翼铲式、凿式、鹅掌式等	机械式和振动式	单一深松机和深松联合作业机	局部深松机和全方位深松机

国外深松整地机械性能优越，并形成了适合自身的配套保护性耕作机具。我国保护性耕作机具针对机具的现实性问题，进行了改造设计，许多新机型相继出现。保护性耕作模

式不同，对其配套机具要求也不尽相同，例如在留茬行间交替耕作模式下，高留茬覆盖地表于种行之间，而现有农机具不能够满足此种保护性耕作模式的深松整地联合作业，有必要研究此种耕作模式下的配套机具。

（三）玉米收获机械化发展现状与趋势

1. 国外玉米收获机械发展现状及趋势

欧洲和美洲的玉米机械化发展程度较高，从19世纪初期开始至今，经历了从人畜力至现代化机械发展阶段（表1－12）（耿爱军等，2016）。同时，随着传统玉米由分段收割法向联合收割法的转变，大型收割机械应运而生。

表1－12　国外玉米收获机械发展阶段统计

国家	时间	机械类型	阶段特征	发展特点
美国	19世纪初期	人或牲畜提供动力的脱粒机和割捆机	人力	—
	1920年	29.4 kW的玉米联合收获机	动力阶段	—
	1939年	第1台自走式玉米联合收获机械	美国玉米收获基本实现机械化	—
	20世纪70年代	现代化收获机	高速发展阶段	向大型化、通用化和高效的方向发展，电子技术、导航技术、遥感技术和地理信息系统等先进的智能技术也纷纷运用到玉米收获机上
欧洲	20世纪70年代	E512型联合收获机、克拉斯D76和法国布劳特801等	—	—
日本	20世纪70年代	日本适于山地地貌、结构小巧的收获机	—	—

目前，发达国家根据当地气候条件和种植制度的不同，主要采用玉米果穗收获机和换装玉米割台的谷物联合收获机这两种形式。

（1）玉米果穗收获机

在俄罗斯和乌克兰等欧洲国家，由于天气和种植方式的影响，玉米在收获时的含水量可达到25%～35%，因此，不能采用直接脱粒方式进行收获，但可以利用专用的玉米果穗收获机械设备进行分段收获（郝付平和陈志，2007）。图1－15所示的约翰迪尔Y210型玉米果穗收获机，可以将秸秆先切断后摘穗，再将果穗晒干后进行脱粒入仓。该机行距650 mm，粮箱容积4.3 m^3，发动机功率103 kW或117 kW，作业速度高达8 km/h。该机可以一次操作实现玉米的摘穗、输送、剥皮、装箱、秸秆粉碎和还田的全过程作业。

图 1 – 15　约翰迪尔 Y210 型玉米果穗收获机

(2)谷物联合收获机

在美国和加拿大等国家,玉米植方式为每年一季,玉米含水量低于 24%,可以选择直接收获玉米籽粒。例如,美国迪尔公司、凯斯公司,德国 Mengle 公司和道依茨公司等生产的玉米联合收获机,可以在小麦联合收获机上换装玉米割台,并通过转换脱粒滚筒的转速和脱粒间隙设置,实现玉米的联合收获。John Deere 公司的 C110 型谷物联合收获机(图 1 – 16),粮箱容积 4.2 m^3,喂入量高达 7 kg/s,额定功率 116 kW 或 158 kW,滚筒宽度 1.02 m,直径0.61 m,分离面积 1.62 m^2。

采用目前国际先进 CTS 技术的切流式脱离滚筒加轴流板齿分离滚筒结构,增强了机器的脱离、分离性能,降低了谷物的破碎率。C 系列联合收割机以收获水稻为主,配备相应功能部件后还可收获小麦、大豆、玉米等作物,实现了一机多用。

图 1 – 16　John Deere 公司的 C110 型谷物联合收获机

2. 国外玉米收获机发展的主要特点

(1)收获效率更高

美国和加拿大的大型玉米收获机的主要特点是效率高、功率大、宽割幅和喂料量大(朱纪春和陈金环,2012)。在美国和加拿大的一些大型农场,大型的玉米收获机正在逐渐推广。该类机型的发动机最大功率可达 250 kW,喂入量达到 10 kg/s; 割台最大割幅超过 9 m 并可以折叠,收获机作业速度超过 8 km/h(图 1 – 17 所示)。

(2)联合性和通用性更高

联合收获机配置不同的割台,可以达到收获大豆、玉米、小麦和水稻的功效。分禾器的先进结构设计,解决了玉米收获的行距问题,机器通用性更强;仿生脱粒机构设计,提高了收获机地形的适应能力;大尺寸轮胎或履带,提升了机器对土壤状况的适应能力(朱纪春和陈金环,2012;邹岚等,2008)。

图 1－17　美国产的超大型玉米收获机

(3)玉米籽粒清洁度和脱粒效率更高

高籽粒清洁度的实现,可以降低玉米损失率和破碎率(朱纪春和陈金环,2012)。高性能的摘穗辊辊型降低了玉米果穗损伤、籽粒破碎率,提高了籽粒清洁度。同时,采用双滚筒轴流式脱粒分离结构,有效地提高了脱粒效率和籽粒的清洁度(贺俊林等,2006)。

(4)新材料和新制造技术更先进

通过 ADAMS、Pro /E、UG 等软件对玉米收获机械零部件的仿真分析,提高了设备的使用精度,降低了设备开发成本和周期。质量更轻和强度更大的铝合金材料的使用,降低了机身质量,减少了设备的动力消耗;易损的零件经硬化处理,使用寿命大大提升,故障率显著下降(杜岳峰等,2011)。

(5)机电一体化和自动化技术更发达

机械驾驶高效、舒适,关键零部件的传感装置使得操作性能良好(朱纪春和陈金环,2012)。自动化的收获机割台可自动调节,减少了植株推倒率。玉米脱粒分离装置上的流量传感器,可实现自动化调节车速,防止喂入量过大而造成输送系统堵塞(耿端阳等,2012)。

(6)玉米收获机智能化程度更高

电子技术、航天测量技术、导航技术的应用可以实现玉米收获机的自动驾驶(朱纪春和陈金环,2012)。智能化的玉米收获机可适时测定地块玉米产量,绘制土壤肥力图,以便于后期施肥管理。GPS 系统、地理信息系统和遥感技术在智能化联合收割机上的应用,使国外玉米收获机械化技术水平有了飞速发展,如图 1－18 所示(邹岚等,2008)。

图 1－18　John Deere 公司生产的智能化玉米收获机

3. 国内玉米收获机械发展现状及趋势

我国玉米收获机械发展缓慢,经历了入门、发展、引进技术发展和不断创新四个阶段,目前已逐步赶上了发达国家制造水平(陈志等,2012),总结如表1-13所示。

表1-13 中国玉米收获机械发展过程

阶段	特点	引进		自造
入门阶段(1949—1965年)	引进和仿制	苏联C-6牵引式和C-4自走式联合收获机	从多个国家引进自走式联合收获机	1956年投产的GT-4.9型牵引式联合收割机和1965年投产的东风ZKBD -3型自走式联合收割机
发展阶段(1966—1980年)	高速发展阶段	—	—	北京-2.5自走式联合收割机、丰收-3.0自走式联合收割机和北大荒-6自走式联合收割机
引进技术发展阶段(1981—2000年)	引进国外技术	引进美国约翰·迪尔公司的“1000”系列谷物联合收获机的制造技术,设计生产了1055、1065和1075三种类型联合收获机	引进德国E514联合收割机的制造技术	—
不断创新阶段(2000—)	引进先进技术不断创新	—	—	玉米收获机的传动部件、收割器、粮仓和输送带等关键零部件都设置有传感器,以检测机械的工作状态。在此基础上,全球卫星定位系统、地理信息系统和遥感系统也开始应用于玉米收获机上,开始朝着“精准农业”的方向发展

当前,我国从事研制和生产玉米收获机的企业有60余家。玉米收获机按摘穗装置的配置方式分为立式和卧式;按与动力机的连接形式分为自走式、牵引式和背负式三种;按收获工艺的差异,分为摘穗型、摘穗剥皮型和直接脱粒型。结合我国玉米机械发展历程和机型的特点,下面重点介绍在我国玉米收获机械发展过程中出现比较多的几种机型。

(1)自走式玉米收获机

此类机型功能齐全,工作效率高,包括玉米的摘穗、输送、剥皮、果穗集箱、茎秆粉碎还田等作业(胡少永,2013)。如图1-19所示为4YZP-4N自走式玉米联合收获机,割台采用摘穗板和拉茎辊组合的摘穗方式,适用地区广,摘穗损失小,割道中心距530 mm,果穗箱容积2 500 L,发动机功率103 kW,适应最低摘穗高度350 mm,最大卸粮高度1 990 mm;设备作业功率高、操作简单,但价格昂贵、维护成本高、跨地区作业能力差,主要适用于东北、西北、华北等大型玉米农场。

图 1 - 19　4YZP - 4N 自走式玉米联合收获机

(2)兼用式玉米收获机

兼用式玉米收获机采用“钉齿双纵轴流滚筒”式分离结构，分离面积大，分离效果好，增强了机器的脱粒、分离性能，粮仓容积 4.3 m^3，破损率≤1.0%，具有较高的性价比。其主要收获玉米，更换割台可收获水稻、小麦、荞麦、高粱、小米等作物，真正实现了一机多用，如图 1 - 20 所示。

图 1 - 20　YZ - 6 兼用式玉米收获机

(3)背负式玉米收获机

背负式玉米收获机是我国开发较早、保有量较多的产品。其主要特点是作业部件安装在拖拉机机身上，尾部安装果穗箱和秸秆粉碎机，拖拉机为行走和收获作业提供动力。其优点是价格低，适用于农村小面积玉米地使用，但由于其工作部件被分散安装在拖拉机的特定部位，安装和拆卸烦琐，生产效率较低。

国产的 4YD - 3 型背负式玉米联合收获机如图 1 - 21 所示，与 52 kW 以上的轮式拖拉机配套，可用于玉米的联合收获(赵娜等，2013)。该机型一次可完成摘穗、果穗集箱、秸秆还田作业，也可不对行收获，结构合理、质量轻、操作轻便灵活、维护保养方便，适合家庭联产承包后玉米收获机作业的需要。其采用强制喂入机构，改善了喂入能力，可实现不对行收获，粉碎装置采用国内先进结构，秸秆还田效果好。

(4)牵引式玉米收获机

牵引式玉米收获机以轮式或履带式拖拉机牵引作业，为偏置拖拉式，可一次完成摘穗、剥皮、秸秆粉碎作业(朱纪春和陈金环，2012)。其机器性能可靠，零部件通用性高，结构简单，价格低，易于维修，保养方便，但技术相对落后，产品的开发几乎处于停滞状态，转弯及行走不便，玉米割台使用技术相对落后。

图 1-21　4YD-3 型背负式玉米联合收获机

国产的丰收-2 卧型牵引式玉米收获机如图 1-22 所示，配套动力为 40～55 kW 及其以上的拖拉机，摘穗机构为摘穗辊式且具有剥皮的功能。由于其机组较长，且作业前需人工开道，不适应规模化经营的要求，目前已很少使用。

图 1-22　丰收-2 卧型牵引式玉米收获机

我国玉米收获机械主要有以上 4 种类型，以牵引式、兼用式和背负式为主。其工作的主要原理是"辊式收获"，即收获机割台安装 1 对或数对摘穗辊，玉米植株按行依次进入两辊之间，利用摘穗辊相互挤搓实现摘穗，但存在着损失大、作业效率低、零部件易损坏、对地区和农艺适应能力差等缺点（王优等，2011）。

我国部分机械企业和机构适时提出了"并行喂入""逆行摘穗"原理，对"滚式收获"进行了改进。"并行喂入"的原理主要是将几排玉米植株排成 1 排，通过高速旋转的牵引辊引导植株进入割台进行摘穗；"逆行摘穗"又叫"弯曲折断式摘穗"，是从果穗梢头沿逆生长方向，朝向玉米根部将果柄折断，实现果穗与玉米植株分离。这两种技术的应用可以很好地改善我国传统玉米收获机收获过程中出现的作业效率低、摘穗损失大等问题，并可以提高机具作业速度、降低功率消耗。

4. 我国玉米收获机械发展展望

随着国家农机具购置补贴惠农政策的实施，农机研发和玉米生产能力不断提升。未来我国玉米收获机械的健康发展，应注意以下几方面。

（1）充分发挥国家惠农政策，加强政府引导和科技支撑扶持力度。我国玉米收获机械研发和生产还处在发展阶段，技术水平与发达国家相比差距较大。在产品精度、收获效率及智能化方面尤其应加强投入，降低机械成本和玉米生产投入（籍俊杰和刘焕新，2006；伞庆超和于良，2014）。因此，采用国家农机具惠农政策、贴息贷款等方式，在人员投入、技术革新和农户使用方面，降低价格和技术壁垒，可高效地保障玉米机械化生产的健康运行。

（2）适于地方特色的适用性玉米收获机械应着重发展。由于我国地域辽阔、气候差异较大、种植方式各异，开展适于不同地域的玉米收获机性能研究与使用，意义更为重大。在东北地区，玉米种植特点为大面积、土地平坦，每年一季作物，玉米籽粒含水量低，主要应以大型自走式玉米联合收获机为主；在内蒙古地区，由于畜牧业需求，玉米收获的同时，还将秸秆回收作为青贮饲料，应大力发展果穗秸秆兼收型玉米收获机；在山东和河北等一年两熟地区，应抢抓农时并还要将秸秆粉碎还田，应该大力发展功能性强和收获工艺先进的玉米收获机械（籍俊杰和刘焕新，2006）。

（3）认真做好玉米收获机械的引进与示范工作。先进玉米收获机械的引进和示范，应充分考虑当地地域自然环境和种植方式，以及种植户的认可程度（伞庆超和于良，2014）。

（4）加强玉米收获机操作的技术培训和售后服务体系建设。玉米收获机智能化和可操作性的专业要求较高，同时，对机具操作者和维修者的要求也越来越高。销售企业或当地政府部门有义务为购机用户进行岗前培训和使用操作，提升其理论知识和维护技能，保障购买者利益，严格执行国家“三包”服务规定，特别是在农忙时期，应有针对性地加强技术培训和服务建设。

（5）强化玉米收获机的使用与农艺相结合。我国玉米的种植有平播、垄播、沟播、套播、点播等多种形式，限制和影响了收获机的使用性能，应注重农机与农艺相结合的路线，保障物有所用。

总之，随着我国农村经济的快速发展和玉米产业结构的不断提档升级，我国玉米机械化收获技术也取得了重大突破，玉米收获机械化行业也迎来了新的发展机遇。在未来几年内，国内市场必将出现一支专业化、市场化、社会服务化的玉米收获机械化队伍，为我国玉米收获机械化发展做出贡献。

（四）玉米全程机械化生产发展现状与趋势

玉米生产全程机械化指玉米生产从播种、施肥、植保直至收获籽粒的机械化作业，重点是机械化精量播种和机械化收获果穗和籽粒。播种过程指由人工粗放投放向机械化精量播种转变；收获过程指由人工果穗收获、剥皮、自然晾晒、脱粒，向机械化摘穗（同时青贮联合作业）、苞叶剥皮、烘干、脱粒转变，最终实现直接在大田机械化收获籽粒。

1. 国外玉米全程机械化发展现状

20 世纪以来，随着农业机械的研制和使用，劳动生产率和农作物产量得到了显著提升。农业机械化发展水平代表着农业现代化发展的水平（侯学亮，2014），具体农作物及玉米机械化发展历程如表 1 – 14 所示。

表 1 – 14　国外农作物及玉米机械化发展历程

时间	国家或地区	标志	备注
20 世纪 40 年代	美国	第一个实现粮食生产机械化的国家	

表 1-14(续)

时间	国家或地区	标志	备注
20 世纪 50—60 年代	美国、德国和苏联	基本实现了玉米生产机械化	向机具大型化、作业多功能化发展
20 世纪 70 年代	加拿大、法国、英国、澳大利亚	实现粮食生产机械化	
20 世纪 90 年代	经济发达国家	粮食作物、经济作物,以及部分蔬菜都实现了从种到收的全程机械化	农业劳动力比重下降至 2% ~8%
20 世纪 90 年代	印度、菲律宾、南美	引进和研发农业机械,不断提升本国的农业机械化水平	小于发达国家 60% 水平
20 世纪 90 年代末	经济发达国家	玉米机械化收获	研发和技术成熟
20 世纪 90 年代末	已基本实现了全部机械化作业	已基本实现了全部机械化作业	向大型化方向发展、向专业化方向发展、向通用性和高适应性方向发展、向人性化方向发展、向智能化方向发展

各国农业机械化的应用与其气候条件、生产规模、培训和服务系统、装备水平相关,机械化应用方式也各有不同。美国人均耕地多,主要采用大规模机械化模式;欧洲土地规模适中,主要采用中等规模集约机械化模式;日本人多地少,主要采用小规模精细机械化模式;西欧国家的粮食作物的整地、播种、收获和运输等各个生产环节已经实现了全程机械化(唐黎标,2009)。

2. 国内玉米全程机械化发展现状

我国是农业大国,每年的"中央一号文件"都提出农业机械化在现代农业建设、新农村建设、增加农民收入、提高农业综合生产能力等方面的主要作用。通过提高中央和地方财政的补贴,保障了农户购买和使用农业机械的积极性,最大限度地调动了农民购买农业机械的积极性。2007 年,《中华人民共和国农业机械化促进法》的颁布,标志着中国农业机械化已进入一个依法、持续、快速发展的时期,有力地促进了农业机械化的快速发展。同时,我国已建成较完善的农机工业体系、科研开发体系、生产体系、服务体系和推广示范体系,农业机械的生产、研发和改进效果得到提升,保障了我国农业机械化的快速发展。

同国外类似,我国地域广、气候差异大、种植方式多种,尤其是玉米收获期籽粒含水量差异较大,因此,我国的玉米机械化具有一定的地域性特点。同时,我国的玉米机械化研制生产较晚,型号和功能较多。

20 世纪 50 年代,黑龙江省赵光机械厂首先开始自主研发 4YW-2 牵引式玉米收获机,如图 1-23 所示。该机可以一次完成玉米摘穗、剥皮、秸秆粉碎等作业,作业质量和可靠性也较高,但由于该机动力配备方式是拖拉机牵引玉米收获机,再挂上玉米集穗拖车,整个机组长达 13 m 左右,作业中转弯半径大,需人工开作业工艺道,因此仅能满足部分地区大型农场的生产要求。

图 1－23　4YW－2 牵引式玉米收获机

20 世纪 60—90 年代,我国主要以引进国外样机和自主研发相结合生产玉米收获机,由于科技水平低、制造水平差,较少应用于生产实践。

20 世纪 90 年代开始,随着改革开放和科技发展,玉米生产机械生产、研发、应用和服务快速开展,涌现出河北省农机化研究所、北京联合收获厂、信联集团、山东烟台农机所等研究和生产单位。2008 年,我国玉米生产机械化总体水平达到 51.8%,标志着我国已进入了农机化发展的中级阶段。2012 年,全国玉米机耕水平达 84%,机播水平达 73%,但机收水平较为薄弱,仅为 17%(刘欣,2012)。

经过多年不断发展,我国已有 120 余种玉米收获机机型,分为秸秆还田型、秸秆回收型、摘穗型和带穗青贮型 4 种(薛纬奇,2016)。图 1－24 为我国自主研发的 4YZB－4(560)型自走式玉米联合收获机,配套动力 103 kW,割台行距 500 ~ 600 mm,割台幅宽 2 480 mm,作业速度小于等于 8 km/h。该系列机型设计新颖,可选装不同的摘穗割台,适合我国不同地区玉米种植模式的收获作业要求,可以一次性完成摘穗、运输、剥皮、装箱和秸秆还田的全程收获作业。

图 1－24　4YZB－4(560)型自走式玉米联合收获机

与国外相比,我国玉米生产机械整体装备水平仍然不高,产品质量亟待提升,制造精度和稳定性不如发达国家,影响了我国玉米全程机械化生产。当前,我国玉米全程机械化面临的问题主要是:地块较小造成生产经营规模小,土地情况和种植方式差异造成农机利用率低,动力浪费 30% ~ 50%,从业的专业科技人员少,配套培训服务体系不健全。因此,加强科研及配套服务体系建设,可有效提升我国玉米全程机械化生产整体水平。

第三节 黑龙江省玉米机械化发展现状

在黑龙江省“两大平原”现代农业综合配套改革试验总体方案的推动下，黑龙江省玉米产业结构布局、种植面积和机械化方式将会得到较大改善。由于玉米是黑龙江省第一大粮食作物，也是全国第一大玉米主产省，加快机械化作业与生产应用意义重大。文献显示，黑龙江省玉米收获机械生产企业已达到二十多家，其中生产自走式玉米收获机的企业9家，生产背负式玉米收获机的企业12家，生产玉米割晒机的企业2家，生产玉米专用割台的3家，同时生产自走式和背负式玉米收获机的企业1家（张贵，2011）。

一、黑龙江省玉米机械化发展现状与趋势

（一）黑龙江省玉米耕作机械化现状

2012年，黑龙江省玉米耕整地机械化水平达到98.8%，主要机型有灭茬旋耕起垄机、松耙联合整地机、翻转犁、浅翻深松犁、圆盘耙及灭茬机等，实施以深松为基础，松、耙、起或灭、旋、起相结合的土壤耕作制度。黑龙江省拥有拖拉机147.3万台，其中大中型拖拉机80.8万台，机引犁（包括浅翻深松犁）34.49万台，圆盘耙10.98万台，旋耕机7.14万台，灭茬机8.16万台。近几年，在国家农业机械补贴政策带动下，黑龙江省58.8 kW以上大功率拖拉机大幅增加。

2011年全省拥有58.8 kW以上大功率拖拉机42 564台，比2010年增加7 142台，增幅达20%；2012年全省拥有58.8 kW以上大功率拖拉机49 767台，比2011年增加7 203台，增幅达16.9%。同时，与大功率拖拉机配套的松耙联合整地机、灭茬旋耕深松起垄机、耕耘机等复式作业机具发展迅速，大大提高了玉米机械化耕整地水平（孙士明等，2015）。

（二）黑龙江省玉米播种机械化现状

黑龙江省玉米播种机械化水平较高，处于全国领先水平。黑龙江省玉米播种机械化水平情况如图1－25所示。

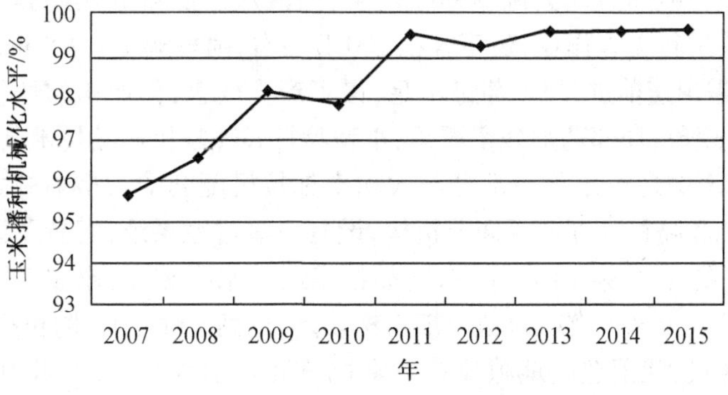

图1－25 黑龙江省玉米播种机械化水平

由图1－25可以看出，2007年黑龙江省玉米播种机械化水平就已达到95.0%，到2015年达到99.7%，几乎全部实现机械化播种（孙士明等，2010）。2015年，黑龙江省拥有玉米

精量播种机 61.6 万台，年更新换代需求量 5.0 万台左右。目前黑龙江省拖拉机功率仍以 30.0 kW 以下为主，适合配套使用两行小型机械式精量播种机作业，可完成玉米种床开沟、侧深施肥、精量播种、覆土镇压联合作业，更换工作部件后还可完成起垄及中耕施肥等项作业。播种单体采用后仿形，这种播种方式的主要问题是播深不一致，从而导致苗不齐。目前，还有部分老型号播种机采用穴播方式，排种工作部件使用立式圆盘窝眼轮组合式排种器，每穴播玉米种 2 ~ 3 粒，结构简单，调整方便，价格低廉，通常在 150 元/台左右。穴播主要问题是排种器种子适应性差，磕种现象较为严重，作业速度在 4 km/h 左右，不适于高速作业需要。

近年来，黑龙江省推广使用的玉米播种机基本是单粒精量播种机，主要使用的是黑龙江省农业机械工程科学研究院研制的勺轮式排种器，其结构比立式圆盘窝眼轮组合式排种器复杂，价格略高，抗干扰能力差，倾斜作业效果差，不适于丘陵山区作业。其优点是能够实现单粒播种，种子适应性较强，不磕种，可播催芽种。这种排种器作业速度可达 6 km/h，也不适于高速作业需要。其镇压轮采用圆形镇压轮，作业后地表硬，不利于玉米出苗（刘立晶，2011）。

2012 年底，黑龙江省拥有 58.8 kW 以上大功率拖拉机近 5.0 万台，与之配套的 6 行、7 行、8 行、9 行高速气吸式精量播种机应用量越来越多。这些大型播种机械一次进地即可完成开沟施肥、单粒播种、覆土镇压等项联合作业。播种单体采用同位仿形结构，开沟、投种、仿形在一个位置，可确保播深一致，实现苗齐。其主要使用气吸式排种器，可完成玉米单粒播种作业，种子适应性强且不磕种，更换孔径不同的排种盘可播大小不一、形状不同的各类种子，也可播催芽种，作业速度高达 10 km/h，适于高速作业。其缺点是结构复杂，造价是机械式排种器的 3 倍以上。其镇压轮采用“V”形镇压轮，作业后地表软，利于玉米种子发芽。高速气吸式精量播种机性能先进，能满足规模化玉米生产作业需要，大大提高了玉米播种质量和作业效率。

（三）黑龙江省玉米植保机械化现状

黑龙江省玉米播前封闭除草和苗期病虫草害植保机械化作业水平较高，2012 年已达到 99%，全省拥有机动喷雾机 6 万多台，主要是与 13.2 ~ 22 kW 四轮拖拉机配套的小型喷杆式喷雾机。其由拖拉机作为动力源驱动喷药泵，药液从过滤器进入喷雾系统，由带有防后滴功能的扇形喷头进行喷雾作业；药箱容积 300 L 左右，喷杆幅宽 6 ~ 8 m，作业速度控制在 4 km/h 左右。其需匀速前进，快了药量不足，慢了产生药害，作业均匀性较差，存在着严重的“跑、冒、滴、漏”现象，局部药剂残留严重，小型喷杆式喷雾机产品技术制造水平较低。

目前，玉米生产中还应用了一部分与大功率拖拉机配套的大型喷杆式喷雾机，带喷杆自动悬浮平衡系统和喷杆高度液压调节机构，设有三级过滤系统，配置了防后滴扇形喷头，药箱容积 1 000 L 左右，喷幅 18 m 左右，产品技术制造水平较高，作业性能先进，能够满足玉米生产作业需求。玉米大喇叭口苗后期植株较高，达到 3 m 左右，防虫病等植保作业需要超高地隙喷杆喷雾机，我国超高地隙喷杆喷雾机研究才刚刚起步，玉米中后期植保机械化几乎是空白。我国植保机械技术与发达国家植保机械先进技术相比，主要差距是无同步喷雾技术、无防漂移技术和无全封闭自动混药技术等。另外，黑龙江省农垦系统拥有 80 多架适合大面积喷雾作业的航喷飞机，性能先进、效率高、效果好，可以完成农垦系统玉米中、后期植保机械化作业。

（四）黑龙江省玉米收获机械化现状

玉米机械收获是玉米生产全过程机械化的关键一环，也是最薄弱的环节。制约玉米机械收获发展的主要原因一是行距适应性差，二是可靠性差。黑龙江省是我国研究开发应用玉米联合收获机最早的省份。1975 年，黑龙江省农业机械工程科学研究院就和中国农业机械化科学研究院联合研究设计了 4YW－2 型牵引式卧辊双行玉米摘穗机，这是我国自行研制的首台玉米收获机械（孙进良等，2009）。该机采用卧式收割台，采用辊式摘穗机构，由黑龙江省赵光机械厂批量生产，是 20 世纪我国生产量最大的机型，在全国享有很高的知名度，现在市场上使用的玉米联合收获机还有许多技术来源于此。该机型采用辊式摘穗机构，摘穗过程中籽粒破碎率偏高、转弯半径较大、作业前需开作业道、地块适应性差，20 世纪末已经停产，大部分产品在农垦系统使用。

21 世纪以来，黑龙江省玉米机械收获作业需求加大，农民用机热情空前高涨，玉米生产机械化有了较快发展。2012 年，黑龙江省玉米收获作业机械化水平达到 54.7%，全省拥有玉米联合收获机 19 846 台，应用量较大的产品主要有“春雨”“勇猛”“迪尔”“佳联”“富康”“牧神”等品牌，主要机型有背负式和自走式。虽然黑龙江省玉米收获机发展速度比较缓慢，但产品技术水平在国内居于领先（张贵，2011），如表 1－15 所示。

表 1－15　黑龙江省玉米主要收获机信息

研发公司	收获机机型	特点
哈尔滨华实农业工程技术开发有限公司	4YBX－1 型背负式玉米收获机	率先将拉茎辊、摘穗板组合应用在背负式玉米收获机上，有效地降低了籽粒的破碎率
约翰迪尔（佳木斯）农业机械有限公司	Y210（原 6488）型自走式玉米收获机	在技术创新、性能指标和可靠性方面都达到了国内先进水平
佳木斯常发佳联农业装备有限公司	佳联－4 型自走式玉米联合收获机	在技术创新、性能指标和可靠性方面都达到了国内先进水平
黑龙江省农业机械维修研究所呼兰经济技术开发公司	龙牧 4Y－2 型背负式玉米联合收获机	采用立式割台、往复式割刀及立式摘穗辊结构，在玉米的收获中能保持玉米秸秆的完整，便于秸秆的收集、储运
齐齐哈尔市北方牧业机械一厂	4YZ－2 型自走式玉米收获机	采用盘刀式割秆形式，既降低了动力消耗，又完整地保留了秸秆。玉米割晒机解决了玉米从割晒、脱水到收获的机械技术难题，使玉米籽粒的后熟和玉米分段收获得到完善和发展

21 世纪初，推广的主要是 3 行背负式玉米联合收获机，与 58.8～74 kW 四轮拖拉机悬挂配套，可完成摘穗、集箱、秸秆粉碎还田联合作业。收获后的玉米如果不剥皮堆放晾晒脱水，很快就会出现霉变，严重影响玉米品质，所以必须进行场上二次剥皮作业，费工费时。因此，后来有些机型增加了剥皮机构，可同时完成剥皮作业；但由于受配套拖拉机空间限制，结构不合理，剥皮率不到 70%，剥皮效果不好。摘穗工作部件以辊式摘穗机构为主，拉茎摘穗过程中秸秆损坏较轻，果穗含杂较少，收获时龙爪式摘穗辊有一定的剥皮作用，一定

程度上弥补了背负式玉米联合收获机没有剥皮机构的缺陷；但龙爪摘穗辊对玉米果穗两端损坏略大，有些籽粒从玉米果穗上脱落下来，收获损失大，影响推广应用。背负式玉米收获机有少部分自带集穗箱，收获的玉米先放到集穗箱，集穗箱满后再卸到运输拖车里。由于背负式玉米联合收获机集穗箱小，经常收到地中间集穗箱就满了，停车卸玉米穗频率太高，导致作业效率低，机主不愿采用。因此，大部分背负式玉米联合收获机作业时采取运输车伴走作业，收获的玉米果穗直接装进伴走运输拖车里，运输车交替伴走接果穗，玉米联合收获机不用停车卸果穗，作业效率高。背负式玉米联合收获机摘穗后直接将秸秆粉碎还田。由于玉米秸秆量太大，粉碎还田后的玉米秸秆影响起垄整地，大部分被焚烧了。少部分背负式玉米联合收获机配备了回收型秸秆粉碎机，由于黄贮饲料营养不高，粉碎回收的秸秆含土量大，牛不爱吃，养殖户不愿用，推广应用量很少。背负式玉米联合收获机的可靠性低，损失率、清洁率及秸秆粉碎率不尽人意，生产成本过高（王喜恒等，2011）。

2010 年以后，推广的主要是自走式玉米联合收获机，主要有 3 行和 4 行两种机型，可完成摘穗、剥皮、集箱、秸秆粉碎联合作业。其结构合理，性能先进，效率高，损失低。摘穗工作部件主要是拉茎辊与摘穗板组合式，优点是籽粒破碎率低，收获损失小；缺点是果穗含杂率高（邹岚等，2008），给果穗输送部件和剥皮部件增加了很大压力。因此，自走式玉米联合收获机要有很强的果穗输送能力和剥皮清杂能力，不然会经常出现堵塞现象而影响作业。黑龙江省垦区约有 50% 以上玉米直接进行脱粒收获，使用的收获机是在麦豆联合收获机的基础上更换玉米割台，一次进地完成摘穗、剥皮、脱粒、秸秆粉碎联合作业。秋天进行脱粒收获时玉米含水率一般在 30% 左右，为了降低破碎率、节约生产成本，玉米采用脱粒收获时大部分都向后推迟收获期，让玉米在地里自然脱水，在玉米含水率达到 25% 以下时再收获。收获后的玉米籽粒要进行烘干，含水率达到 17% 以下时才能存放；或者让玉米在地里自然脱水，含水率达到 20% 以下时再收获；由于这时黑龙江省已进入严冬，气温很低，已经上冻，收获后的玉米籽粒不用烘干也可以存放，节省了烘干费用，损失小。另外，在上冻后进行玉米收获作业不破坏垄型，下一年地表根茬清理后可原垄播种，节省整地费用（孙百惠等，2013）。

二、黑龙江省玉米机械化生产存在的问题

（一）结构不合理

2012 年，黑龙江省 58.8 kW 以上的大型拖拉机保有量仅为 4.9 万台，而 73.5 kW 以上的大型拖拉机保有量仅为 2 万台，数量太少且分布不均，且有 5 499 台在农垦系统；大型拖拉机机具配套比仅为 1:1.3，与 1:3 的合理配套比相差较大，拖拉机与机具的配套比不合理，不能满足玉米生产各环节和大规模、标准化作业的需求。小型拖拉机保有量达到 66.5 万台，小型拖拉机保有量是大型拖拉机的 13.5 倍，数量太多，小型拖拉机机具配套比为 1:1.79，拖拉机的作用没有完全发挥出来，利用率低、作业费用高，制约了玉米生产机械化发展。

2015 年黑龙江省 36.7 kW 以上大中型拖拉机保有量为 18.5 万台，而与其配套的大中型玉米播种机保有量仅为 3.0 万台左右，数量太少且分布不均，大型高速气吸式精量播种机主要应用在农垦系统，制约了全省玉米播种机械化的发展。

（二）发展不平衡

2012 年，黑龙江省农业机械化综合水平达到 91.67%，而玉米生产综合机械化水平只有 85.7%，低于全省农业机械化综合水平。黑龙江省不仅玉米生产综合机械化水平低，而且在不同作业环节上发展极不平衡。玉米生产的耕整地机械化、播种机械化发展较快，而玉米收获机械化水平仅达 54.7%，机收是四大农作物中水平最低的；玉米中后期植保机械化才刚刚起步，成为制约玉米产业快速发展的瓶颈。

（三）技术水平低

2015 年，黑龙江省玉米播种机械化程度达到 99.7%，但玉米播种机械技术水平低。农垦系统和大型农机专业合作社的玉米播种主要采用 7 行、8 行、9 行、11 行、12 行大型高速气吸式精量播种机，这些播种机的产品技术水平达到了发达国家 20 世纪 90 年代水平，但大多数玉米种植户主要采用 4 行、5 行、6 行中型精量播种机，而小农户和丘陵山区依然选用 2 行小型机械式精量播种机，这类播种机只能达到发达国家 20 世纪 70 年代的产品技术水平。有些播种机产品结构设计不合理，平均首次故障时间仅为国外同类产品的 1/3 左右，可靠性差，严重影响玉米产业健康发展，急需进行产品提档升级。

（四）作业质量差

黑龙江省农村玉米播种作业机械以 2 行小型机械式精量播种机为主，存在播种稳定性不好、播深一致性差、株距均匀性差、重播率和漏播率高、播种粒距合格指数低、苗不齐不匀不壮、玉米单产水平低等诸多问题，东北平原黑土地的资源优势没有充分发挥出来。随着农村劳动力紧缺问题的加重，玉米轻简化栽培成为主流技术，农村耕地“七分种三分管”趋势日渐明显，提高玉米播种机作业质量十分紧迫。

黑龙江省农村玉米生产田间作业机械以小型为主，动力小，牵引力也小，导致耕整地作业太浅（13 cm 左右），作业深度达不到 30 cm（李少昆，2008）。此耕作深度没有打破犁底层，不能创造出地表细碎、中层全面松动、底层虚实相间的耕层构造，土壤中的水、肥、气、热不协调，既不蓄水又不保墒，农村的玉米耕地基本上是晴天硬邦邦、雨天水淋淋。在施肥作业方面表现出的问题主要是施肥深度不够，分层施肥不明显。播种环节存在着播深稳定性差，深浅不一，株距不均匀，作业质量达不到标准化要求，苗不齐不壮，玉米单产水平不高，黄金玉米生产带的资源优势没有充分发挥出来。

黑龙江省农村玉米单产水平比处于相同地域的垦区低 150 kg 左右。虽然地挨着地、垄挨着垄，一样的种子、一样的种植模式，结果却形成极大反差。造成这一巨大差距的根本原因是农村玉米生产的作业质量差，达不到标准化水平要求，导致先进农艺技术没有实施到位。黑龙江省垦区玉米单产水平高的主要原因是使用大型先进农业机械进行玉米生产作业，动力机械主要使用 147 kW 左右的大型拖拉机，为了保证耕整地作业质量，每个作业区还配备了 1 台约 220 kW 和 330 kW 左右特大型拖拉机；使用松耙联合作业机和全面耕耘机进行耕整地作业，耕整地深度达到 35 cm 左右，彻底打破犁底层，形成上虚下实、虚实相间的耕层构造，蓄秋冬季雨水为春用，保墒能力强，玉米生产抵御自然灾害能力增强，从而实现了玉米的高产稳产。垦区玉米播种使用的机械主要是 6 行、7 行、8 行、9 行高速气吸式精量播种机，能够实现单粒播种，分层侧深施肥，播深一致性好，覆土厚度为 5 ~ 6 cm，误差为

1 cm(郑奎和田玉,1993),且播种行距和株距均匀,作业速度达到 9 km/h,生产效率高,能够保证适时播种,实现苗齐苗壮;喷雾作业使用 18 m 左右悬挂式喷杆喷雾机或 27 m 左右自走式喷杆喷雾机,作业均匀性好,不存在"跑、冒、滴、漏"现象,药剂残留少,为绿色食品提供了保障。

第四节　黑龙江省玉米机械化生产展望

一、加大玉米生产先进种植技术研究推广

目前,黑龙江省玉米生产主要采取垄作种植模式,采取垄作种植主要有两个原因:一是由于黑龙江省无霜期短,积温不足,玉米垄作种植可增加积温 100 ℃左右,每公顷增加玉米产量 750 kg;二是由于受大陆性季风气候影响,年降雨量集中,玉米垄作种植可有效防止雨涝。20 世纪 80 年代以来,黑龙江省气候明显变暖,近 50 年来,全省气温平均升高 1 ℃,预计到 2030 年平均气温将升高 1.9 ℃,年可增加积温 100 ℃以上,和采取垄作种植模式增加的积温量相近。另一方面,随着国家各项惠农扶持政策的实施,农村小城镇建设加快,农民使用农业机械的积极性空前高涨,特别是大功率拖拉机作业面积迅速增加,具备了建立同美国玉米耕整地一样的以深松为主体、松耙联合的土壤耕种制度的条件(赵明等,2011)。深松整地技术推广应用面积逐年扩大,玉米地的蓄水保墒能力增强,可最大限度利用"土壤水库"调节水分,蓄夏秋雨为春用,解决了夏秋季节降雨集中易造成雨涝问题。因此,黑龙江省玉米种植具备了实行"垄改平"的条件,应加大玉米"垄改平"种植技术研究示范推广。玉米生产采取平作种植模式,不仅可以减少作业环节、减轻土壤破坏、每公顷减少作业费 500 元左右,还可以解决玉米联合收获作业后大量秸秆覆盖条件下无法进行起垄作业的难题;更主要的是玉米生产采取平作种植模式后,可以进一步推广玉米保护性耕作技术,可大大提高黑龙江省玉米生产技术水平。

二、加快玉米生产先进机械研究开发

玉米生产机械的性能是玉米生产机械化发展的关键,加快研究开发先进玉米生产机械,提高玉米生产机械水平,对实现玉米生产标准化作业,促进玉米生产机械化发展具有重要意义。一是要加快玉米生产机械关键共性基础部件研究。研究与大功率拖拉机高速作业配套使用的入土工作部件材料及热处理加工工艺,研究弹性减阻节能工作部件。二是研究松耙联合作业机。加深耕作层,深松深度达到 30 cm(杨桂杰,2013),打破犁地层,建立合理耕层构造,解决玉米联合收获机作业后大量秸秆覆盖下的玉米地耕整地起垄问题。三是研究玉米免耕施肥单粒精量播种机。研究玉米单粒精密排钟器,可提高玉米单粒播种机械化水平,解决在作物残茬覆盖条件下的施肥单粒精密播种问题。四是研究高效、低污染和防漂移的超高地隙喷杆喷雾机。研究同步喷药控制技术、全封闭自动混药加药技术、喷杆液压快速折叠技术,解决植保喷雾作业的均匀性问题,提高玉米生产中后期植保机械化水平。五是研究自走式玉米联合收获机。研究适合黑龙江省玉米规模化生产要求的效率高、能耗低、剥皮率高、破碎率低、带剥皮籽粒回收的玉米联合收获机,加快玉米籽粒联合收获机的研究,降低玉米生产成本。六是研究高效低能耗玉米烘干机,为玉米籽粒收获提供保障。

三、加速农机农艺融合

农机农艺融合得好,可以加快玉米生产机械化发展。黑龙江省玉米生产模式多样,有等行距种植模式、大垄双行种植模式、催芽坐水种植模式及育苗移栽种植模式等。每种种植模式的配套机械结构不同,增加了玉米生产机械的复杂性,导致玉米生产机械种类繁多、批量小、生产成本高、产品技术水平低、先进农艺技术实施不到位。玉米的种植行距相差很大,30～70 cm 不等,这给玉米收获机跨地区作业造成很大困难,将影响到购机户的经济效益,而这恰恰是玉米收获机是否能推广的关键。因此,有必要把玉米的种植行距规定在适当的范围内,有利于发展玉米收获机械的系列化产品(王保民,2013)。

农机农艺有着共同的目标,是一个共同生产的技术体系。先进农艺技术的大面积推广要靠农业机械来实现,不能够用机械化来实现的农艺技术是没有前途的。玉米生产农艺技术研究要有工程化理念,要做到标准化生产,要有相对的稳定性,只有农机农艺融合得好,才能加速玉米生产机械化发展。

四、加强市场监管和培训

产品质量好坏直接关系到玉米生产机械化的健康发展。目前,市场上有些产品性能研究不过关就大量推广应用,企业产品制造质量不合格也大量销售,拿农民的生产来检验产品性能,给农民造成很大损失,严重影响了农民使用机械的热情。应加大玉米生产企业和流通领域的行业监管力度,对检验不合格的产品应责令限期整改;同时,加大生产机械产品质量的市场监管力度,杜绝性能不过关的伪劣产品进入市场。同时也要看到,玉米生产机械调试不好或操作不当也会造成故障和人身伤害事故,要对玉米生产机械操作人员进行技术培训,建立产品应用试验示范园区,促进黑龙江省玉米生产机械化健康发展。

第二章　适合机械化生产的玉米育种

随着黑龙江省玉米种植规模化、土地集约化、生产机械化的发展,以及满足生产调结构、转方式的需求,玉米生产的全程机械化已经成为黑龙江省现代农业的主要发展方向。因此,对玉米生产品种提出了更高的要求,市场上对成熟期含水量低、抗倒伏、适合机械收获的玉米品种需求越来越迫切。选育适合机械化生产的玉米品种,对于加快黑龙江省玉米机械化生产的进程具有重要意义。本章从玉米种质资源、育种方法与技术、玉米杂交种选育和亲本繁殖及种子生产四个方面阐述了适合机械化生产的玉米育种。

第一节　玉米种质资源

一、适合机械化生产的玉米种质资源现状

玉米种质资源是玉米育种的基础和技术创新的源头,欧美等发达国家十分重视玉米种质资源的搜集、鉴定和创新研究。美国孟山都、先锋等大型跨国公司长期从事玉米种质资源的创新工作,选育出综合性状优良的亲本材料,具有高产、早熟、耐密、脱水快、优质、抗逆等特性,并选育出一批适宜机械化收获的玉米品种。欧洲玉米生产主要采用全程机械化种植,玉米种质以早熟的硬粒型和马齿型为主,具有植株茎秆弹性好,耐密度和适应环境能力强等适合机械化的特点。缺少早熟、耐密、抗倒、籽粒后期脱水快等适合机械化种植的玉米种质资源已经成为黑龙江省春玉米育种的重要制约因素。因此,国外这些优良玉米种质适合引进来弥补黑龙江省春玉米种质资源上的不足。

我国玉米种质资源比较丰富,但遗传基础比较薄弱,一直是少数几个自交系的衍生改良。虽然在群体改良、外来种质引进、地方品种资源搜集和利用等方面取得了很大进展,鉴定出五个重要的杂种优势类群,但核心种质还严重依赖先锋、孟山都等西方国家种质的引进与利用。因此亟待创造出适应我国不同生态区的具有自主知识产权的玉米核心种质,特别是脱水快、综合抗逆性强、适宜机械化收获的玉米种质将是我国玉米核心种质的选择与利用方向(陈志梅等,2016)。近年来,虽然国内玉米新品种不断涌现,但能够适应机械化生产的并不多,主要是株型不理想,熟期偏晚,籽粒脱水慢。若要从根本上解决这些问题,缓解种质资源遗传基础狭窄的劣势,就要积极地搜集国内外优良玉米种质资源,充实种质资源基因库;可以引入热带、亚热带及欧洲早熟坚秆品种提高本土种质资源的利用效率,引入国外早熟耐密优良自交系及综合群体等;通过多点和异地综合性状鉴定,利用近缘系杂交、回交、自交群体改良等方法,筛选具有包括耐密、高产、多抗、脱水快、发芽势强、适宜机械化操作的玉米种质;创建耐密、抗生物和非生物胁迫、适宜机械化操作的优异核心育种材料,探索其高效创新和利用途径。

黑龙江省地处我国北方早熟春玉米区的最北端,该区域纬度较高、长日照,霜期较长,有效活动积温较少,5～6月年均温度较低,少雨多春旱,7～8月高温多雨,9～10月早晚温差较大,且9月底至10月初有早霜发生。这些特殊的生态环境要求生产上推广的玉米品种

要具有苗期耐低温、出苗快、对光温反应不敏感、抗逆性较强、后期脱水快等特点。因此，受地理生态环境限制，黑龙江省玉米种质资源匮乏问题尤为突出。目前，黑龙江省主要应用的玉米种质资源包括四类：Reid、Lancaster、塘四平头、旅大红骨。上述四类种质中均能选育并组配出具有综合抗性好、适应性广、抗逆性强、稳产型玉米杂交种。但随着玉米生产规模化、集约化和机械化的发展趋势，未来的推广品种还应具备熟期适宜、抗倒伏能力强、后期脱水速度快、适宜全程机械化等特点。这些特点逐渐成为目前黑龙江省春玉米区乃至我国玉米种质进一步发展的瓶颈，因此加大引入外来优良玉米种质资源，改良本地种质资源已势在必行（王震，2017）。

二、适合机械化生产的玉米种质资源特征

适合机械化生产的玉米品种应具有籽粒芽势强、出苗快、植株矮、耐密植、站秆能力强、籽粒灌浆速度快、后期脱水快、收获时籽粒含水量低等特征。为满足玉米机械化收获的需求，在机收品种选育上应注意以下几方面：①早熟，缩短生育期，给玉米后期的站秆、脱水留足时间；②降低株高，上部叶片要少、短、窄、薄、稀，增加植株通透性，提高种植密度，达到增加单位面积籽粒产量和降低机械能耗的目的；③抗倒伏、倒折，抗茎腐病，成熟后田间站秆能力强，减少落穗落粒；④穗轴细长，苞叶少薄，长短恰到好处，后期蓬松、叶片落黄，利于后期脱水；⑤穗轴坚硬、易脱粒；⑥抗穗腐病，保证产品质量；⑦母本自交系植株结构要适应机械去雄，籽粒外形趋于圆形，以适应种子加工及高速精密播种，出花丝要快而整齐，抗逆性强，长时间保持花丝活力；⑧父本自交系要有很强的抗逆性，包括耐高温、耐旱、耐阴雨寡照等，花粉充足且活力强。

耐密植、适宜机械化已成为北方春玉米区玉米发展的重要趋势。许多研究对玉米适宜机械化收获的特征指标进行了报道。陈得义等（2014）提出密度试验、机械化收获鉴定试验至少在三个不同生态环境的试验点进行，鉴定密度在 9 万 ~ 12 万株/公顷。黄璐等（2015）提出茎秆抗折力、压碎强度和茎秆穿刺强度与机收存在密切关系，建议通过测定茎秆穿刺强度作为机械化收获筛选指标。潘天遵（2016）通过灰色关联度分析，确定了影响适宜机收的指标，包括穗位高、株高、茎秆节间折断力、穿刺强度、籽粒含水量、苞叶数、苞叶含水量等。

三、适合机械化生产的玉米种质资源的种质基础与杂优模式

相关研究认为，20 世纪末期我国玉米种质主要为改良瑞德、改良兰卡斯特、唐四平头、旅大红骨和 P 群（代表自交系分别为掖 478、Mo17、黄早四、丹 340 和齐 319）。其中改良瑞德、改良兰卡斯特和 P 群为国外种质，为母本自交系选育来源。唐四平头和旅大红骨为国内种质，为父本自交系选育来源。进入 21 世纪，随着美国先锋种子公司、孟山都公司和法国利马格兰以及德国 KWS 等公司品种在中国大面积的推广应用，国外种质衣阿华（Iowa）坚秆综合种（BSSS）、Maiz Amargo、兰卡斯特（Lancaster）、Oh43、LH82、衣阿华瑞德黄马牙（Iodent）、Oh07 - Midland、明尼苏达 13（Minn13）、欧洲早熟硬粒在我国有着越来越重要的影响，其中衣阿华（Iowa）坚秆综合种（BSSS）和 Maiz Amargo 属于 BSSS 杂优群，为母本群；其余为non - BSSS 杂优群，为父本群。我国原有种质以及根据杂优模式选育的品种普遍存在成熟期偏长、抗倒伏能力差、籽粒脱水速度慢、收获时籽粒含水量高等问题，而新种质的引进以及从这些新种质选育出来的优良自交系为选育适宜全程机械化生产的玉米新品种奠

定了良好基础(王元东等,2014)。

(一)衣阿华(Iowa)坚秆综合种(BSSS)和 MaizAmargo 利用潜力

新引进的外源种质衣阿华(Iowa)坚秆综合种(BSSS)和 MaizAmargo 具有配合力高、株型理想、高抗倒伏、制种产量高、种子商品率高、适宜单粒精量播种等优良特点。育种实践表明,直接利用衣阿华(Iowa)坚秆综合种(BSSS)和 MaizAmargo 等新种质与我国原有 5 大种质组配创制新组合均不理想。其中,与改良瑞德血缘相近,组配后杂交种配合力不高,优势不大;由于我国在 Mo17 改良上总体进展不大,因此组配出的组合在产量和抗性上与国外优秀杂交种相比差距较大;与国内唐四平头种质、旅大红骨种质以及 P 群种质组配出的杂交种具有较高的杂种优势,但熟期偏晚、植株繁茂、籽粒脱水速度较慢。因此衣阿华(Iowa)坚秆综合种(BSSS)和 MaizAmargo 等新种质经过改良后应主要与新引进的改良 non - BSSS 种质进行组配,该模式组配的杂交种具有较强的杂种优势,同时具备适宜全程机械化生产的特点(王元东等,2014)。

(二)新引进的 non - BSSS 种质利用潜力

新引进的兰卡斯特(Lancaster)、Oh43、LH82、衣阿华瑞德黄马牙(Iodent)、Oh07 - Midland、明尼苏达 13(Minn13)等 non - BSSS 种质具有耐密、早熟、脱水速度快等优点。该类种质与我国改良瑞德和改良兰卡斯特种质杂种优势不大,与国内唐四平头种质、旅大红骨种质以及 P 群种质具有较强的杂种优势,丰产性好、籽粒脱水速度相对较快,但是株型不理想、植株繁茂、易倒伏、抗病虫害能力较差。因此,新引进的 non - BSSS 种质应重点与国外的改良 BSSS 种质进行组配(王元东等,2014)。

(三)来源于国外商业杂交种 X1132X 选系的利用潜力

利用国外商业杂交种 X1132X 选育出的自交系含有 BSSS 和 non - BSSS 血缘。分析近几年选出的新品种可以看出,国外商业杂交种 X1132X 选系与国内唐四平头和旅大红骨种质具有较强的杂种优势,组配出的杂交种不仅具有本土化品种的优势(抗病性强、适应性好、苗势壮),而且还具备某些适宜机械化生产的指标,如满足适宜机械化精量单粒播种,籽粒成熟时脱水速度相对较快等特点。尽管目前选育出的组合还达不到全程机械化生产的全部指标,但是已经取得了一定进步(王元东等,2014)。

第二节　育种方法与技术

一、几种常见的育种方法

常见的育种方法如表 2 - 1 所示。

(一)诱变育种

诱变育种是指利用人工诱变的方法获得生物新品种的育种方法。其原理是基因突变。方法是辐射诱变、激光诱变、化学物质诱变、太空(辐射、失重)诱发变异,从而选择育成新品种。优点是能提高变异频率,加速育种过程,可大幅度改良某些性状,变异范围广。其缺点是有利变异少,需大量处理材料;诱变的方向和性质不能控制;改良数量性状效果较差。

(二)杂交育种

杂交育种是指利用具有不同基因组成的同种(或不同种)生物个体进行杂交,获得所需要的表现型类型的育种方法。其原理是基因重组,方法是杂交→自交→选优。其优点是将位于两个生物体上的优良性状集于一身。其缺点是时间长,需及时发现优良性状。

(三)单倍体育种

单倍体育种是利用花药离体培养技术获得单倍体植株,再诱导其染色体加倍,从而获得所需要的纯系植株的育种方法。其原理是染色体变异,方法是选择亲本→有性杂交→F_1 产生的花粉离体培养获得单倍体植株→诱导染色体加倍获得可育纯合子→选择所需要的类型。其优点是明显缩短育种年限,加速育种进程。其缺点是技术较复杂,需与杂交育种结合。

(四)多倍体育种

多倍体育种是指利用人工诱变或自然变异等,通过细胞染色体组加倍获得多倍体育种材料,用以选育符合人们需要的优良品种。其原理是染色体变异(染色体加倍),方法是秋水仙素处理萌发的种子或幼苗。其优点是可培育出自然界中没有的新品种,且培育出的植物器官大,产量高,营养丰富。其缺点是结实率低。

(五)基因工程育种

基因工程育种的物质基础是所有生物的 DNA 均由四种脱氧核苷酸组成。其结构基础是所有生物的 DNA 均为双螺旋结构。一种生物的 DNA 上的基因之所以能在其他生物体内得以进行相同的表达,是因为它们共用一套遗传密码。在该育种方法中需两种工具酶(限制性内切酶、DNA 连接酶)和运载体(质粒),质粒上必须有相应的识别基因,便于基因检测。其原理是基因重组(或异源 DNA 重组),方法是提取目的基因→装入载体→导入受体细胞→基因表达→筛选出符合要求的新品种。其优点是不受种属限制,可根据人类的需要,有目的地进行。其缺点是可能会引起生态危机,技术难度大。

表 2-1　几种常见的育种方法比较

育种方法	原理	变异原因	发生时期	范围	方法	优点	缺点	实例
杂交育种	基因重组	非同源染色体上的非等位基因自由重组或一对同源染色体上的等位基因交叉互换	有性生殖的减数分裂第一次分裂后期或四分体时期	一般用于同种生物不同品系的杂交或自交过程中	①杂交→F_1→F_2→F_3→从自交后代中选出不发生性状分离的优良纯合体(用种子繁殖); ②杂交→F_1 只要得到所需的性状即可(用于营养生殖)	可以把同种生物的不同优良性状组合在一个个体上,可见性强	耗时长,至少需 3 年,一般在 5~6 年	抗倒伏抗锈病小麦等

表 2-1(续)

育种方法	原理	变异原因	发生时期	范围	方法	优点	缺点	实例
诱变育种	基因突变:产生了新基因,是生物变异的根本来源	DNA 复制过程发生差错	多在有丝分裂间期或减数分裂第一次分裂间期	几乎适用于所有的生物	①物理方法:射线、激光等;②化学方法:亚硝酸、硫酸二乙酯等;③作物空间诱变育种	提高了变异频率,加速育种进程,大幅度改良性状	需大量的供试材料,可预见性不强	青霉素高产菌株 太空椒
单倍体育种	染色体变异	染色体成倍减少		多用于植物	花药离体培养(杂交)→F_1→单体人工诱导使染色体加倍→纯合体(从中选体)	明显缩短育种年限	技术相对复杂,不能产生更多的变异,不能大幅度地改良形状	
多倍体育种	染色体变异	染色体组成倍增加		多用于植物	用一定浓度的秋水仙素处理萌发的种子或幼苗得到多倍体	营养器官大,营养物质含量高	结实率下降,发育迟缓	三倍体无籽西瓜
基因工程育种	基因重组	人为地引入外源基因和生物体内原有基因重新组合			提取目的基因→目的基因与运载体结合→将目的基因导入受体细胞→目的基因的检测与鉴定	可定向地改变生物的性状,打破不同物种之间的不能杂交界限,迅速获得优良性状	技术复杂,安全性问题多,有可能引起生态危机	抗虫棉

二、适合机械化生产的玉米育种技术研究

(一)完善常规育种技术

适合机械化生产的玉米育种技术要改变只注重产量的试验方法,加强符合机械化生产的农艺性状的考量,如植株形态、穗部性状、收获时果穗含水量等。可以利用分子标记辅助育种与常规育种技术相结合,解决常规育种中出现的问题(袁鹰等,2005)。在选育玉米自交系时,对亲本的株型、耐密性、米质、雄穗开花特性要严格选择。杂交种初级试验以产量测试为依据,同时对苗期、成株、果穗、生育期等目标性状进行鉴定。高级试验要引入玉米收获机,参照玉米收获机质量评价技术规范:落穗率不大于 5%,籽粒破碎率小于 1%,落粒损失不大于 2%;机器带有剥皮装置时,玉米苞叶的剥净率应大于 85%。综合考虑,选育出

适宜玉米机械化收获的品种(唐文明等,2015)。

(二)高密度育种技术

张世煌(2006)指出,今后应提倡高密度育种策略,推广密植育种方法。在杂交种选育过程中,选育适合机械化生产的玉米品种,在选育初期对杂交组合的2个亲本的耐密性要严格选择,至少1个亲本要有良好的适合机械化生产的特性。近几年,黑龙江省玉米种植密度为60 000~75 000株/公顷,而德美亚1号可以种到82 500株/公顷。根据当前玉米生产水平,鉴定试验密度最好不低于75 000株/公顷。若要大幅度提高品种耐密性,可以把鉴定密度提高至90 000株/公顷,甚至120 000株/公顷(唐文明等,2015)。

(三)抗逆育种技术

我国幅员辽阔,生态区复杂,非常适合抗逆育种。例如,黑龙江省是丝黑穗及大斑病的高发区,要充分利用各生态区的气候条件,鉴定亲本及杂交组合,应采取高密度及多点鉴定,选取多个生态条件不同的地点进行。根据不同的生态区,选择杂交种的抗逆性、抗病性,同时观察记录与机械化生产相关的农艺性状及生理指标,还可以人为制造不利因素,如病虫害、干旱、水淹等胁迫因子,测试土地肥力对玉米茎秆的影响,来提高杂交种的适应性及适机收性(唐文明等,2015)。

(四)分子标记辅助育种技术

重点挖掘具有高产、高配合力、优质、耐密、抗逆、抗倒、脱水快和发芽势强等适合机械化的重要性状的功能分子标记及主效基因,获得具有自主知识产权的基因资源,建立玉米分子标记辅助选择技术体系。利用DNA分子标记技术与传统的杂交和选育技术相结合,开展多基因的聚合育种,把多个优良性状的多个基因转育到一个优良玉米材料中,实现分子育种技术与常规育种的有机结合,使品种的选择从以表现型为主向以基因型为主进行转变,提高育种工作效率。在现代玉米育种中应用这些新技术,提升了我国玉米育种整体水平(孙丽惠,2016)。

(五)二环系育种法与密植育种法结合

二环系育种法简单易行、效果好,也是育种界最为通用的方法。该方法可以用一个单交种作为选系的原始材料,连续多代自交,选出含优良基因自交系;密植育种法首要特征就是加大基础材料的种植密度,一般是常规方法密度的2倍,美国甚至达到了15万株/公顷以上。加大种植密度,种质的优缺点在极端条件下被放大,因此可以较容易鉴别。经过多代选择可以使有益基因逐渐累积。将二环系育种法与密植育种法有机结合,达到选育耐密、易机收品种的结果(孙丽惠,2016)。

(六)单倍体诱导法

利用单倍体诱导技术使用双单倍体技术,可以迅速得到纯系自交系。将单倍体育种与常规育种及分子育种相结合,加强在干旱、渍涝、遮阴等胁迫条件下的选育,创制出适合机械化的玉米核心种质。玉米单倍体技术以其选育周期短、可以获得稳定纯系的优势与分子标记、转基因称为现代三大玉米育种核心技术。随着诱导率、加倍率及准单倍体鉴定技术的完善提高，近十年来单倍体技术得到了迅速发展。目前，单倍体育种技术已发展成为跨国公司玉米育种的核心技术之一，我国在此领域的研究也取得丰硕成果。张铭堂等(2009)的相关研究指出，如果单倍体的发生频率提高到12%、标记性状得以增强、加倍率提高到30%，单倍体育种技术将得到迅猛发展。(孙丽惠，2016)。

(七)转基因技术

转基因育种最大的优点是针对性很强，可以根据目标性状选择合适的基因导入需要改良的作物中，以达到预期的目的。转基因玉米是人为地改变天然基因组序列的产物，在玉米育种史上具有划时代的意义。转基因技术作为玉米育种的一种途径已随着国家转基因生物新品种重大专项的开展得到较快发展。目前，主要在抗病、抗逆、高产等方面进行研究，一旦取得突破，获得目的基因将给适合机械化玉米育种带来巨大的变革(孙丽惠，2016)。

第三节　玉米杂交种选育

一、我国玉米育种存在的问题

农业的根本出路在于机械化，到2020年我国要基本实现机械化的目标。目前，国内玉米杂交种基本不适应机械化作业，主要包括品种抗性不适应、品种性状不适应和种子质量不适应。其主要问题有：玉米杂交种受我国传统育种基础影响，植株高大、晚熟、茎秆粗壮、轴粗叶厚、苞叶紧、不耐密、籽粒含水量高、机械收获耗费能源；大多数国内选育的玉米自交系不适合机械去雄，玉米亲本穗部性状不良，尤其是母本自交系角质率不高，种子在加工过程中破碎率较高。因此，急需培育适于机械化生产的玉米新品种，满足我国玉米全程机械化生产的需求。

目前，我国的玉米育种虽然在抗倒伏、穗位整齐度等方面有了一定改善，但后期脱水速度仍然缓慢，改良进展不明显，急需引进和创新后期脱水快的育种材料，加快符合机械化育种目标的材料创新、自交系和杂交种的创新。我国玉米主产区育成的杂交种大多为郑单958或先玉335的同质型品种，很少有真正意义上超过郑单958和先玉335的品种出现，必须从耐密育种方向寻找突破，以郑单958和先玉335模式为基本平台，进行循环育种，培育出抗逆性强、农艺性状优良、适应高密度种植和适合机收的矮秆、早熟、密植、多抗、脱水快等特点的品种。

二、适合机械化生产的玉米育种目标

适合机械化生产的玉米育种思路是坚持以循环育种为策略，以提高单产为核心，以增强抗病、抗逆为前提，以种质改良为基础，以突破自交系为关键，以创新高产、优质、广适、耐密、抗倒、抗病、抗逆适于机械化的品种为目标。完善常规育种技术(提高试验质量)，坚持循环育种技术(优中选优)，坚持高密度育种技术(抗倒伏、耐密植、耐阴)，坚持抗逆育种技术(多点逆境鉴定)，强化分子标记辅助育种技术(系谱数值化平台)，摸清现有骨干种质的遗传基础和主要功能，利用符合育种目标的育种基础材料，突破自交系选育难点。

机械化生产对玉米育种的要求：一是种子商品率高，适宜机械化单粒精量点播。机械化单粒精量播种生产效率高，节约用种，节省人工，增产效果显著。要求种子商品率高，发芽率不低于98%，发芽势强，纯度不低于98%，种子饱满一致。具体性状目标是种子半硬粒型、角质多、大小适宜、耐低温深播。二是株型理想、耐密植、高抗倒（折），适宜田间机械化管理。品种的抗倒（折）性是仅次于产量的最重要目标之一，玉米使用各种机械进行田间管理的便利与否与玉米抗倒（折）密切相关。此外植株对除草剂不敏感、株型理想、耐密植也便于田间机械化管理作业，提高生产效率，降低生产成本。具体性状目标是植株株型通透、茎秆细而坚韧、根系发达。三是早熟，籽粒脱水速度快、含水量低，茎秆站立性好，适宜田间机械化收获。生育期偏长、成熟时籽粒脱水速度慢是导致收获时籽粒含水量高的重要因素，造成收获时籽粒破损严重以致减产。而收获时茎秆倒伏或折断则严重影响机械化生产效率，同时容易漏收果穗。为了提高机械化收获的质量，除了要求品种本身抗倒（折）外，还应注意品种的抗茎腐、抗玉米螟和抗穗腐能力。具体性状目标是中小果穗苞叶薄、苞叶层数少而短、成熟后松散、穗轴细而坚硬，抗玉米螟、茎腐病和穗腐病。

适宜玉米机械化作业的整体育种目标：从株型上看，株型紧凑，叶片窄且斜上冲，着生间距大，茎秆节间长，透光性好；从抗倒性上看，茎秆韧性强，不易倒伏和倒折，倒伏程度应小于5%；从耐密性上看，叶片稀疏，茎秆坚韧，空秆率低，耐密性好；从生育期上看，生育期适中偏短，籽粒成熟时脱水快，收获时含水量较低，一般低于18%；从果穗上看，果穗大小适中或偏小，下垂率小于15%；从出籽率上看，轴细粒深，果穗出籽率高，籽粒商品性好；具有稳产性好、适应性广的特点。根据这些特点，要制定长远的选育策略（唐文明等，2015）。

三、杂交种选育需要考虑的问题

杂交组合的选配可以从两个方面考虑，即玉米的耐密性和玉米的易机收性。选育目标要围绕密度、产量和机械化三个要素，把出籽率和脱水速率放在优先位置：一是品种株高较低；二是灌浆期绿叶数较少；三是果穗较细、较短；四是单穗产量较低；五是苞叶数较少且疏松；六是籽粒最好为马齿形；七是生长期适当早熟。

杂交组合品种的鉴定主要有两方面：一方面是耐密性的鉴定。要在 3 种不同条件的生态环境下进行试验，每个环境中要种植 2 行以上，每行长度不低于 5 m，在种植的旁边预留可供观察的通道。从目前的种植情况来看，玉米的生产密度最好为 75 000 株/公顷。然而，为了加强玉米品种的耐密性，鉴定密度也可以进一步提高，通常在 90 000 ~ 120 000 株/公顷。此外，也要保障播种质量，避免缺苗断垄。另一方面是易机收性的鉴定。

玉米产量是测试的基本内容，此外以下内容也需要进行严格的检测：第一，玉米的苗期长势，包括发芽率、芽势、出苗速度等；第二，玉米的成株情况，生长是否整齐，植株的高矮，果穗的位置，抗倒伏能力；第三，耐密水平，确保没有空秆和秃尖问题；第四，鉴定生育期，确保玉米脱水速度，减少收获时的含水量；第五，果穗鉴定，确保果穗的大小适中，下垂率不能高于15%；第六，籽粒鉴定，确保出籽率和籽粒的品质。

第四节　亲本繁殖及种子生产

一、玉米机械化生产对种子、植株及果穗的要求

(一)玉米机械化生产对种子的要求

玉米生产包括大田生产及种子生产。大田生产要求种子大小均匀一致且籽粒饱满,利于机械化播种;发芽率达到98%以上,纯度98%,芽势强,保证出苗一致、整齐,为机械化田间操作提供保障。种子生产要求种子角质多,商品性状好。角质多,能够减少收获、包装过程中的损耗。对于制种田,要求种子芽势强,出苗一致,防止后期出现大小苗现象,导致抽雄不齐,机械去雄困难,遗漏多(唐文明等,2015)。

(二)玉米机械化生产对植株的要求

玉米机械化生产操作不可避免地要和玉米植株有机械性接触,这就要求玉米植株从苗期到成熟期都要给机械化操作提供有利条件。在玉米生长过程中,中耕、追肥、培土等使用机械完成田间作业,要求玉米具有极强的抗逆性、抗病性。其中抗倒折性强最为关键,如果玉米茎秆韧性太差,容易造成机械性倒折,不抗风,易倒伏。但植株茎秆韧性太强会导致秸秆不易粉碎,浪费机车油料,降低收获速度,甚至使秸秆无法还田(王振华等,2011)。各种病虫害也是影响机械化收获的限制性因素,其中影响比较大的是青枯病和玉米螟。对于杂交种亲本,适宜机械化去雄的母本要雄穗轴长,方便去雄,去雄后不易伤到顶部叶片,避免养分的损耗,雄穗要偏小,分枝较少,抽雄一致,并且雄花抽出后散粉较迟,这样可最大限度满足机械化的要求(唐文明等,2015)。

(三)玉米机械化生产对果穗的要求

适合机械化收获的品种果穗均匀,不秃尖,不烂尖,没有穗部病害,如品种感染轴腐病不但无法机收,收获后也无法进行脱粒工作。穗位应高低适中、整齐一致,果穗大小一致。穗位高低相差太大,不利于机械抓果穗,造成果穗大量漏收(王统武,2006)。而果穗直径相差太大将使脱皮辊无法调节间隙,间隙过大掉穗,间隙过小将把果穗挤烂直至玉米无法收割。果穗苞叶要松,利于成熟期降低水分,如果包裹太紧,脱皮辊无法将苞叶从果穗上脱下,不利于晾晒脱水,同时还需要大量人工进行清理,费时费力。据崔俊明等研究表明成熟时果穗苞叶自然膨松开张率达到80%以上的玉米杂交种适合机械化收割(崔俊明等,2014)。

二、玉米机械化生产对母本自交系的要求

在玉米杂交种制种中,去雄过程最关键且最难掌握,为了保证种子纯度和质量,所有母本行的雄穗必须在散粉或抽丝前去掉,达到超前、干净、彻底的要求。去雄方法一般包括人工去雄、细胞质雄性不育法和机械去雄等方法。人工去雄不但劳动强度大,而且费时费力,去雄的效果也不理想。细胞质雄性不育制种虽然不用去雄,但很难找到强效恢复系,在应

用上也存在一定的问题。机械化去雄快捷、方便、省时省力,也是农业机械化发展的趋势。

机械化去雄的有效程度主要取决于母本的特性,一是玉米上部节间。适应机械化去雄的母本上部节间要长,尤其是雄穗轴长,方便去雄,而且去雄后不易伤到顶部叶片,避免了养分的不必要损耗。二是顶部叶片。顶叶要短而小,一方面有利于通风透光,另一方面,在去雄时即使不小心去掉顶叶也不会过多地损失养分。三是雄穗。作为制种的母本,其雄穗存在的价值不大,没必要像父本雄穗一样大、分枝多、花粉量大,为了既能满足自交的需要,又能适应机械化去雄,选系时应该选择雄穗偏小、分枝较少的自交系。四是抽雄散粉期。为保证干净、彻底去雄及去雄效率,在选系时要注意选择抽雄一致,并且雄花抽出后以散粉较迟的自交系作母本,这样可以最大限度地满足机械化的要求(王振华等,2011)。

三、玉米制种机械

制种生产主要包括耕整地、播种、田间管理和收获等环节。国外发达国家的农机装备企业能够提供制种生产所需的系列配套装备(杨峻芸和奎丽梅,2000)。玉米制种以规模化、机械化生产为主,种业公司是制种主体,制种机械化水平较高,从播种到收获后的种子加工处理基本都是机械化作业,尤其是劳动强度大、对种子质量影响较大的玉米去雄环节,也是机械化作业,基本实现了制种生产全程机械化。制种机械化水平较高的国家主要是美国、德国和奥地利。

我国玉米制种机械化方面,目前在耕整地、播种、植保、收获、烘干、清选和加工处理等环节基本能够实现机械化作业,而劳动强度大、劳动量大的去雄环节机械化技术还基本处于试验示范阶段,尚无成熟定型产品推广应用,去雄仍以人工作业为主(蒋万启,2012;周保疆和毛建平,2010)。在播种环节,玉米制种父本、母本播种机械并不相同。母本广泛使用覆膜播种机,主要是3膜6行和4膜8行,可以根据地块规模或种植模式进行选择。该类型播种机技术比较成熟,穴粒距合格率在95%以上,能够实现铺膜、铺滴灌带、打孔、播种和膜上覆土镇压等联合作业,提高肥水的利用效率。这种机具主要在制种面积较大的地块使用。另一种比较常用的玉米制种播种机是新疆生产建设兵团广泛应用的气吸式精量播种机,该机型能够1穴1粒精量播种,同时集成配套双膜覆盖、膜下滴灌、带种肥和单粒播多项技术。在新疆及甘肃河西地区,主要使用提拉式播种器,这种机械为半人力机械,由人推动扶手前进,播种器顺着玉米行滚动,按照调整好的株距排种。该播种器能够降低劳动强度,适时播种,不耽误农时,利于农作物的增产增收,相比手工播种提高生产效率3倍以上(蒋彬等,2016)。在去雄环节,国内大部分玉米制种还是以人工去雄为主,没有配套的去雄机械设备。其主要原因是国内在玉米制种去雄技术方面的研究还不够成熟,而且主要集中在去雄最佳时期和带叶数量上,而对去雄机械技术研究较少。目前,国内大型的制种企业或新疆生产建设兵团这样大规模制种的地区,以引进国外去雄机械设备为主。在收获环节,国内没有针对玉米制种专门的收获机,制种玉米采用的是粮食作物玉米联合收获机。收获时适当调整果穗剥皮零部件,使其少剥皮,减少对籽粒的伤害(蒋彬等,2016)。

四、机械化去雄及管理

(一)去雄机械的选择

可选用海吉204玉米去雄机,其机身长2.06 m、高1.9 m,利用红外线探头感触电脑操作、橡胶轮组合去雄器去雄，去雄机 168 马力（1 马力 =0.735 千瓦），全液压系统，一次可 8～12 行同时工作。海吉 204 去雄机去雄 3～3.5 hm^2/h，可昼夜工作，按每天工作 10 h 计算，相当于 300 个人一天的工作量，大幅提高了工作效率。机械去雄由于安装了灵敏度很高的红外线光感传感器，可对不同高度的玉米同时去雄，去净率达 96%～98%（张顺东，2014）。

（二）去雄前的准备

去雄前的准备包括：防治玉米螟、红蜘蛛；去杂株，主要去三类苗（小苗、弱苗、老苗）；调节浇水时间，防止影响抽雄；准确掌握父母本的叶片数，观察未开放叶片数，掌握本地该组合生长 1 片叶的时间；判断母本抽雄开始日和父本散粉时间（张顺东，2014）。

（三）机械去雄的要求

机械去雄的要求包括：土地平整，尽量大地块作业，地中不留埂子；必须是滴灌地，要求出苗整齐，去雄时田中不能有积水；机械去雄地块玉米品种若高度过高，可在苗期进行化控；母本穗上叶片较多的品种更适合机械去雄（5 片以上），去雄时苞带叶，可带 1～3 片玉米叶片；去雄前的田间管理基本原则是保持母本株高一致。可通过早中晚熟品种搭配、错开播期、田间促控管理等技术，延长去雄机每年的可操作期（张顺东，2014）。

（四）去雄后管理

对父本花粉量少的品种采用人工拉绳或吹风机辅助授粉，可有效提高结实率。授粉结束，90% 的母本花丝萎蔫后，开始砍除父本，以防止父本在收获时混杂，同时可增加田间通风透光，提高母本产量。病虫害主要防治丝黑穗病、瘤黑粉病、玉米螟、红蜘蛛。授粉结束后应逐步加大肥水量（张顺东，2014）。

五、玉米亲本种子生产技术

玉米亲本种子是指用于生产杂交种的父母本种子，包括原原种、自交系原种、良种等。因此，自交系亲本种子繁育的流程为原原种种子的繁育、自交系原种的繁育、良种的繁育。其中原原种种子是指由育种者育成的遗传性状稳定的最初一批高纯度自交系种子，由育种者育成并保纯繁育。自交系原种是指由育种家种子直接繁殖出来的或按照原种技术规程生产出来的质量达到规定标准的自交系种子。自交系良种是指由自交系原种按照自交系良种生产技术规程生产的符合良种标本的自交系种子。生产上，自交系原种的繁育是自交系良种生产的基础和关键。

（一）原种生产方法

自交系原种的标准是性状典型，株间整齐一致，纯度不低于 99.99%，保持原自交系的配合力。根据 GB/T 17315—1998 标准，原种生产方法分两种，一种是由原原种种子直接繁殖，另一种是采用二年二圃法进行繁殖。二年二圃法是自交系提纯复壮的基本方法。二圃是指株行圃、原种圃，此法以“选株自交—穗行比较—淘汰劣行—混收优行”的穗行筛选法进行。

选株自交是指在自交系原种圃内选择符合典型性状的单株套袋自交。其方法是用半透明的硫酸纸做好纸袋，花丝未露前先套雌穗，待花丝外露 3.3 cm 左右，当日下午套好雄穗，次日上午露水干后开始授粉，一般一次授粉，当自交系雌雄不协调时可两次授粉，授粉工作在 3 ~ 5d 内完成。收获时按穗单收，彻底干燥，整穗单存，作为穗行圃用种。

穗行圃是指将上年入选的单穗在隔离区内种成穗行圃，每系不少于 50 个穗行，每行种 40 株。生育期间进行系统观察记载，建立田间档案，出苗至散粉前将性状不良或混杂穗行全部淘汰。每行有一株杂株或非典型株时全行淘汰，即全行在散粉前彻底拔除。选优行经室内考种筛选，合格者混合脱粒，作为原种圃用种。

原种圃是指将上年穗行圃种子在隔离区内种成原种圃，在生育期间分别于出苗期、开花期、收获期进行严格去杂、去劣，全部杂株最迟在散粉前拔除。雌穗抽出花丝占 5% 以后，杂株率累计不能超过 0.01%；收获后对果穗进行纯度检查，严格分选，分选后杂穗率不超过 0.01% 方可脱粒，所产种子即为原种。

（二）玉米自交系原种生产技术要点

1. 选好繁殖基地

原种生产（含穗行圃、原种圃、育种家种子繁殖田）由种子部门负责安排，每个原种至少要同时安排两个可靠的特约基地进行生产。繁种地块要求地势平坦，地力均匀，土层深厚，土质肥沃，灌排方便，隔离良好，稳产保收。采用空间隔离时，繁种地块与其他玉米花粉来源地相距不少于 500 m。

2. 规格播种

原种生产田采用统一规格播种，播前要进行种子精选、晒种、包衣，将选穗行的种子混合种植。根据气温、地温和墒情而定，一般要求 10 cm 地温稳定在 10 ℃ ~ 12 ℃时适期早播。采用两种种植方式，一是等行距种植，即 50 mm × 50 cm 或 55 cm × 55 mm；二是宽窄行种植，即 60 cm × 60 cm 或 45 cm × 65 cm。采用先覆膜后点播的方法较好，播种或覆膜前均采用窄行标准统一划线种植，格深 3 ~ 4 cm。覆膜后要留足 50 cm 膜面，要求膜面平、紧、直，并在膜面上每 2 m 打一土结，以免大风揭膜，被膜处采用细土封闭盖严。根据种植模式和品种特性确定种植密度，根据面积和发芽率核定播种量。一般要求原原种种子和自交系原种繁殖田单粒点播（芽率在 95% 以上），自交系良种繁殖田根据芽率要求每穴点播 2 ~ 3 粒。

3. 加强田间管理

（1）早间苗、定苗。3 ~ 4 叶时间苗，5 ~ 6 叶时定苗。间苗、定苗的原则是去大苗、小苗、弱苗、病苗，留整齐一致的壮苗。

（2）适期蹲苗，培育壮苗。即在肥水充足、生长过旺的情况下，控制肥水，结合除草及时中排，促进根系生长，达到控上促下，培育壮苗的目的。

（3）“三攻”追肥。即全生育期追好拔节肥、攻稻肥、攻粒肥。追肥原则是“前轻、中重、后补”，以氮肥为主，深施比撒播好，追肥综合灌水进行。

（4）灌水。全生育期灌水 4 ~ 5 次，结合追肥进行，以后每隔 20 ~ 30 d 浇水一次，沙土地适当缩短浇水间隔时间，重点灌好拔节水、抽雄孕穗水、籽粒灌浆水。

（5）中耕除草。苗期中耕两次，第一次浅耕，以除草为主；头水浇后 5 ~ 7 d 再中耕一次，比第一次加深，起到锄草松土的效果，并将地膜破损处用土压实，防止膜下杂草生长。

4. 加强质量控制

(1)严格去杂。在自交系种子生产过程中,根据亲本特性和育种家提供的相关信息,集中去杂、去劣四次。第一次结合间苗、定苗,拔除田间与典型苗性状不相符的异常亩,即大苗、小苗、弱苗、病苗、花叶苗,保留生长整齐一致的壮苗;第二次在大喇叭口期至抽雄前进行,按照品种典型的特征,将田间高大株、变异株、杂株、劣株(矮小株)全部去掉;第三次在抽雄期到授粉前将田间优势株(略高,其他特征基本一致)、自交系退化株(略低)进行取雄,在散粉吐丝期将颖完、花药、花丝颜色不一致的植抹砍除;第四次在收获晾晒过程中将穗型、轴色、粒形、粒色不一致的杂穗、病穗全部挑除干净,并妥善处理。原种生产田中性状不良或混杂的植株最迟在雄穗授粉时全部淘汰。从植株抽出花丝开始不允许有杂株散粉,可疑株率不得超过0.01%;收获后应对果穗进行严格检查,杂穗率不得超过0.001%,否则按报废处理。

(2)做好田间质量检查。抽雄前至少要进行两次检查,着重查明隔离条件和种植规格是否符合要求。苗期主要以幼苗叶鞘颜色、叶形、叶色和长势的典型性为检查依据。

5. 收获

一般在籽粒蜡熟期收获。收获时要剥去全部果穗包叶,遇到气温偏低、积温不够的年份,也可适当提前几天收获,对一些晚熟、脱水慢的品种应“站秆扒皮”。

6. 晾晒

收获的果穗及时晾晒在阳光充足的房顶上或晒场上,单穗铺平,每隔5~7 d翻动一次,翻动时挑出异穗、杂穗等,清除杂质。晾晒期间若有雨要盖好防雨布,气温下降到0 ℃以下时,必须下盖篷布上盖秸秆,防止种子受冻,天晴后及时取覆盖物摊晒。有条件的地方,种子收获后可直接用烘干设备烘干。

7. 收购贮藏

晾晒的种子待水分降至13%以下时开始收购。收购时再次选穗,然后收购果穗,收完后标明产地、批号,原种可以果稻保存,自交系良种进入加工车间,进行脱粒、精选、分装入库,种子质量应达到GB 4404.1—1996规定的要求。填写质量档案,包装物内、外各加标签,写明种子名称、种子纯度、净度、发芽率、水分、等级、生产单位、生产时间和生产地点等。

第三章　玉米机械化生产的生理基础

植物的生长发育和形态建成是植物各种生理功能的综合外在表现。在物质与能量代谢的基础上,植物通过细胞分裂和分化、组织和器官的发生及形成,使植物由小变大,从营养生长转为生殖生长,经过种子萌发,根、茎、叶生长,开花,结实,衰老死亡等过程,从而完成其生活史。植物的代谢生理包括光合、呼吸、水分代谢、矿质营养、有机物运输与分配、细胞信号传导等过程,以及环境条件对这些代谢过程的影响。

玉米是黑龙江省种植的主要农作物,从种到收以机械化为主。本章主要讨论与玉米机械化生产直接相关的生理过程,包括水分、矿质营养、光合、呼吸、灌浆和脱水过程。

第一节　水 分 生 理

植物的一切正常生命活动只有在含有一定水分的条件下才能进行,否则就会受到阻碍,甚至死亡。水是植物的一个重要的先决条件,在植物的生命活动中起至关重要的作用。农谚说:"有收无收在于水",可见在农业生产中,水是决定收成有无的重要因素之一。陆生植物不断从土壤中吸收水分,以保持其正常的含水量;同时,其地上部分(尤其是叶片)又以蒸腾作用的方式,将吸收的绝大部分水分散失到周围环境中。植物的吸水与失水是一个相互依赖、相互依存的过程,也正是由于这个过程的存在,植物体的水分永远处于运动状态。

植物对水分的吸水、运输、利用和散失的过程,称为植物的水分生理或水分代谢。了解植物水分代谢的基本规律是农业生产中合理灌溉的生理基础,通过合理灌溉可以满足作物生长发育对水分的需要,为作物生长提供良好的环境,对农作物的高产、优质有重要意义。

一、水分在植物生命活动中的作用

水分对植物生命活动的重要性表现在两个方面,即生理作用和生态作用(张继澍,2006;张立军和刘新,2011)。

(一)水对植物的生理作用

水的生理作用是指植物生命活动所需的水分,即直接参与原生质组成、重要的生理生化代谢和基本生理过程的水分的作用,可以概括为以下几个方面。

1. 水是植物细胞原生质的重要组分

通常,植物细胞原生质的含水量为70% ~90%,如活跃生长的根尖和茎尖等部位的细胞含水量常在90%以上。细胞原生质只有呈溶胶状态时,才能保证代谢活动正常进行。如果含水量降低,原生质便可能从溶胶状态变为凝胶状态,生命活动减缓,如休眠的种子。如果细胞失水过多,将使细胞受到伤害而导致死亡。

2. 水直接参与植物体内重要的代谢过程

水分子是光合作用的反应底物之一,在光合作用、呼吸作用、有机物质合成和分解的过程中均有水的参与。

3. 水是许多生化反应的良好介质

植物体内绝大多数生理生化过程都是在水介质中进行的。光合作用中的碳代谢、呼吸作用的底物分解代谢都发生在水相中，因为参与这些过程的反应物都溶于水，控制这些反应的酶类也是亲水性的；蛋白质和核酸代谢也是在水介质中进行的。另外，同化物如光合作用的产物和无机离子的运转也是在水介质中完成的。植物体内的水分流动，把整个植物体联系在一起，成为一个有机整体，在这个体系内有机物和无机离子以水溶状态到达需要的任何部位。

4. 水能保持植物固有的姿态

植物各器官中的机械组织有一定的支持作用，但植物维持固有姿态还需要依靠细胞的膨压，特别是在幼嫩组织中更是如此。只有当细胞中含有足够的水分，保持一定的紧张度，才能使植物枝叶挺立，便于充分接受光照和交换气体，同时使花朵张开，有利于授粉。

5. 水可保障细胞分裂和延伸生长

植物细胞的分裂和延伸生长对水分很敏感。生长需要一定的膨压，缺水可使膨压降低甚至消失，影响细胞分裂及延伸生长而使植物生长受到抑制，植株矮小。

6. 水理化性质有助于生理活动

与植物生理活动有关的水的理化性质如下。

(1)化学特性：由于水分子具有明显的极性，使溶于水中的生物大分子(如蛋白质)呈现水合状态，均匀地分散在水中，所以，水具有稳定细胞原生质胶体的作用。

(2)力学特性：由于水分子具有明显的极性，使水分子之间具有很强的内聚力和对其他物质的附着力，有利于水分在植物体内的长距离运输。植物体内的水分流动，把整个植物体各部分联系成一个有机整体，在这个体系内有机物和无机离子以水溶状态到达任何需要的部位。

(二)水对植物的生态作用

所谓生态作用就是通过水分子的特殊理化性质，给植物生命活动创建一个有益的环境条件，这种作用称为生态作用。

1. 水对植物体温有调节作用

水具有很高的汽化热和比热，利于植物散发热量和保持体温，从而调节植物体的温度，以适应外界环境条件。

2. 水对可见光的通透性

水能吸收红外光，并能透过可见光和紫外线，对植物的光合作用和生长发育等有重要意义。

3. 水对植物生存环境的调节

水分可以增加大气湿度、改善土壤及土壤表面大气的温度等。在作物栽培中，利用水来调节作物周围小气候是农业生产中行之有效的措施。例如，越冬时给作物灌水可保温抗寒。盛夏给大田喷雾(水)可以改变作物周围的湿度，增大气孔开度，减少或消除午休现象。

植物对水分的需要，包括生理需水和生态需水两个方面。满足植物的需水对植物的生命活动有重要作用，农业生产中一定要注意调节植物的水分平衡，同时改善植物生存的环境条件，这是农业丰产稳产的重要保证。

二、水分对玉米整个生育期的影响

植物吸收水分的主要部位是根系,水分信号的直接接收者也是根系,随水分的降低,玉米各生育期根系的生长均受抑制,根系长度缩短,根冠比增加,根条数、根体积及根干重均明显下降,说明玉米根系生长对水分的需求反应比地上部生长更强烈(马旭凤等,2010;孙彩霞等,2000)。而且,生育期内任何时间发生土壤水分亏缺均会导致玉米减产,不同生育阶段的水分亏缺会不同程度地影响最终产量,也就是说产量下降的程度由干旱的严重程度和作物所处的生长阶段共同决定,严重干旱可能危及世界粮食安全(Campos et al. ,2004;Parry et al. ,2007)。

水是玉米进行正常生理活动必不可少的物质,水分亏缺会直接影响玉米的生理活动,进而影响其生长发育,最终影响产量和品质。

(一)水分对玉米生理活动的影响

水分亏缺时,玉米的光合、蒸腾和呼吸等生理过程会受到很大影响。

1. 水分胁迫对光合作用的影响

水分胁迫时,玉米叶片水势下降,气孔阻力增加,CO_2 交换受阻,光合作用明显受抑。水分胁迫是影响玉米光合作用及生长的主要环境因素(史胜青,2004)。玉米产量与光合作用直接相关,玉米干物质产量的 90% 以上是由光合作用生产的(肖俊夫等,2010)。近年来,关于水分胁迫对光合作用的影响及水分胁迫对作物生长、生理响应这方面的研究一直是热点问题(张倩等,2012)。

作物在受到水分胁迫时叶片光合速率减小,光合作用减弱,同化作用减弱,产量减少。其主要包括两方面的原因:一方面是光合作用减弱影响气孔导度,同时减少 CO_2 的提供;另一方面是光合作用降低,光合活性下降。王建程(2004)的研究表明作物受到不同水分胁迫时光合变化显著,并且重度水分胁迫比轻度水分胁迫对光合强度的影响更严重。

胡田田和康绍忠(2005)的研究发现作物的净光合速率已经成为评价水分胁迫的关键要素,且水分胁迫会降低作物的净光合速率,随着水分胁迫程度的不同其净光合速率降低程度也大有差异。韩希英和宋凤斌(2006)的研究表明玉米在受到水分胁迫时其净光合速率、气孔导度、蒸腾速率和叶片水分利用效率的平均水平与对照相比显著降低,并且抽雄-开花期下降幅度大于拔节期。光合速率下降主要受非气孔因素限制,玉米受到水分胁迫后影响光合日变化规律。

水分胁迫时光合作用受到影响最为显著,不仅仅气孔受到抑制,更主要是因为叶绿体自身受损(赵丽英等,2007)。叶绿素荧光参数是灵敏、无机械损伤研究和评价逆境条件下植物光合系统的重要参考指标,比净光合速率更能直接反映光合作用的真实行为(李尚中,2014),作物中叶绿素含量影响着叶片的光合作用的强弱(杨晓青等,2004)。水分胁迫对植物光合作用的影响是多方面的,不仅直接引发光合机构异常,同时也影响光合电子传递,而叶绿素荧光可用来评价光合机构的功能(齐华等,2009)。王建程等(2005)的研究表明玉米叶片叶绿素荧光参数对水分胁迫的响应非常显著,可作为评判水分胁迫程度的衡量指标。刘明等(2009)的研究表明不同品种玉米的叶绿素荧光指标变化规律不同,可作为玉米抗旱鉴定指标。周祥利等(2010)通过对比试验发现玉米受到水分胁迫后,其 PSⅡ 活性中心受到影响,从而抑制光合作用的原初反应和光合电子的传递。

2. 水分胁迫对蒸腾作用的影响

玉米主要生理耗水过程是蒸腾作用,反过来,水分状况也会影响玉米蒸腾作用。决定蒸腾速率高低的关键因子是叶片气孔腔内水汽压大小和气孔的开放程度,当水分亏缺时,根系会发出信号传递给叶片气孔,使气孔孔径缩小,从而增加气孔下腔水汽的扩散阻力,蒸腾速率降低。在一定范围内,蒸腾强度随土壤湿度的增大而增加,当土壤湿度达到一定值后蒸腾强度趋于稳定(朱自玺和侯建新,1988)。土壤水分条件适宜时,油菜叶片气孔阻力最小,蒸腾速率最大,随干旱加重,气孔阻力增大,蒸腾速率显著降低(毛明策等,2001)。

3. 水分胁迫对呼吸作用的影响

呼吸作用是植物代谢中心,是将玉米生长发育及各种生理活动有机联系的重要枢纽。在一定范围内,土壤湿度与玉米叶片呼吸速率以相对湿度40%为界限,呈两极增强趋势,即土壤相对湿度为40%时,玉米呼吸速率最小,当土壤相对湿度高于或低于40%时,随着湿度的增大或减少,呼吸速率均显著增强。可见,呼吸速率的反向增强是一种伤害性呼吸。不同生育时期水分胁迫下玉米叶片呼吸速率变化的研究显示,随水分胁迫加重,呼吸速率下降,开花期和雌穗小花分化期下降速度较大,灌浆期次之,拔节期相对较小(徐世昌等,1995)。

(二)水分对玉米形态的影响

作物受到水分胁迫时,虽然可以通过吸收水分来避免水分胁迫,或将水分丧失减小到最低程度来抵抗胁迫造成的伤害。但是,若胁迫强度大或持续时间长则必然会抑制作物生长,并且引起植株形态指标的显著改变,包括叶面积、株高和茎粗等(王建程,2004)。玉米在受到水分胁迫影响时其形态指标会小于对照处理组,根系和地上的生物量也会降低(赵先丽等,2011)。

叶片是进行光合作用的主要器官,是进行各种生理反应的重要部位,对于作物最终收获测产有着重要的作用,且叶面积大小变化对于最终产量有重要影响。叶面积是作物进行光合的直接条件,水分胁迫能抑制叶面积的生长,然后影响其在冠层中的分布(黄振喜等,2007)。作物叶面积大小及其构成很大程度影响群体光合能力、叶面积指数(LAI)以及叶面积系数构成的合理配置,能够很好地反映作物群体的光合能力(高俊凤,2006;张吉旺等,2002)。

作物在水分胁迫条件下,其叶面积和横切面的比率较潮湿环境下作物要小,通过调节自身形态来维持水分的持有,形态指标的变化与作物的抗旱性密切相关(郑盛华和严昌荣,2006;罗青红,2006)。而表面积与体积比值小的作物能够在很大程度上阻止水分流失(蒋高明,2004)。邱新强等(2013)的研究发现玉米的长势受水分胁迫影响较大。

白莉萍等(2004)对不同土壤水分胁迫下的玉米形态表征、生长发育及产量的综合分析表明,玉米受水分胁迫的影响程度因受旱轻重、持续时间以及生育进程的不同而不同,水分胁迫越重,持续时间越长,影响越甚;玉米株高在生育期内会逐渐增加,但其增加的程度与水分胁迫的程度相关,玉米株高在各生长阶段均为水分充足 > 轻度水分胁迫 > 重度水分胁迫;从抽雄初期至灌浆中期,玉米植株茎粗均在减小,但减小程度因水分胁迫程度不同而有差异。

（三）水分对玉米生长发育的影响

土壤水分充足，则植株营养生长和生殖生长协调发展，生育期稳定；当水分过多或亏缺时，则生育进程减慢，生育期延长。陶世蓉等（2000）的研究表明，夏玉米生育期内，土壤相对持水量70%～80%时，营养体与雌雄穗发育均良好，生育期105 d；当为80%～100%时生育期推迟4～5 d，当为40%～50%时生育进程大幅推迟，雌雄花期不遇，人工辅助授粉后，生育期延长至120 d以上。

在作物不同生育期，水分胁迫对作物的影响不同。拔节期到抽穗期是玉米生长发育最旺盛的时期，是作物需水量最大的时期（肖俊夫等，2008；刘战东等，2011）。玉米抽穗开花期，对土壤水分十分敏感，如水分不足，气温升高，空气干燥，抽出的雄穗2～3 d内就会“晒花”，造成有的雄穗不能抽出，或抽出的时间延长，严重制约制种玉米正常生长，造成植株矮小，产量降低。有研究认为干旱条件下，吐丝延迟和籽粒败育是限制产量的重要因素（彭羽等，2004）。此外，鲍巨松等（1991）研究发现，严重水分胁迫发生的时期对生育期的影响不同，拔节前及拔节期受水分胁迫，抽雄散粉期与正常供水相近，雌穗吐丝期推迟3 d，成熟期相近；孕穗期受到胁迫，雌穗吐丝期比正常供水处理推迟5～8 d，成熟期推迟7 d，抽雄期受到胁迫，雌穗在复水后才能吐丝，吐丝期推迟10 d。

土壤水分状况对玉米营养生长和生殖生长有明显影响。土壤缺水或过湿都会抑制根、茎、叶等的生长，当土壤相对持水量下降到40%～50%时，根条数、株高、茎粗和单株叶面积分别减少52.6%，47.9%，52.3%及59.9%；土壤相对持水量高达80%～100%时，根条数、株高、茎粗和单株叶面积分别减少38.9%，23.3%，20.2%及30.3%（李素美等，1999；郑盛华和严昌荣，2006）。玉米生殖器官的发育对水分的反应比营养器官更敏感，玉米生殖生长和营养生长具有较好同步性才能获得最大的产量。土壤水分亏缺或过湿均可导致营养生长削弱，进而导致雌、雄穗发育吻合度降低。拔节前干旱胁迫导致雄穗轻度败育，对雌穗影响较小；拔节后水分胁迫对雄穗影响增大，喇叭口期水分胁迫对雄穗影响最大，可致严重败育；抽雄期受旱雄穗提前散粉。水分对雌穗发育影响以抽雄期最大，干旱明显影响穗长、穗粗和穗粒数（鲍巨松等，1991；李素美等，1999；徐世昌等，1995）。

另外，不同生育期水分胁迫对玉米干物质积累的影响大于对根系的影响：水分胁迫条件下玉米根冠比均大于正常水分条件。苗期、拔节期水分胁迫对叶片、叶鞘干重影响较大；孕穗期水分胁迫对茎秆、雄穗干重影响较大；抽雄期和灌浆期水分胁迫对茎秆和雌穗干重影响较大（鲍巨松等，1991）。张建华和李迎春（1997）的研究发现，当土壤湿度小于11%时，干旱导致呼吸消耗大于干物质积累，干物质增长率为负；土壤湿度在11%～14%时，玉米干物质增长最快；土壤湿度大于14%后，干物质积累逐渐变慢。

（四）水分对玉米产量和品质的影响

如前面所述，水分对植物光合作用和呼吸作用影响很大，而玉米的产量和品质又直接与光合和呼吸进程密切相关，因此，玉米生育期间土壤水分状况对其产量和品质的构成有直接或间接的影响。土壤水分过多，通气不良会抑制根系呼吸作用，发育受到影响，根量少且入土浅，植物从土壤中吸收水分、矿质营养或其他物质减少，从而影响地上部的生长，进而影响干物质积累；干旱缺水则抑制玉米正常生长，茎秆矮，叶片小，导致玉米光合速率低，干物质积累少。

水分胁迫出现在作物的不同生育期对产量影响不同，虽然许多研究成果不完全一致，但大体上发现其规律为：抽雄期 > 拔节期 > 成熟期 > 苗期。水分胁迫直接导致玉米产量下降，玉米各生育时期水分亏缺造成的减产均极显著。水分对玉米穗粒数和粒重影响较大，玉米第一需水高峰期是籽粒形成期和乳熟期，土壤相对持水量在籽粒形成期保持在 88% ~ 92%，乳熟期保持在 45% ~80% 才能正常灌浆；玉米第二需水高峰期是开花前 10 d 到开花后 15 d，因此表现为玉米产量和此阶段降雨量呈显著正相关。开花期和乳熟期缺水，穗粒数减少，百粒重降低；而乳熟期和蜡熟期缺水，则主要影响粒重，尤其乳熟期缺水，粒重降低 50% 左右（胡昌浩，1995）。已有研究证实，苗期轻度缺水（ <55% ），株高降低 6.84 cm，单株叶面积减少 165.1 cm^2，减产 8.66%；拔节期重度缺水，将使植株矮小，叶片窄短，穗粒数减少，产量降低 19.83%；而抽雄至吐丝期缺水，有效穗数、穗粒数和千粒重均降低，减产达 40.42%；抽雄前后 40 d 是玉米水分敏感期（谭国波等，2010；张景生等，1999）。徐世昌（1995）和谭国波（2010）等的研究认为，开花期水分胁迫造成减产最多，轻度胁迫减产 34.8%，重度胁迫玉米几乎绝产；雌穗分化期和灌浆期水分胁迫减产次之，拔节期最小。开花期水分胁迫减产的原因是穗粒数、有效穗数和粒重等产量三因素均显著下降引起的，而其他时期受旱只是影响到产量三因素中的个别部分，所以减产较少。因此，加强水分管理是玉米高产的重要措施。

水分胁迫不仅对玉米产量造成影响，还会改变籽粒储藏物质含量及成分。王鹏文等（1999）通过试验发现水分胁迫使玉米籽粒有效养分含量提高，灌浆期水分胁迫使籽粒蛋白质中的各种氨基酸含量提高；抽雄期水分胁迫会降低籽粒蛋白质中必需氨基酸含量，降低脂肪中不饱和脂肪酸的成分，增加了饱和脂肪酸的成分。杨恩琼等（2009）的研究认为水分胁迫对玉米产量影响要比对品质影响更严重。

三、玉米耗水规律

植物根系不断从土壤中吸收水分，运输到植物体各部分，只有约 1% 供给正常生命活动的需要，99% 吸收的水分则以气体形式通过蒸腾作用散失到大气中。作物需水和耗水过程是作物生长发育过程中必要的水分利用和交换，它决定着作物的整个生理活动并最终获得产量，同时，它又是能量平衡中必不可少的重要组成部分。

作物需水量（crop water requirement，简称 CWR）是在适宜的土壤水分和肥力水平下，作物经过正常生长发育，获得高产时的植株蒸腾、棵间蒸发以及构成植株体的水量之和。与蒸腾及棵间蒸发水量相比，构成植株体的水量很小，常忽略不计，也就是，在实际计算中认为作物需水量等于高产水平条件下的植株蒸腾量（transpiration）与棵间蒸发量（evaporation）之和，即蒸发蒸腾量，简称为腾发量。孙景生等（1999）研究玉米生育期内耗水规律及植株蒸腾与棵间蒸发变化规律时发现，在水分适宜时，玉米生育期耗水量为 425.25 mm，玉米田的棵间蒸发量较大，占其整个生育期总耗水量的 35% ~38%。作物的需水特性是作物自身的生理特性，是作物本身生物学特性与环境因素综合作用的表征。因此，一定程度上受气象因素、土壤性质和农业技术措施等的影响（山仑等，2000；孙宏勇等，2011）。研究作物耗水规律是提高作物水分生产率和制定节水灌溉制度的重要依据，对灌区规划和灌溉管理决策具有极重要的指导意义。

我国主要的玉米种植区包括东北、华北和西南山区，还有西北雨养条件下一定面积的夏玉米。东北黑土区玉米的耗水量最大达 508.6 mm，但由于季风气候的影响，使不同年际间耗水量差异较大(孟凯和张兴义,1997)。西北半干旱地区,玉米全生育期耗水量达424 mm(Ding et al.,2010),晋中玉米的耗水量为300～350 mm(陈奇恩等,1991);在更加干旱的地区,如科尔沁沙漠,玉米全生育期的耗水量达464.6～541.5 mm(张铜会等,1999;李玉霖等,2002)。

生长阶段土壤田间持水量保持在80%左右,有利于夏玉米产量的提升,达到高产效果,夏玉米整个生长期内需水量保持在417.30～507.45 mm;在作物生长不同时期,尤其是幼苗期对水分的需求不高,但拔节至抽雄期日需水强度升高明显,可达到最大值(11.61～12.02 mm/d)(刘战东等,2011)。曹云者等(2003)的研究发现,夏玉米在不同生育阶段,对外界环境的变化敏感,特别是对水分的需求量表现差异明显,尤其是拔节到抽雄的需水量最高,然后是灌浆到成熟。日需水强度线呈抛物线,苗期耗水量少,拔节至抽雄增大至最高值,灌浆需水强度会逐渐减弱。而对于春玉米来说,肖俊夫等(2008)发现,春玉米需水量为400～700 mm,呈现由西向东递减的趋势,高值区位于新疆哈密市,低值区位于黑龙江省牡丹江市,相对年产值来说,玉米的附加值不高;春玉米生长发育期间,土壤蒸发量约占50%总需水量,水的需求高峰在7月中旬到8月初,即拔节期至抽雄期,这个时期是玉米生长发育的关键时期,此时的日耗水量可以达到4.5～7.0 mm/d。

东北种植玉米,受地域限制。高晓容等(2012)以作物水分盈亏指数为评价指标,研究播种期—七叶期(初期)、七叶期—抽雄期(发育期)、抽雄期—乳熟期(中期)、乳熟期—成熟期(后期)4个生育阶段需水量在空间上的分布情况,得出东北玉米呈阶梯样带状分布,全区差异较大。在播种期—七叶期阶段,整个研究区西部为低值区,吉林东南部为高值区,需水量由西北向东南方向递增。对于其他3个阶段,则以吉林东部为中心,整个研究区东南部为低值区,西部或西南部为高值区,需水量由西向东递减。对于东北地区玉米需水关键期的界定,不同研究得出的结论不尽相同。刘春光等(2009)的研究发现,在吉林西部半干旱地区,随喷灌水量的增加玉米的耗水量增多,产量随之提高。当耗水量进一步增加,产量则增长变缓;玉米苗期植株矮小,叶面积小,蒸腾量小,主要是棵间蒸发耗水,因此需水较少。玉米进入拔节期后生长旺盛,叶面积系数迅速上升,需水量逐渐增多;玉米抽雄至吐丝期是营养生长和生殖生长都十分旺盛的时期,是玉米需水的最关键时期,此时不仅需水多而且对水分条件十分敏感;在籽粒灌浆阶段,叶片的光合能力达到最强,可制造大量碳水化合物,此时供水充足可延长叶片有效活动时期,确保加速同化作用和向籽粒运输大量的营养物质,从而保证籽粒饱满,籽粒灌浆时期是玉米需水的第二个关键时期。而孟凯和张兴义(1996)发现在东北北部黑土区特定环境条件下玉米耗水强度最大时期为乳熟期—成熟期,阶段耗水量占总耗水量的20%;在北部旱作农区,降水量基本能够满足春玉米生育阶段对水分的需求,关键是苗期,应注意土壤水分的调控。

玉米耗水的主要来源是灌溉和降雨,土壤水的供给仅占总耗水量很小的比例,有时还会出现负供水。因此,根据当地年降水分布规律,掌握玉米的耗水规律,可合理控制灌溉用水量、提高水分利用效率,这对指导玉米节水高产意义重大。

四、世界与我国水资源利用现状

地球表面70%以上的区域被水覆盖,包括海洋水、地下水、河流水、湖泊水、冰川水及大气水和生物水在内,共计约1.386×10^{18} m^3。淡水资源储量仅有3.5×10^{16} m^3,占总储量的2.53%,包括目前技术水平难以利用的分布于南北两极的固体冰川(占淡水总储量68.7%)

和埋藏较深的深层地下水及永久冻土的底冰。人类真正能够利用的淡水资源是江河湖泊和地下水中的一部分,仅占淡水总量的 0.3%(石虹,2002)。全球淡水资源不仅短缺而且地区分布极不平衡。按地区分布,巴西、俄罗斯、加拿大、中国、美国、印度尼西亚、印度、哥伦比亚和刚果 9 个国家的淡水资源占世界淡水资源的 60%。约占世界人口总数 40% 的 80 个国家和地区约 15 亿人口淡水不足,其中 26 个国家约 3 亿人极度缺水。更可怕的是,预计到 2025 年,世界上将会有 30 亿人面临缺水,40 个国家和地区淡水严重不足。

水资源是可循环利用资源,虽然可再生淡水资源总量高于缺水上限,但由于在地域和时空分布的不均匀,世界上有 20 亿人口生活在极度缺水的区域;伴随全球气候变暖,可再生淡水资源的循环和总量可能增加,但由于季节性的变化可能不会使水资源利用现状得到好转。亚洲是世界水资源消耗最多的地区,其次是北美洲和欧洲,其他地区耗水相对较少;随着工农业的发展和人口的增加,世界年平均用水量不断增加,并且超过 70% 的水用于农业生产,预计到 2025 年,农业年均用水量将超过 $3\times10^6\ m^3$(Contestabile and Kabat,2013)。

我国是一个干旱缺水严重的国家。我国的淡水资源总量为 28 000 亿 m^3,占全球水资源的 6%,仅次于巴西、俄罗斯和加拿大,名列世界第四位。但是,我国的人均水资源量只有 2 300 m^3,仅为世界平均水平的 1/4,是全球人均水资源最贫乏的国家之一。然而,中国又是世界上用水量最多的国家。

我国位于太平洋西岸,地域辽阔,地形复杂,大陆性季风气候非常显著,因而造成水资源地区分布存在时空变化。降水量从东南沿海向西北内陆递减,依次可划分为多雨、湿润、半湿润、半干旱、干旱等五种地带,造成了全国水土资源不平衡现象。长江流域和长江以南耕地只占全国的 36%,而水资源量却占全国的 80%;黄、淮、海三大流域,水资源量只占全国的 8%,而耕地却占全国的 40%,水土资源相差悬殊。降水量和径流量的年内、年际变化很大,并有少水年或多水年连续出现。全国大部分地区冬春少雨、夏秋多雨,东南沿海各省,雨季较长较早。降水量最集中的为黄淮海平原的山前地区,汛期多以暴雨形式出现,有的年份一天大暴雨超过了多年平均年降水量。降水量的年际变化,北方大于南方,黄河和松花江在近 70 年中出现过连续 11 ~ 13 年的枯水期,也出现过连续 7 ~ 9 年的丰水期。有的年份发生北旱南涝,另外一些年份又出现北涝南旱。水资源的特点造成中国水旱灾害频繁,农业生产不稳定。

1949 年起,我国总用水量和农业用水总量逐年增加,农业用水是所有用水中消耗最大的部分,占总用水量 60% 以上;从 1980 年到 2005 年,年平均农业用水量超过 350 亿 t,工业用水比例也在逐年增加。据统计,我国目前缺水总量约为 400 亿 t,随着工业用水的增加,农业用水比例逐年下降,从 1949 年到 2004 年,农业用水从 97.1% 下降到 63.2%(王玉宝等,2010),预计到 2030 年将继续下降到 52%,农业缺水达 500 亿 ~ 700 亿 t(房全孝等,2004)。

五、黑龙江省水资源分布

(一)水资源现状

黑龙江省位于中国的东北部,全省土地总面积 $4.548\times10^5 km^2$。黑龙江省河流纵横,湖泊众多,集水面积 50 km^2 以上的河流共有 1 918 条,分属黑龙江、嫩江、松花江、乌苏里江、绥芬河五大水系。黑龙江省平原区面积 19.4 万 km^2,省内多年平均水资源总量为 810.3 亿 m^3,

单位耕地面积占有水资源量400 m^3 左右，与全国亩均水资源1 500 m^3 比较，境内水资源量并不十分丰富；人均占有水资源量为2 115 m^3 左右（人口按第六次普查数3 831万人），与全国持平（黑龙江省水利水电勘测设计研究院，2011）。

黑龙江省的年降水量在400～650 mm，由于平均气温偏低，大部分地区的蒸发量小于降水量，水分损失较少。黑龙江省的降水表现明显的季风特征，降水量的季节分配极不均匀，夏季受东南季风的影响降水充沛，占全年降水量的60%左右；冬季在干冷西北风控制下，干燥少雨雪，仅占全年降水量的4%；春秋季降水分别占13%和23%左右。6～8月是降水最集中的时期，在300 mm以上，占全年降水量的60%左右。黑龙江省降水量分布极不均衡，表现为南北地区差异不明显，东西地区差异明显，山区降水量大于平原的特征，降水量从东向西逐渐减少，从平原到山区降水量增加，东部地区年降水量在550～600 mm，西部松嫩平原降水量在350～450 mm，小兴安岭和张广才岭年降水量在600～700 mm。黑龙江省多年平均水面蒸发量为500～900 mm，总的蒸发规律是西部大、东部小，南部大、北部小。松嫩平原年蒸发量达900 mm，而北部的大兴安岭地区仅500 mm，蒸发主要集中在4月～8月（苏俊等，2011）。

黑龙江省气候中心朱红蕊（2011）以黑龙江省60个气象台站1961—2011年地面气象观测的气温和降水量作为基础资料，分析了黑龙江省近50年水资源变化的特征。从时间跨度上，1961—2011年，黑龙江省年降水量呈减少的变化趋势，减少速率每10年减少约2.8 mm，年蒸发量呈增加趋势，气候倾向率为1.7 mm。年降水量减少，年蒸发量增大使得年可利用降水量呈减小的趋势，且年可利用降水量变化曲线与降水量曲线相似，只是变化幅度较降水量和蒸发量大（图3－1）。由图3－1（c）可以看出，黑龙江省可利用降水量在20世纪60年代初期偏多，20世纪60年代末至70年代末为偏少时段，20世纪80年代初至90年代后期可利用降水量偏多，20世纪90年代末至今有减少趋势。黑龙江省年可利用降水量整体呈下降趋势，但从空间上，局部地区与全省的气候变化趋势并不完全同步。黑龙江省全年可利用降水量大部分地区在109.0～286.0 mm，中部偏多，其中铁力、鹤岗、尚志和伊春可利用降水量在250.0 mm以上，西部偏少，尤其是松嫩平原西部，可利用降水量少于150 mm，春季更为显著，松嫩平原大部可利用降水量不足15 mm。全年可利用降水量大部分地区呈减少趋势，东部地区减少最显著，只有黑河东北部和松嫩平原西部个别市县呈增加趋势；春季全省各地均呈增加趋势，绥化、穆棱、孙吴和木兰增加最为显著，每10年幅度在6.0～10.6 mm。夏季和秋季大部分地区呈减少的趋势，冬季全省各地均呈增加趋势。由此可见，黑龙江省松嫩平原大部可利用降水量远低于全省平均值，水资源严重不足，尤其是春季，由此造成春旱发生的可能性加剧。三江平原的可利用降水量较松嫩平原多，但该地区可利用降水量减少趋势非常显著，水资源紧缺的问题将日益突出。而松嫩平原和三江平原为黑龙江省主要的粮食生产基地，这两大平原地区水资源供需矛盾日益显著，将对粮食生产和水资源的开发利用造成严重影响，对黑龙江省的经济发展和人们的生活也将带来不可忽视的影响。

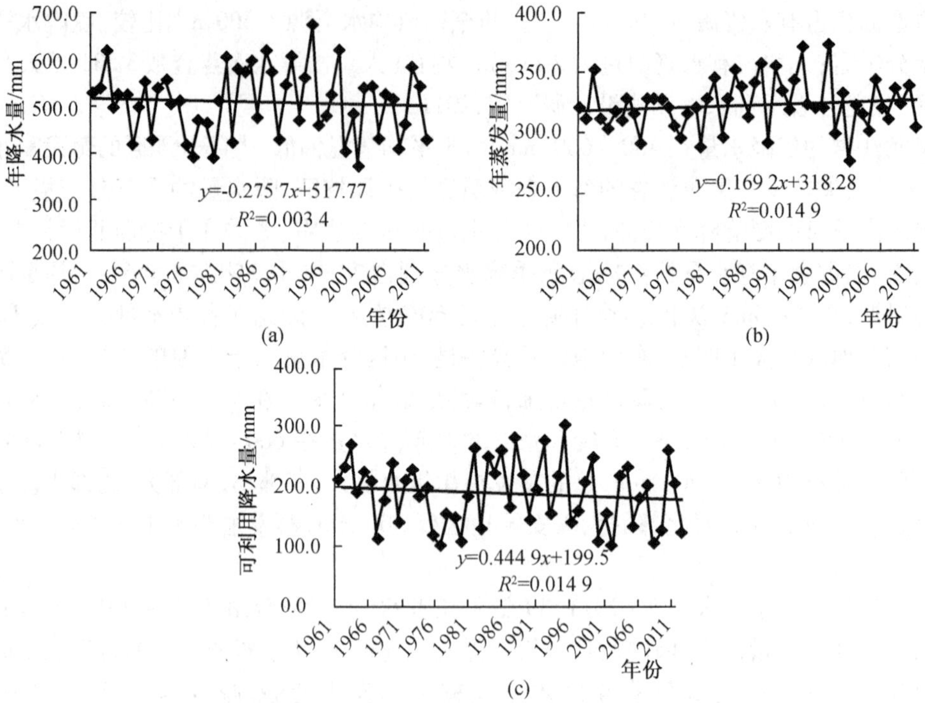

图 3－1　1961—2011 年黑龙江省年降水量、年蒸发量、可利用降水量变化曲线（朱红蕊，2011）

（a）年降水量；（b）年蒸发量；（c）可利用降水量

六、节水农业措施

随着社会进步和经济发展，人类对水资源的需求逐渐加大，20 世纪是有史以来人类发展最快的一个世纪，世界人口增加 4 倍，工业生产总值增加 50 倍，水资源消耗增长 100 多倍，全球用水量达到水资源总量的 20%，已经逼近水资源开发的最大潜力（吴普特和冯浩，2005）。21 世纪以来，全球用水量每年大致以 5% 的速度增加，水资源危机日益加剧。水资源短缺不仅是社会经济持续发展和生态环境保护的重要限制因素，甚至可能影响全球安定局面。中国人均水资源拥有量约为世界平均值的 1/4，居世界第 109 位，是世界上 13 个严重缺水的国家之一，也是农业水资源严重短缺的国家之一。伴随全球水资源短缺的日益加剧，许多国家都把发展高效节水农业作为现代农业可持续发展的重要措施（许迪等，2003；康绍忠和马孝义，1999）。在我国，水资源短缺导致的干旱灾害频繁，联合国已将我国列为贫水国家之一。农业是用水大户，随着我国经济总量和人口总量不断加大，农业用水正逐步被工业和城镇生活用水挤占，环境生态需水与农业用水的矛盾日渐突出。因此，开展节水农业研究，对缓解水资源不足，保证农业持续增产具有重要意义。

（一）节水农业

节水农业是提高用水有效性的农业，是水、土、作物资源综合开发利用的系统工程。吴普特教授认为："节水农业应包括旱作农业和灌溉农业两种类型，强调在充分利用自然降水的基础上高效利用灌溉水，同步提高灌溉水和降水利用率。"还有人认为："节水农业是一项以农业节水工程、农业节水技术为核心，以水资源的保护、涵养与科学管理为基础，以提高水分利用率,实现水资源的良性循环和农业可持续发展为目标的系统工程。"节水农业包括工程节水、农艺节水、管理节水和生物节水。工程节水即灌溉工程范畴的节水,是农业节水灌溉中的核心内容,包括节水措施和节水灌溉技术,具体为雨水蓄积技术,灌区改造技术,田间节水灌溉工程技术,设施节水灌溉技术,如精准灌溉、微喷灌、滴灌等。农艺节水就是利用农业综合技术提高作物水分利用效率,既是节水农业的关键一环,又是节水农业的主导。农艺节水技术问题最多、难度最大、潜力也最大(贾大林等,1999)。农艺节水主要通过农业种植结构的调整、应用抗旱节水新品种、采用耕作保墒、覆盖保墒等农艺措施来提高水资源的利用效率的。管理节水包括组织管理、工程管理、经营管理和用水管理,主要内容包括制定节水法规,完善节水技术推广服务体系,落实节水管理责任制,提高人们节水意识,制定节水灌溉制度,适时适量进行灌溉,提高水的利用率(崔毅,2005)。生物节水一方面利用生物的抗旱需水生理特性进行节水灌溉和农业生产布局调整,另一方面利用各种生物技术培育抗旱节水高产品种(陈兆波,2007)。

(二)国外节水农业发展概况

由于世界水资源分布不均衡,许多国家都存在大量的干旱地区,为提高干旱地区的农业经济效益,近几十年来,国外很多国家和地区都对旱作节水农业进行了大量的探索和试验,并对旱作农业技术开发投入大量的人力、物力及财力等,目前已取得较显著的成效:形成了以改善生态环境和提高粮食产量为主要目标的旱作农业技术体系;同时在作物布局上,形成了关于耕种、水资源分配、防止旱区土地退化和土地退化后的恢复等方面的技术。目前,节水技术不断推陈出新,节水效果不断提升,节水农业蓬勃发展。以色列、美国等国的节水农业已取得举世瞩目的成效。

1. 以色列

以色列可耕地面积为42.7万 hm^2,60%的土地被沙漠和丘陵覆盖,降水量少且分布不均匀,北部地区年降雨量为700~800 mm,中部地区年降雨量为400~600 mm,南部内格夫沙漠地区年均降雨量仅为25~40 mm;且降雨多集中在每年11月至次年3月,可以说以色列是一个人口众多、土地少、水资源极为匮乏的国家。面对如此恶劣的自然环境,以色列国家采取空间调水、科学用水、精心管水等方式,将最先进的节水技术与生物技术、空间技术、信息技术等紧密结合在一起,成为高新技术产业的重要组成部分。以色列依仗现代农业成为欧洲"冬季厨房",在沙漠中创造了令人惊叹的世界奇迹。

以色列将两种旱地农业技术成功地应用到农业生产中,一个是在农田采用节水高效的灌溉技术,另一个是采用覆盖耕作、径流种植技术。以色列的农田大部分集中在年降水量为200 mm的地区,农作物缺水极为严重,针对这种情况,冬季主要采用保墒管理,在整个生育期内,将水资源极为高效地灌溉到农作物生长需水的阶段。在灌溉技术上主要采用管道输水,这样可以确保从水源到需要灌溉的农田,水资源的损失率非常低,只有不到5%。灌溉采用滴灌、微灌及喷灌等方式,各方式灌溉的农田面积分别占总农田面积的60%、10%和25%。此外,采取合理的种植结构,减少水资源耗费较大的谷物种植面积,积极种植经济价值较高的水果、蔬菜、花卉等来提升农业的生产价值。这样不但能很好地解决以色列国内所面临的粮食短缺问题,而且可极大提升农户的收入,且农业的种植也属于良性循环(李岗和贾志宽,1995)。在年降水量小于450 mm的地区,采用麦草覆盖种植技术,确保覆草、播种、松土、施肥一次完成,并配备其他的农业生产工艺技术。以色列冬小麦生产过程中把降水生产效率提高到 13.5 ~ 18 kg/(mm · hm^{-2})(Central Arid Zone Research Institute,1988),而在年降水量 400 mm 以上的地区,主要采用集流种植,将农作物种在坑中,且集中施肥,进而充分地利用降水。

目前,以色列所有的灌溉土地上均使用高效节水灌溉,耗水量下降了 50%,水的使用效率、农业产量大大提高,单位农田面积产量增产 35% ~ 50%,单方水分生产率达到 2.32 kg/m^3。以平均 8 个月的生长期计算,每 1.5 亩的大棚可以生产出 20 t 西红柿,10 t 青椒。同时,以色列以高效节水技术培育和发展了一批全球知名高效节水灌溉设备大型企业,如耐特菲姆跨国公司。以色列依靠节水措施,在沙漠中建起了绿洲,农业迈入发达国家行列。

2. 美国

美国是当今全球最发达的现代农业国家,节水农业发展成效显著,全国年平均降水量 760 mm,西北部地区年平均降水量为 250 ~ 500 mm(余萍,2005)。美国的旱作农业区主要集中在西部盆地和中部大平原的西部,属于半湿润偏旱或者半干旱地区,其年降水量只有 300 ~ 500 mm,而南部的亚利桑那及新墨西哥等地区属于亚热带干旱灌溉农业区(Unger,1983)。美国在发展现代农业过程中,也将节水作为首要因素,积极探索节水、节肥、节能等技术,以求农业生产效益最大化。

美国推行高效节水灌溉措施,将输水防渗、田间改造、设备配套等构成美国地面灌溉节水的核心内容。在灌溉农业区,大力推广滴灌、喷灌等高效节水灌溉技术,将虹吸管引水灌溉区改为滴灌、喷灌等现代高效节水灌溉区。灌溉区主要通过激光平田整地后,灌溉时借助重力作用和毛细管作用使水下渗润湿土壤,提高灌水均匀度。美国垦务局将自动控制技术用于灌区配水调度,配水效率由过去的 80% 提高到 96%。目前,美国灌溉面积为 1 999 万 hm^2,其中沟灌 1 111 万 hm^2,占灌溉面积的 55.6%,喷灌和滴灌面积 540 万 hm^2,占灌溉面积的 27%(王江海,2014)。

面对大面积干旱区缺水导致的农业生产问题,美国大力调整农业种植结构,将灌溉农业由水资源紧缺区转移到水资源丰富区,形成了保护性耕作技术,并将该技术进行了广泛的推广,这一技术也成为近代美国旱作农业的典型成就(UNDP - CPR/91/114,1995)。保护性耕作通过对土地进行间歇式耕作,实现少耕种或者不耕种,并将残茬及秸秆进行覆盖。根据美国当局统计调查,美国干旱地区的土地耕作次数已经由 1990 年以前的七到十次减少到现在的一次甚至免耕,这样就极大地提高了土地的蓄水量,从 102 mm 提高到 183 mm,休闲期降水量也从 19% 提高到 40%,小麦的产量也由原来的 1.07 t/hm^2 提高到现在的 2.69 t/hm^2(Steward & Robinson,1997)。Potter & Torber(1998)经过多年实验分析结果表明,采用免耕作技术可以提高土地表层有机物含量。由于保护性耕作技术使用时还辅助残茬覆盖技术,可以保证土地的侵蚀量和径流量明显下降,而且下降的幅度达到 38% ~65%。此外,由于有机物质增加,土地矿化速率逐渐下降,使土壤可以更好地储存水分和利用水分。由于美国对旱作农业技术不断改进,现在美国中西部地区的谷物已经做到节水生产,且水资源的转化率已经达到 35% ~45%。

3. 澳大利亚

澳大利亚的旱作农业区主要集中在东南部及南澳、西澳等高原,占澳大利亚整体国土面积的 65.7%。这些地区年降水量为 300 ~ 600 mm,而且澳大利亚的地表水资源相当贫乏,大陆的内部和西部的高原地区的降水量非常少(吴崇海和李振金,1996),但地下水丰富,多是自流井区。澳大利亚根据气候和水情实际,分类分区推进节水农业发展。

20 世纪 70 年代,澳大利亚从美国引进覆盖耕作、少耕和免耕等保护性耕作技术,在试点试验的基础上,20 世纪 80 年代开始大面积推广。目前,澳大利亚全部取消了铧犁耕翻作业,减少对土壤水分的破坏。在澳大利亚南部小麦产区,主要采用小麦连作制度,结果这种方式导致土壤中有机物逐年下降甚至衰退,造成土壤结构破坏,水分的渗入和存储含量降低,导致土地表层风化、水蚀,生态环境遭到破坏,粮食的产量下降。为了避免出现这种情况,澳大利亚南部采取了小麦—苜蓿轮流耕种,这一举动拯救了澳大利亚的农业,促进了整个澳大利亚的农业和畜牧业的快速发展(Unger,1971)。一季豆科牧草使土壤氮含量增加 70%以上,相当于每亩地增加 20 kg 硫酸铵化肥中的氮含量,土壤肥沃使保水保墒能力增加,耗水减少,进而提升了澳大利亚的农业产值。据统计从 20 世纪 50—80 年代,澳大利亚的谷物产品已经从 9 亿 kg 增加至 19.4 亿 kg,增长了几乎一倍,同时畜牧业也获得极大的发展。这种在确保农业可持续发展的过程中兼顾畜牧业,让农业与畜牧业和谐发展的模式,不但改善了土地的使用,而且增加了农民的收入。此外,还推广集雨技术,每次用储蓄罐收集降水,用于生活用水和部分农业用水。

澳大利亚的灌溉农业区主要采用地下输水灌水技术,把 12 cm 的滴水管埋入地下,把水和肥料溶液直接滴灌在西红柿等作物的根部,不但节省大量水肥,而且可收获 90% 的优质蔬菜,而传统的灌溉方法只能收获 60% ~70% ,这种灌溉方法使多余的肥料不致污染水渠。又如在果园中,春季时对果树不浇水或少浇水,抑制果树生长,进入夏季则多灌水以促进水果的生长。这种方法使果树长得矮小,不需过多浇水和修剪,但水果产量却增加。试验表明,可节省用水 20% ,水果增产 20% 。多数果园已采用了这项措施(李含琳,2011)。

4. 印度

印度是南亚农业面积最大的国家,其旱地占总耕地数的 73.5% ,虽然多雨,但也是水资源非常缺乏的国家。印度的农业面临两个极为严重的问题:一是印度的水资源较短缺,降水量少,分布不均,变率大以及季风雨出现时间不确定;二是土壤侵蚀严重,保水能力差,而且肥力严重下滑,导致大量土地呈现盐化趋势。因此解决水缺乏问题和土壤问题成为印度农业生产面临的巨大问题。为了解决旱地农业缺水问题,印度科学家采用多种农业措施来提高农业产出(李生秀等,1990)。

印度采用各种措施保土蓄水,具体措施为:①根据土地坡度类型设置不同蓄水耕作方式;②利用蓄水池、天然集水区及田内宽带和窄地集水,把径流水收集起来,用于农业生产;③针对砂土区,在 60 cm 深度土层铺垫沥青或皂土来防止水分漏失,或施用有机肥、蛭石和塘泥等来改善砂土的持水能力;④采用覆盖保墒方法,在季风雨期短的地区,农民传统的覆盖方法是用板锄中耕,形成土幕,应用有机、无机物料覆盖,覆盖能延长水分有效期;⑤采用锄草节水措施,因为杂草能消耗土壤水分和养分,除草可以节省水分,减少干旱对作物的胁迫,在旱地农业生产中有特别重要的意义。

印度充分利用贮水,发挥旱地增产潜力,具体措施为:①选择适于旱地条件的作物,在印度广泛栽培的有高粱、粟、木豆、鹰嘴豆和花生等,同时,培育适应当地条件的稳产、高产的作物品种;②根据不同栽培条件,实行间作套种、增加复种指数、减少植株密度及根据异常气候改变常规栽培制度等措施,在干旱地区获得一定收成;③提高肥力,使作物生长健壮,促进生长,提高产量。

印度由于人口爆炸性增长,干旱地区及其边缘地带,如沟、坡、岭、山、沙漠等,越来越多地被开垦种植。不合理的滥垦乱种,不但经济上得益不多,而且导致严重的生态平衡失调。印度采用林木与林木、林木与牧草、林木与粮食进行间作套种。林木本身是很好的风障,成排栽培林木能形成比较好的防风带,防止土壤风蚀,保持土壤肥力;林木又有强大的根系,能固结土壤;密植的灌林带又是拦截径流水的屏障,能阻止流水,减缓流速,保留泥土,蓄积水分。林木与草粮间作能充分利用干旱地区的雨水、作物收获后的降水,可被林木利用。高秆树、矮秆树及粮草间作,形成多层空间结构,有利于提高光合效率和水分利用效率,从而形成远比种植作物更多的农林产品,提供粮食、饲料、燃料和木料,增加经济效益。

此外,在易受干旱地区,印度也推广节水灌溉措施,如在作物生殖生长关键期进行灌溉;减少水量,扩大灌溉面积;采用滴灌,开挖水渠、水井,利用废水和盐水灌溉等。

(三)国内节水农业发展概况

据统计,我国旱地面积所占比例较大,占全国耕地面积一半以上,约有10.1亿亩(1亩=667 m^2),主要集中在西北、东北、华北和西南地区。从干湿状况来看,我国北方地区主要属于半干旱、半湿润的地区,降水偏少,是旱作农业区,主要包括东北和华北地区。东北地区的旱作农业主要分布在东北平原,地势平坦,土壤肥沃,耕地面积很广,还有一些分布于山前台地及山间盆地和谷地。由于地形坡度较小,东北平原的耕地集中连片,非常适合大规模的机械化耕作,主要种植春小麦、玉米等粮食作物和大豆、甜菜等经济作物,因此东北地区的黑土区是我国重要的商品粮基地。华北地区的旱作农业主要分布在华北平原和黄土高原,由于该区较东北气温偏高、湿度偏小,灌溉对本区的农业生产尤为重要。华北平原光热充足,土壤肥沃,灌溉便利,自古就是重要的农耕区。黄土高原也是重要的农耕区。华北地区主要种植小麦、玉米、谷子等粮食作物,经济作物主要有棉花、花生等。西南旱作区则属于季节性干旱地区,区域内降水资源丰富,但降水季节过于集中,径流量大,夏季蒸发量高;工程性缺水与水土流失较为严重,极易形成季节性干旱和洪灾。但是这一区域内生态环境多样,农作物种类丰富,比较有利于发展具有区域特色的旱作农业产业。

长期以来,旱作农业因为生产能力相对低下,经济效益提高不明显,而被普遍定义为低效农业。通过各地旱作农业区的有益探索和实践,我国旱作农业技术突飞猛进,如今,旱区粮食产量连年稳增,旱作农业地位不断上升,越来越引起社会各界的重视。经过多年的发展,我国已初步建立了旱作节水农业技术服务体系,形成了一批相对成熟的旱作节水农业技术。

1. 地面覆盖技术

地面覆盖法是在地表人为铺设一层与原地面物理性质不同的适当介质,通过改变地表的孔隙特性,及其对太阳辐射的吸收－反射比率和地表长波辐射系数,以调节地面吸热和蒸发条件,达到改善地层水分和热状况的措施,具有改善土壤结构、保墒蓄水、调节土温、提高光热利用效率等重要作用。据统计,在干旱严重的休闲土地中,土壤的水分蒸发占同时期降水量的72%～98%,而半干旱地区的土壤的水分蒸发占同时期降水的60%～80%,即使是半湿润偏旱区蒸发消耗的水量也占到了60%以上(罗志成和王密侠,1987)。为此,如果采用农田覆盖,那么就可以极大地减少土壤中水分的蒸发量,进而降低水土流失量,有利于生物的生长。目前我国在地面覆盖技术上面已经形成了三种较为有效的方式,分别为地膜覆盖、有机物覆盖和化学覆盖。

(1)地膜覆盖技术

目前我国使用最为广泛的地面覆盖技术是地膜覆盖技术,其工作原理是将雨水由地膜覆盖的区域向没有地膜覆盖的区域进行流动,并在没有地膜覆盖的区域形成渗透,然后水会进入土壤的深处,进而实现土壤中水分的富集。农用地膜的广泛应用是农业现代化进程的重要标志,地膜覆盖技术的推广显著提高了干旱地区农作物的产量,覆膜技术具有促进作物生长发育、阻止杂草生长、预防病虫害的发生、提高土壤温度和含水率等诸多优点(许香春和王朝云,2006)。覆膜后地膜与地表之间形成了 2 ~5 mm 厚的狭小空间,切断了土壤水分与近地层空气中水分的交换通道,从土壤表面蒸发出的水汽被封闭在有限空间中,增加了膜下相对湿度,从而构成了从膜下到地表之间的水分内循环,改变了无地膜覆盖时土壤水分开放式的运动方式,有效地抑制了水分蒸发损失,保证耕层土壤有较高的含水量(Zhou et al. ,2009)。同时还可有效保持土壤水分,减少蒸发,协调作物生长用水、需水矛盾,并且可促进对深层水分的利用(张德奇等,2005)。相关研究显示,地膜覆盖后,耕层土壤含水量增加 1% ~4% ,而作物生长期,特别是苗期耕层土壤含水量的改善,对促进作物早萌发、早出苗和苗期茎叶,特别是根系的发育及促进养分的吸收有重要作用(李世清等,2003)。任小龙等(2008)的研究结果表明,垄膜沟播种植模式可以大大提高土壤储水量和水分利用效率,在降雨量 230 mm、340 mm 和 440 mm 条件下,2 m 土层深度平均含水量和水分利用效率与对照组相比分别提高 2.3% 、5.2% 和 4.5% ,水分利用效率分别提高了 77.4% 、43.1% 和 9.5% 。胡芬和陈尚谟(2000)通过对旱地玉米覆膜研究发现,覆膜处理的农田蒸发量比对照组减少 6.0 ~35.0 mm,土壤储水量增加了 10.0 ~45.0 mm。地膜覆盖技术在影响土壤水分蒸发、提高土壤含水量方面功能显著,同时对于提高作物的水分利用效率影响明显。有关研究表明,土壤越干旱覆膜的效果越明显(Ruppel et al. ,1996;Schoneck and Evanylo,1998;Matitschka,1996)。彭超等(2014)的研究结果表明,在作物生长前期,地膜的保墒效果较好;在作物生长后期,覆膜处理的保墒效果没有对照处理理想,覆膜处理抑制了土壤水分的蒸发速度。地膜对于提高表层土壤的含水量具有明显作用,但却显著降低了深层土壤的含水量(卜玉山等,2006)。玉米地覆膜对耕层土壤含水量的影响根据天气情况而定,在干旱季节,覆膜可以把耕层土壤的相对湿度提高 3% ~5% ,可以显著抑制土壤水分的蒸发;在多雨季节,地膜有助于地表径流的形成,避免涝灾发生。地膜改善了土壤水分状况并使得农田水分得到了重新分配(马树庆等,2009)。

地膜覆盖可改善土壤的生态环境,优化土壤的理化性质和土壤养分,提高水分的有效性和利用率。进而提高了玉米根系对养分和水分的吸收能力,提高了营养物质在茎秆、叶片中的存储,使得籽粒更加饱满,提高了玉米的产量(蒋小金,2015)。王罕博等(2012)的试验研究结果表明,覆膜提高了播种期的土壤含水率,从而提高了出苗率,增加了作物的单位产量。高翔等(2014)的研究结果表明,在地上干物质和地下干物质积累过程中,覆膜处理高于对照处理;收获时,与对照相比,覆膜处理地上干物质和地下干物质积累分别高 269.7 g/m^2 和38.6 g/m^2;覆膜处理每公顷春玉米产量比对照处理多 1 348 kg。成建宏等(2014)的研究结果表明,覆膜处理的玉米产量比不覆膜处理提高了 27.1% 。王绍美等(2010)的研究表明,不同覆膜处理方式均提高了玉米的产量,增产效果大小顺序依次为:全膜双垄沟播、条膜起垄覆盖、条膜平铺覆盖、全膜平铺覆盖、不覆膜。高玉红等(2012)的试验研究发现,覆膜栽培技术提高了玉米单株干物质的积累,玉米的百粒重和穗粒数也得到了提高。任小龙(2008)的研究结果表明,垄膜沟播种植模式在玉米全生育期 230 mm、340 mm 和440 mm 降雨量下,春玉米产量比对照组分别增加了 82.8% 、43.4% 和 11.2% 。

地膜覆盖因其突出的优点在我国得到了迅速的推广,有效地提高了我国的粮食产量,但是伴随而来的是土壤的污染问题。

(2)有机物覆盖技术

有机物如秸秆(残茬)覆盖在我国有着悠久的历史传统。早在公元6世纪中叶,我国就已经掌握了采用麦草覆盖来辅助蔬菜地越冬的保温、保墒技术。秸秆覆盖可以改善土壤结构,使容重降低,总孔隙度增加,改善土壤的耕层结构,从而起到疏松土壤、增强土壤通透性、增加降水入渗和提高土壤蓄水保水能力的作用(Roldán et al. ,2003)。秸秆覆盖还可削弱雨水对土壤的冲击力,消除因阳光直射、曝晒而引起的板结,从而使土壤保持良好的结构(梁银丽等,2001)。秸秆覆盖在地表形成了与大气热交换的媒介层,阻碍了下垫面与大气的直接联系,既可以减少到达地表的太阳直接辐射,也可阻挡地面的长波辐射,从而减少了土壤热量向大气中散发,调节了土壤的热量平衡,从而改善了近地面的水热状况(张少良等,2010)。

秸秆覆盖抑制了土壤水分蒸发,具有良好的保水效果。在湖南省,利用5 000 kg/hm^{2}和15 000 kg/hm^{2}小麦秸秆覆盖夏玉米,夏玉米生育期内蒸发量分别降低51.4 mm和74.5 mm(胡实等,2008)。在华北平原,秸秆覆盖夏玉米对土壤蒸发的抑制率平均达到58%(Zhang et al. ,2005;陈素英等,2004)。在黄土高原,秸秆覆盖春玉米可降低土壤蒸发35%~58%(孙博等,2012)。秸秆覆盖还能够减小降水对地表土壤团聚体结构的冲击和破坏,增加土壤含水量。秸秆覆盖后冬小麦、春玉米田的土壤蓄水增加45.2~69.3 mm(赵聚宝等,1996)。在黄土高原,当秸秆覆盖量为6 000 kg/hm^{2}时,0~200 cm土壤储水量增加了30 mm(Liu et al. ,2010)。在渭北旱塬,当秸秆覆盖量为4 500~13 500 kg/hm^{2}时,0~200 cm土层平均土壤储水量增加了16.52~34.04 mm(蔡太义等,2011)。虽然秸秆覆盖增加了土壤储水量,但秸秆覆盖的保水效果在土壤上层更加显著。随着土层深度的增加,秸秆覆盖还田的保水效果逐渐降低。Li等(2013)监测发现,秸秆覆盖休闲比裸地休闲土壤蓄水量提高10%~15%。秸秆覆盖改善了作物耗水结构,有效地减少了土壤棵间蒸发,增加了作物的蒸腾量,变非生产性耗水为有效耗水。玉米拔节前用4 500 kg/hm^{2}玉米秸秆覆盖,作物总耗水量变化不大,但作物蒸腾耗水在总耗水中占的比重提高10%~15%(梅旭荣等,1991)。此外,秸秆覆盖具有明显的增加水分入渗,延缓径流的效果(Prosdocimi et al. ,2016)。Montenegro等(2013)模拟2 000 kg/hm^{2}和4 000 kg/hm^{2}小麦秸秆覆盖量对裸地径流的影响,发现两种处理地表径流量降低了21%和51%。

秸秆覆盖对玉米产量的影响受气候、土壤类型、覆盖量以及覆盖时间等诸多因素的影响。适宜的秸秆覆盖可提高玉米产量,免耕覆盖玉米秸秆4 500 kg/hm^{2}以上,比传统耕作玉米增产22.15%~25.65%(晋凡生和张宝林,2000)。蔡太义等(2011)在甘肃的秸秆覆盖试验中发现,秸秆覆盖虽然提高了土壤含水量,但并没有使玉米产量提高。三种不同秸秆覆盖量(4 500 kg/hm^2、9 000 kg/hm^{2}和13 500 kg/hm^2)的玉米产量和水分利用效率平均增加了11.03%和9.25%,且产量随秸秆覆盖量的增加呈递增趋势。在黄淮海平原,不管是常规耕作还是免耕,50%秸秆覆盖使产量和水分利用效率都达到最大,当秸秆覆盖率为100%时,与不覆盖相比,产量和水分利用效率都出现了降低,这是因为秸秆相对覆盖量过高时对春玉米幼苗造成了机械损伤,同时覆盖引起的低温效应也对玉米生长造成了不利影响(Tao et al. ,2015)。

秸秆覆盖在改变农田下垫面的性质和能量平衡、改善土壤水分状况和调节土壤温度等方面具有显著的作用,也产生了较高的经济效益和生态效应(赵聚宝等,1996)。但覆盖量太小起不到保水保墒的作用，而覆盖量过大既浪费不必要的人力物力，还有可能导致作物减产（高亚军和李生秀，2005）。在冷凉地区，秸秆覆盖对作物植株形态产生显著影响。在黑龙江省，秸秆覆盖 4 000 kg/hm^2 玉米的株高和茎粗在苗期分别比不覆盖低 34.4% 和 14.3%，拔节期低 15.4% 和 4.2%（李月兴等，2011）。因此，在北方的旱作农业区，研究科学的秸秆覆盖量，可以使秸秆覆盖措施的节水增产效应得到更充分的发挥。

（3）化学覆盖法

化学覆盖法在国内的研究也相对较多，形成了膜法、泡沫法和粉末覆盖等形式。但是，目前仍然还处于实验室状态，虽然理论研究取得了较大的进展，但还很难用于大面积的农业生产。

2. 节水灌溉技术

中国有超过一半的地区属于干旱或半干旱地区，其中超过 30% 的地区年降水量低于 250 mm，农业生产极度依靠灌溉，灌溉水源成为当地农业生产的命脉。然而，目前约 50% 的土地中缺少灌水设备，农田收成完全任其自然；配有灌水设备的耕田中超过 30% 水源亏缺。中国 95% 的耕田仍在使用传统的漫灌和沟灌，大多数土地的灌溉定额高于作物实际需水量甚至高出若干倍，灌溉用水效率为 40% 左右，粮食水分生产效率也只有 1 kg/m^3 左右（石元春，1997）。我国水资源的浪费和渗漏极其严重，完全无法与部分发达国家相比。随着国民经济的迅速发展，我国农业发展面临着越来越突出的问题，如耕地减小、水资源短缺与社会发展、粮食需求日益增长之间的矛盾等。粗放的灌溉方法和落后的灌溉技术已无法适应现代农业高效利用与可持续发展的要求，水资源匮乏导致耕地减产、过量用水导致环境恶化等现象普遍存在，危及我国农业生产安全。因此，采用科学的方式灌水，使用新型灌溉技术，是解决我国水资源紧缺问题的必要措施。

（1）节水灌溉理论

近年来，节水灌溉理论研究开始逐步由传统的充分高产型向节水优产型转变，提出了有限灌溉、局部灌溉、非充分灌溉、调亏灌溉等新的节水灌溉理论。充分灌溉（或丰水灌溉）是指在相应的农业技术措施下，水分能够充分满足作物在各个生育阶段水分需求，使作物处于最佳水分状态，作物产量达到最高的灌水方法。非充分灌溉是针对水资源紧缺与用水效率低下而提出的一种不能充分满足作物全生长发育期需水量的新灌溉理论。亏缺灌溉研究的重要内容是通过建立水分生产函数，根据有限水量在某一阶段亏缺引起的耗水量与产量的关系，算出作物各生育阶段水分敏感指数，通过优化理论将有限的水量科学合理地安排到各个生育阶段，使水利用效率最高。其主要手段是将有限的水合理地安排在对产量影响比较大的作物需水关键期，尽量减少作物非需水关键期的供水。调亏灌溉是基于作物遗传特性或生长激素能影响其生理生化作用，在其生长发育的某些阶段主动施加一定水分亏缺，从而激发其光合产物向不同组织器官的分配，提高作物经济产量的灌水技术。调亏灌溉与充分灌溉的区别主要在于前者存在水分亏缺；非充分灌溉与调亏灌溉的主要区别在于前者从作物的需水敏感期出发，将有限的灌溉水分配给作物需水敏感期，以使单位面积作物产量减少最小，而后者是主动利用水分胁迫或影响同化营养物质最大比例地向籽粒分配，从而提高水分利用效率和产量的灌溉技术。

调亏灌溉的节水机理是通过对农田土壤水分的主动控制，来改变农田土壤水分环境，使作物根冠处于对土壤水分的竞争关系，调控作物根冠的协调发展，从而影响地上部分的生长来实现作物高产，减少作物需水量（梁宗锁等，2000）。根据根冠功能平衡学说，根和冠存在既相互依赖又相互竞争的关系。当农田土壤水分处于水分胁迫环境时，根和冠处于竞争关系，植物能够自动把所获得的营养分配给最能缓解外部环境胁迫的器官，最大程度减小作物所受到的伤害。因此，当土壤干旱，作物生长受到根系水分吸收不足的胁迫时，营养物质将更多地向根系转移，相对地上部分，根系处于优态地位，而冠的生长受到抑制，地上部分的营养生长缓慢，使气孔开度降低、蒸腾阻力增大，造成蒸腾速率下降，作物的生理耗水减少，叶片水分利用效率提高，从而引起作物需水量的下降(Boland et al. ,2015)。其次调亏灌溉技术还通过减少棵间蒸发，来减少水分的损耗。郭相平等(1999)学者的研究表明，在充分灌水条件下，小麦、玉米棵间蒸发损失占总需水量的30%左右，在苗期比例更大。当玉米苗期调亏下限为田间持水量的50%时(田间持水量为干土重的28%)，与充分灌水处理相比，棵间蒸发减少了50%。可显著降低0～5 cm表层土壤含水量，减少深层土壤水分向大气的散失，减少棵间蒸发，提高了水分的利用效率。因为在调亏阶段，表层土壤的含水量大部分处在毛管断裂含水量以下，下层土壤水分不能通过毛管作用力向表层土壤输送，只能以水汽方式通过上层的土壤向大气散失，使得土壤蒸发量大大减小。Turner(1990)认为水分亏缺并不总是降低作物产量，早期适度的水分亏缺在某些作物上有利于增产。孟兆江等(2006)进行夏玉米调亏灌溉试验，结果发现，当调亏时段为玉米的三叶一心至拔节期或拔节至抽穗时，各历时21 d，平均比对照增产25.24%，节水15.41%，水分利用效率提高45.05%。王伟(2009)的研究是将夏玉米中度定额亏水选在三叶期到拔节期，进行一段时间的亏缺处理，而后在拔节期至抽穗阶段供应充足水分，复水后的指标，穗长、百粒重以及产量和水分利用效率等提高幅度较大，夏玉米的增产优势突显，能够达到节约用水和增加产量的效果；若是在抽穗到灌浆阶段进行水分亏缺，会严重影响夏玉米产量。

黑龙江地区常年是温带半湿润的大陆性季风气候，因受季风影响，外加春季多大风且雨少，十年九春旱的现象经常发生，造成人们的经济负担，劳民伤财的现象屡见不鲜，一定程度上制约了社会的发展，给农业生产带来很大的影响。因此，通过研究水分亏缺处理后玉米生长过程受到的影响，从而选择出合理的作物调亏灌溉生长阶段和调亏水平对提高黑龙江省玉米生产水分利用率及产量具有十分重要的社会和经济意义。

(2)节水灌溉技术与方法

农田灌溉是靠一系列工程、农业技术、管理等各项措施，根据不同作物不同生育期的需水规律，定时定量地将灌溉水从水源通过输配水系统送至农田，满足作物生长对水分的需求。田间灌水过程的节水主要以改进地面灌水技术为主要途径来减少灌水过程中灌溉水的损失。

地面灌水技术是目前农业灌溉中应用最广泛、最主要的灌水技术(吴普特等,2003)。相比喷灌、微灌，它具有能源消耗少和投资少、所需田间工程简单、易于实施的优点。世界上大部分国家都将其作为主要的灌溉方法(许迪等,2000)，这表明加强灌溉农业传统地面灌溉技术的研究和改进是提高灌溉质量、建设节水型农业的关键。针对传统地面灌溉技术存在着灌水定额大、田间水分深层渗漏量大、灌水均匀性差、灌溉效率低等问题，目前已形成了多种地面灌溉节水技术，例如膜上灌、波涌灌、沟灌、隔沟交替灌和利用激光平地技术进行的水平畦灌等(李纪彬,1997)。膜上灌是在农田表面全膜覆盖基础上，灌溉水在畦田(灌水沟)表面地膜上输水，并通过作物的放苗孔和专门灌水孔入渗给作物的灌水方法；波涌灌又称间歇灌，是利用间歇设备向沟(畦)间歇地供水，在沟(畦)中产生波涌，加快水流的推进速度，缩短沟(畦)受水时间，均匀湿润土壤得到的灌溉方法；沟灌是灌溉水通过灌水沟,将灌溉水由沟底和沟壁向周围入渗而湿润作物根部土壤的灌水方法;畦灌是利用畦埂等田间工程措施,将平整后田块划分成若干矩形小块进行灌溉。据有关研究结果表明(康绍忠和马孝义,1999;邓斌,2007),采用田间大块划小和土地平整等田间工程,膜上灌田间水利用系数可达到 0.8 以上,可大幅度提高灌溉水利用系数。膜上灌较一般地面灌溉可节水 30% ~50% 。在畦田、灌水沟内采用波涌灌技术较畦灌灌水均匀度、湿润层的贮水量明显提高,可节水 10% ~30% ,分根交替灌溉可节水 15% ~30% ,这表明改进地面灌水技能可提高田间水利用系数。

随着节水灌溉技术多样化,灌水设备也逐渐走向精细化,如单管及双管波涌灌溉、绳索控制灌溉等。美国节水灌溉发展迅速,50% 的大型灌区已在应用管道化灌溉。自动渠槽管灌溉是一种新的灌溉方法,是建立在传统灌溉模式上改革创新的节水灌溉技术。管道中的塞阀在沿着管道均匀移动的同时,水流通过塞阀运移控制其运行速度而进行灌溉。调节管道内的塞阀在田间管道中的移动速度,可以控制灌水时间和灌溉流量,使灌溉畦田纵向各处所获水量基本相等,从而提高灌水精确度与均匀度。使用田间自动渠槽管灌溉装置进行灌溉,没有对水质的特殊限制,应用范围广泛;能精确无误地控制各灌溉参数,使灌溉在节省水量的同时更加均匀;可自动灌溉,管理简单,解放劳动力;可规模化生产,有利于推广节水灌溉技术;对缓解我国水资源短缺情况,提升灌水质量,促进灌溉技术发展,推进节水农业开展提供了新的思路与方法;可解决目前我国占主导地位的地面灌溉灌水不均,水量浪费等问题,无论在理论上、技术上,还是使用性能等方面,均产生了质的飞跃,具有广阔的发展前景。鞠茜茜(2017)的研究发现,采用自动渠槽管灌溉方式的土壤含水率在空间上最为均衡,灌溉均匀度最好;相比传统灌溉可节水 31.11% ,灌溉水有效利用率可达到 88.4% ,节水效果良好;相比传统畦灌与波涌灌溉,自动渠槽管灌溉在夏玉米生育期内的农田蒸散总量分别降低了 3.56% 和 1.0% ,产量分别提高 11.7% 和 5.5% 。

3. 农田微集水种植技术

通过不断摸索和探讨,人们将微型集水技术与传统农业种植技术相结合,发展成为一种先进的抗旱节水种植技术,称之为农田微集水种植技术。这一农田集水技术是以"蓄水、保墒、调温"为核心内容,尽可能多地接纳天然降水,使之汇集并贮存于作物根际土壤中,并转化为农田土壤有效水,以满足作物生长的水分需求。在没有灌溉条件的旱地平原,主要采用垄沟种植技术,通过垄将降水集中到沟中,然后形成雨水的富集,从而改善作物的供水环境,进而提升农田降水资源的利用率,可以大幅度增加生产能力。微集水的膜垄可以很好地控制田地中的水流,并且可以减少农田的水分蒸发,在实现农田蓄水量增加的同时,将原有的物理蒸发浪费的水资源转变为有效地生物蒸发水资源,从而有效地提高农田水分的输出。

农田微集水种植技术主要有以下两种类型,其中一种称为田(块)间集流技术,其技术原理是:依据丘陵或缓坡的地形特点,在农田(种植区)一侧或两侧邻近的地带修建集流面(集水区),降雨后,由集流面产生的径流直接引入农田中,形成种植区和集水区的水分叠加效应(富集效应),使有效降雨率提高,进而满足作物生长对水分的需要,减少旱情的发生。另一种是行间集水技术,其技术原理与前者基本相同,将种植耕地划分成种植区和集水区两个地带,二者相间排列,降水后,由于集水区具有一定斜面,使得雨水能够向种植区内汇集,进而能够产生一定的径流,进入种植区,实现雨水在种植区的叠加效应。农田微集水种植技术需注意以下几个原则:平地上的条带按耕作方向划分,坡地上的条带按等高线划分;

集水区和种植区的宽窄大小需要考虑农田作物需水特性，以及当地降水特点；为了避免降雨后，水分在集水区就地入渗，需要对集水区土壤表面进行适当的物理或化学处理，进而保证集水区能产生更大的径流补充到种植区内供作物生长需要。

根据农田中的垄沟使用的时期，可以将微集水种植技术分为全作物生长期和农田休闲期的集水。我国西北农林科技大学对于干旱和半干旱地区农作物种植的研究表明，微集水种植技术对于提高农作物的产量、增加农民的收入、提高有效降水量的利用率是非常有效的。在宁南半干旱地区的大量实验研究成果，证实了通过微集水种植技术可以大幅度提高谷子和玉米的产量，其中谷子为68.6%~98.1%，玉米为67.9%~71.0%，水的利用率也提升很多。同时针对不同农作物的研究结果表明，对于经济增长贡献，玉米处于第一位，其次是谷子，然后是春小麦和豌豆（赵聚宝和梅旭荣，1992）。

4. 保护性耕作技术

保护性耕作技术主要针对我国北方干旱地区雨水较少且蒸发导致水土流失严重的情况，国内的科研人员在借鉴我国传统的蓄水保墒法的基础上，借鉴美国的保护性耕作经验，同时根据不同地区的实际情况，建立起来的以保土、保水、保肥为目的的新型保护性耕作技术，可以高效地利用和控制旱地土壤中的水分。保护性耕作技术的基本原理是：提高土壤有机质的含量，培肥地力，增加土壤表层覆盖物，增大土壤粗糙度，加固地表颗粒，保存雨水，防止地表径流的发生，减少、延长、阻碍土壤水分蒸发过程，使作物达到稳定生长和高产高质的目的（翟瑞常，1996）。保护性耕作技术的类型分为以下三种：第一，以改变微地形为主，包括等高耕作、沟垄种植、垄作区田、坑田等；第二，以增加地面覆盖为主，包括残茬覆盖、秸秆覆盖（包括免耕覆盖和深松覆盖等）、地膜覆盖（全膜和半膜覆盖）、砂田覆盖等；第三，以改变土壤物理性状为主，包括少耕（含少耕深松和少耕覆盖）、免耕留茬、免耕覆盖、深松（全面深松和部分深松）等。不同类型的保护性耕作要与当地的作物类别、地理环境、气候条件相联系（田肖肖，2016）。

由于气候和种植制度等条件的不同，保护性耕作具体的实现方式多种多样。比较常见的保护性耕作方式有以下几种。

（1）垄作（垄沟种植）

垄作栽培是在田间进行起垄，通过改变地表微地形以改善土壤结构和作物生长光热环境，提高土壤生物酶活性。此外，由于垄沟的集水作用，土壤水分含量也会提高。不足之处在于，疏松的垄体蒸散作用强烈，水分损失加剧，因此，垄作栽培对于增加土壤水分供应效果有限。

（2）免耕

免耕是指土壤不经过翻耕而直接进行播种的一种耕作方式，一般把覆盖程度大于30%的耕作方式称为免耕，覆盖程度大于15%的耕作方式称为少耕。免耕是一种有利于农业可持续发展的农作措施，具有保持水土、增产增收和节能环保等优点，因而被广泛应用于我国旱地农业中。作物残茬的存在能够减少土壤水分的无效蒸散，提高土壤储水能力。另一方面，作物残茬的固定作用减少了土壤风蚀和水蚀的发生，起到防止水土流失的作用。其次，由于免耕减少了土壤扰动，土壤生物活性得到提高，从而提高了土壤质量，且免耕能够调节土壤水分和温度变化，有利于作物生长和产量的提升。再次，免耕简化了栽培过程，减少了人工等成本投入，且免耕的广泛应用对于土壤碳氮循环、减少温室气体排放也具有重要意义。长期免耕易造成土壤压实，不利于作物生长，因此，常常将免耕和深松结合起来进行应用推广。

(3)免耕覆盖

免耕覆盖是在免耕的基础上增加了秸秆覆盖处理。具体操作为:前茬作物收获后收集作物秸秆,粉碎后覆盖在土壤表面。免耕覆盖具有调节土壤温度和水分的作用,这在降雨较少的旱地农业中十分重要。一方面,覆盖物的存在减少了太阳辐射进入土壤,使得土壤温度受气温变化的影响较小,有利于土壤温度变化的稳定。另一方面,覆盖物抑制了土壤水分的无效蒸发,使土壤水分保持在较高水平,从而促进作物生长。

保护性耕作技术与传统的农业耕作方法相比,是近代农业生产技术适应现代科学发展的新型耕作模式,是保护土地资源环境,促进农业可持续发展为目的的新型耕作技术。何奇镜等(2004)的研究表明,长期采用保护性耕作技术可使玉米产量明显提高,并对改善土地资源环境、保持土壤基础肥力等具有明显的生态效益。孙传生等(2006)也发现,在保护土地资源环境和玉米增产方面,保护性耕作技术也是最切实可行的。同时通过多年的试验证明,保护性免耕覆盖播种技术不仅节省了耕作时间、提高了化肥的利用率,而且土壤的蓄水保墒能力也显著提高(陈君达等,1994)。但最近几年的数据统计显示,因为采用该种植技术可导致玉米产量和品质不稳定等问题,所以该技术在最近几年没有得到大力推广。

5. 合理施肥技术

旱地农作物的生长不仅受到水资源的影响,还受到土地贫瘠的影响。国内学者王立祥指出,在干旱地区水资源的缺失是影响农作物生长的主要因素,但是如果土地的肥力不够,即使水资源充足也不能实现农业产值的提升。大量研究表明,土地肥力状况极大地影响着农作物的生长状态,进而影响农作物的产量和水分转化率。为此,在解决农田灌溉问题的同时,也需要注重农田的施肥,确保肥力充足,从而实现对有限水资源潜力的开发。同时,在旱地中进行合理施肥可以有效地提高农作物的根系生长,进而增加根系的活力,促进水资源的利用,而水资源充足也可以确保肥力的合理利用,这就形成了以肥调水、以水促肥的良好态势(蒙强等,2015)。

近年来,兴起了一种将灌溉与施肥融为一体的农业技术,称为水肥耦合,也称为水肥一体化技术。水肥一体化是在灌溉系统中加入施肥系统,实现灌溉与施肥的同步实施,在关键时期满足作物生长需求,简化栽培技术。1981 年,国际干旱研究中心将“土壤水分和养分”列入农作制度研究项目,并指出:在雨养农业中,气候、土壤养分与土壤水分是农业生产力的决定性因素。水肥一体化能改善半干旱地区土壤物理性状,建立高效土壤水库,实现以肥调水、以水促根、以根抗旱。水肥耦合效应在春玉米的种植中作用巨大。冯鹏等(2012)在研究水肥耦合效应对玉米产量及青贮品质影响时发现,在节水灌溉的同时,施以合理的氮肥量,是干旱、半干旱地区提高产量及灌溉水利用率的有效途径;灌水 2 069.96 m^3/hm^2,施氮肥 225 kg/hm^2 时,处理组玉米产量和青贮时的乳酸含量高,营养品质好,为理想的水肥组合。陕西杨凌的玉米水肥耦合试验表明,施肥可促进水分的吸收利用,灌水也有明显的调肥作用。在低量灌溉下,水肥的交互作用随肥料施用量增加而增加,灌水量多时则下降。但总体来看,灌水可提高作物产量,并且提高肥料利用效率。水肥组合不同,影响玉米植株各器官的营养组成,有利于形成更多的经济产量。商丘试验区夏玉米氮、磷和水三因素的综合效应研究表明,水肥配合存在阈值,这个阈值是:氮为 105 kg/hm^2,P_2O_5 为 52.5 kg/hm^2,灌溉量为 1 500 m^3/hm^2。适当的灌水量和氮磷素的肥料投入量可以增产增效(仲爽,2009)。山西农业大学的试验表明,水肥对玉米产量的影响依

次为水 > 氮 > 磷,水肥互作效应中水的效应大于肥,且肥效随灌水量的增加而提高。王晓明和黄高宝(1996)的研究发现,在一定的灌水量范围内,中灌中肥较为适宜,也就是可以在节水节肥的前提下做到作物增产;在大田相同灌溉水平下,灌溉水利用率随灌水量的提高而减小,但是增加肥料用量,可提高灌溉水的利用率。

为了研究水量和肥力之间的关系,国内学者还根据实验结果,建立了很多水肥模型,用来指导农业生产。但是现有的水肥模型都忽略了土壤中水分和养分的供应,很难真正地在大面积耕地上对农业生产进行指导。为此,综合考虑各方面因素的水肥模型在今后还是科研工作者急需解决的一个问题。

综上所述,干旱缺水是制约我国农业发展的主要瓶颈。大力推广旱作农业技术、发展节水农业是旱区农业可持续发展的根本出路,必须高度重视旱地增产技术的改进。在节水农业发展过程中,不应仅依赖单项工程技术,应在现有喷灌、滴灌、渗灌、渠灌等工程措施基础之上,积极探索灌溉新技术、工程、农艺和管理多项措施的集成推广,提高灌溉水量从水源到形成作物产量过程中各个环节的利用效率,着力建设与当地水资源承载力相适应的高产、优质、高效的节水农业体系。推广旱作农业技术具有很高的经济效益,据财政部初步测算,在灌区平均每增加 1 斤粮食生产能力需投入 4 ~6 元,而在旱区推广全膜双垄沟播等旱作农业技术,平均每增加 1 斤粮食生产能力仅需投入 2 元。可见,充分发掘旱作农业生产潜能,对保障国家粮食安全,促进农民增收、农业增效具有重要作用。

此外,旱区大多属于“老、少、边、穷”地区,进一步开发利用旱区农业资源,大力发展旱作农业,对于促进边疆少数民族地区和谐稳定、贫困地区脱贫致富、加快革命老区经济发展,具有战略意义。

第二节　矿质营养生理

植物的自养生活中,不仅从土壤中吸收水分,还需要各种矿质元素维持机体正常的生理活动。这些元素一方面可以作为植物组织的构成成分或直接参与新陈代谢而起作用,另外还可以改变植物的生长方式、形态和解剖学特性,如使表皮细胞加厚、高度木质化或硅质化,从而形成机械屏障增强其抗病性,特别是可以通过生物化学特性的改变,影响植物的生长和产量。因此,矿质元素对植物来说十分重要。

矿物元素主要由根系从土壤中吸收进入植物体内,运输到需要的部位,加以同化,以满足植物的需求。矿质元素对植物的生命活动影响十分巨大,而土壤又往往不能及时满足农作物的需求。正如农谚所说:“收多收少在于肥”,可见在农业生产中,施肥是提高产量和改进品质的重要措施之一。

植物对矿物元素的吸收、转运和同化,被称为矿质营养。了解植物矿质营养的相互作用是农业生产中合理施肥的生理基础,通过合理施肥可以满足作物生长发育对矿质元素的需要,为作物生长提供良好的环境,对农作物的高产、优质有重要意义。

一、植物的矿质元素

通过多种分析方法,对植物进行化学分析,已经知道组成植物体的元素是很复杂的,它们以水分、有机物和矿物质三种状态存在着。将烘干的植物体充分燃烧,燃烧时有机体中的碳、氢、氧、氮等元素以二氧化碳、水、分子态氮和氮的氧化物形式释放到空气中,余下一些不能挥发的残烬被称为灰分。矿质元素以氧化物形式存在于灰分中,所以也被称为灰分元素。氮在燃烧过程中散失而不存在于灰分中,所以氮不是灰分元素。但氮和灰分元素一样,都是以无机盐的形式从土壤中吸收而来的,所以讨论时也把氮列入矿质元素中。一般来说,植物体中含有5% ~90% 的干物质,10% ~95% 的水分,而干物质中有机化合物超过90%,无机化合物不足10%(林碧和李群,2014)。

(一)植物必需的矿质元素

矿质元素是植物正常生长发育所必需的。按植物对养分的需求,通常将矿质元素分为大量元素、中量元素、微量元素(中国农业科学院烟草研究所,2005)。在植物体内,各种元素的含量差别很大,通常将碳(C)、氢(H)、氧(O)、氮(N)、磷(P)、钾(K) 划分为植物大量元素,钙(Ca)、镁(Mg)、硫(S) 划分为中量元素;氯(Cl)、铜(Cu)、锌(Zn)、铁(Fe)、锰(Mn)、硼(B)、钼(Mo)、镍(Ni) 划分为微量元素(表3-1)。一般情况下,植物对微量元素需求量较低,但含量缺乏时也会对植物的正常生长发育造成一定危害,而植物中微量元素含量过高,又会导致重金属污染(穆真,2013)。

表3-1 陆生高等植物的必需元素

元素	植物的利用形式	干重/%	含量/(mmol·kg^{-1})
C	CO_2	45	40 000
O	O_2、H_2O、CO_2	45	30 000
H	H_2O	6	60 000
N	NO_3^-、NH_4^+	1.5	1 000
K	K^+	1.0	250
Ca	Ca^{2+}	0.5	125
Mg	Mg^{2+}	0.2	80
P	$H_2PO_4^-$、HPO_4^{2-}	0.2	60
S	SO_4^{2-}	0.1	30
Cl	Cl^-	0.01	3.0
Fe	Fe^{2+}、Fe^{3+}	0.01	2.0
Mn	Mn^{2+}	0.005	1.0
B	BO_3^{3-}	0.002	2.0
Zn	Zn^{2+}	0.002	0.3
Cu	Cu^{2+}	0.0001	0.1
Ni	Ni^{2+}	0.0001	0.002
Mo	MoO_4^{2-}	0.0001	0.001

(二)矿质营养对植物的生理作用

必需矿质元素在植物体内的生理作用是多方面的,可以概括为以下几个方面(潘瑞炽,2012)。

1. 矿质元素是细胞结构物质的重要组分

有些元素直接参与原生质或其他部分的构成,如氮是蛋白质、叶绿素和许多酶的组成元素;磷是核酸、磷脂的重要组成元素;钙是细胞壁的组成成分;镁是叶绿素的组成元素等。

2. 矿质元素是植物生命活动的调节者

有些元素则是酶的组成成分或酶的调节者,参与酶的活动。如铁是细胞色素氧化酶、过氧化氢酶、过氧化酶的辅基成分,铜是抗坏血酸氧化酶的辅基成分,钾离子对酶起活化剂的作用等。

3. 矿质元素起电化学的作用

有些元素起电化学的作用,即离子浓度的平衡、氧化还原、电子传递和电荷中和,如钾是使细胞膨胀和维持细胞内电中性的主要阳离子;铁参与光合作用、生物固氮和呼吸作用,在这些代谢方面的氧化还原过程中都起到电子传递的作用;铜是某些氧化酶的组成部分,可以影响氧化还原过程,又存在于叶绿体的质体蓝素中,是光合作用电子传递体系的一员;钼离子是硝酸还原酶的金属组成部分,起着电子传递作用等。

4. 矿质元素作为细胞信号转导的第二信使

细胞质基质中的钙与可溶性的蛋白质钙调蛋白相结合,形成有活性的 $Ca^{2+}\cdot CaM$ 复合体,在代谢调节中起“第二信使”的作用。

5. 矿质元素参与植物体内的醇基酯化

有些元素参与植物体内的醇基酯化。例如,P 与 B 分别形成磷酸酯与硼酸酯,前者对植物体内的能量转化起重要作用,后者(如硼酸与甘露醇形成的酯)则可能有利于有机物质的运输。

6. 矿质元素起缓冲作用

当加入强酸或强碱时,溶液具有制止酸碱度强烈变化,即维持 pH 值不变或变化较小的作用,称为缓冲作用。许多金属离子如 Ca^{2+}、Mg^{2+}、K^{+} 等和有机酸、碳酸、磷酸等可构成缓冲系统。细胞液就是很强的缓冲系统,对维持细胞一定 pH 值,保证生命活动的正常进行具有重要的作用。

有些大量元素同时具有上述的两三个作用,大多数微量元素只具备酶促功能。由于各种必需元素对植物具有特定的生理作用,因此植物缺少某种元素时就会表现出特有的病症。

(三)矿质营养缺乏病症

植物缺乏任何一种必需元素都会表现出一定的生理症状(表 3-2),但植物种类不同,生育期不同,往往缺乏同一种必需元素却表现出不同的症状。同时某些外界因素也可能引起类似的病症,如各种病害或机械损伤以及其他土壤条件会阻碍植物吸收或阻碍运输营养元素,也往往造成缺素的病症。此外,某些病虫引起的症状常与营养缺乏症相似,必须仔细观察,才能加以区别。因此外界症状的观察,只能作为参考,单凭病症尚难做出肯定的结论,应结合许多因素综合考虑才能得出较正确的判断(林碧和李群,2014)。

表 3－2　植物缺乏必需矿质元素的病症检索表

病症	缺乏元素
A. 老叶病症	
B. 病症常遍布整株,基部叶片干焦和死亡	
C. 植物浅绿,基部叶片黄色,干燥时呈褐色,茎短而细	氮
C. 植物深绿,常呈红或紫色,基部叶片黄色,干燥时暗绿,茎短而细	磷
B. 病症常限于局部,基部叶片不干焦但杂色或缺绿,叶缘杯状卷起或卷皱	
C. 叶杂色或缺绿,有时呈红色,有坏死斑点,茎细	镁
C. 叶杂色或缺绿,在叶脉间或叶尖和叶缘有坏死小斑点,茎细	钾
C. 坏死斑点大而普遍在叶脉间,最后扩展至叶脉,叶厚,茎短	锌
C. 叶脉间缺绿	
D. 叶片畸形和褪绿,有坏死斑点钼氯	钼
D. 叶片失绿,有坏死斑点,后呈青铜色	氯
A. 嫩叶病症	
B. 顶芽死亡,嫩叶变形和坏死钙硼镍	
C. 嫩叶初呈钩状,后从叶尖和叶缘向内死亡	钙
C. 嫩叶基部浅绿,从叶基起枯死,叶捻曲	硼
C. 嫩叶失绿,分生组织坏死	镍
B. 顶芽仍活但缺绿或萎蔫,无坏死斑点	
C. 嫩叶萎蔫,无失绿,茎尖弱	铜
C. 嫩叶不萎蔫,有失绿	
D. 坏死斑点小,叶脉仍绿	锰
D. 无坏死斑点	
E. 叶脉仍绿	铁
E. 叶脉失绿	硫

（四）植物对矿质营养的吸收

植物体对矿物元素的吸收是在细胞吸收矿物元素的基础上进行的。植物体吸收矿物元素可以通过叶片,但主要是通过根部。植物对矿质元素的吸收是一个复杂的生理过程,一方面与吸水有关,另一方面又具有独立性,同时对不同离子的吸收还有选择性。

土壤中的矿质元素必须溶解在水里呈离子状态才能被根吸收,如植物吸收的氮素主要是铵离子或硝酯根离子;吸收的磷主要是磷酸根离子;吸收的钾是钾离子等。但矿质元素并不是随着水分的吸收而被动地带入根内的,植物吸收矿质元素是有选择性的。如硫酸铵溶于水分解成铵根离子和硫酸根离子,植物根吸收铵根离子多,吸收硫酸根离子很少。根对矿质元素的吸收主要是通过离子交换的方式进行的。根的呼吸作用产生二氧化碳,溶于水中成为氢离子和碳酸根离子,并吸附在根的表面,它们与土壤溶液中或吸附土粒表面的离子彼此交换位置,使营养元素吸附在根的表面,在根细胞膜运输酶的作用下,矿质元素进入细胞内被根吸收。吸收过程需要根的呼吸作用提供能量,所以根的吸收作用与根的呼吸作用有密切的联系,凡是影响呼吸作用的因素都能影响根对矿质元素的吸收。矿物质进入植物体后,少部分在根部进行合成作用,转变成复杂的化合物,大部分则进入导管,随着蒸腾拉力形成的蒸腾流沿着茎的木质部上升，运向植物的各个部位，然后被植物同化变成各种有机物质（孙永秀等，2012）。

植物除通过根从土壤中吸收营养元素之外，有许多化学物质能以水溶液的状态被叶片表面吸收，其中包括矿质元素。通过叶片供给植物以矿质营养的方法，称为叶面营养或根外追肥。使用这种方法的目的，常是为了处理一些靠土壤施肥不易解决的特殊问题。例如，肥料施入土壤到植物吸收利用要经过较长的时间，以致有时不能满足某些一年生植物在速生期的需要，根系受伤或植物生长后期，根系木栓化及树木移植后，新根未成长前，根系吸铵困难等，都可以进行叶面施肥。此外，有些易被土壤固定的元素，特别是微量元素，可用叶面施肥的方法供给植物，如一些需要酸性土壤的植物，如杜鹃、山茶、香樟等由于土壤酸性不足而使可溶性二价铁离子氧化为不可溶三价铁离子，植物缺铁，发生黄叶病，如对植物进行根外追肥，喷洒并涂抹 0.1% ~0.2% 的 $FeSO_4$ 溶液，效果很好（林碧和李群，2014）。

二、矿质营养对玉米整个生育期的影响

矿质营养是玉米整个生长过程中贯穿始终的重要物质，施肥的重要目的就是尽可能保证玉米生长所需的矿质营养，做到科学施肥，提高肥料利用率，使施肥与玉米生长相协调，具有一定的科学意义。

（一）玉米必需矿质营养元素（罗红兵，2013）

1. 氮

氮能促进植株叶片和根系的生长，增强其代谢活性。缺氮的玉米植株矮小，生长缓慢，茎秆纤细，叶片失绿早衰（从老叶开始）。氮素是影响玉米产量和品质最重要的矿质元素，合理使用氮素是实现玉米高产优质的有效措施，施用氮肥显著提高了玉米的生物产量、籽粒产量以及饲用营养品质。氮素施用合理不但能够增加产量，提高品质，降低成本，获得较高的经济效益，而且能够促使作物健康生长，农田土壤健康利用，避免或减少由于施用过量所带来的环境污染和危害。氮肥追施对于作物正常生长代谢、产量形成及籽粒的品质改善具有不可替代的作用，已有研究表明氮素转运量及其对籽粒的贡献受施氮量影响十分显著（王宜伦等，2010）。吴正锋等（2005）的研究表明籽粒灌浆期是玉米籽粒产量形成的重要时期，期间植株体内氮素水平对籽粒生长发育和源供应能力的维持都具有重要影响。张红芳等（2008）的研究表明施氮能够促进玉米籽粒的灌浆，提高平均灌浆速度和最大灌浆速度，并且最大灌浆速度出现日期提前，从而增加了千粒重。

2. 磷

磷能促进玉米发根和有机物的合成，可促使有机物往籽粒运输，进而增加产量。玉米缺磷的症状是植株生长缓慢，叶色暗绿，茎秆呈紫红色，缺粒与秃尖严重，粒行不整齐。孙玉霞等（1995）的研究表明，玉米根尖伸长区上端和下端横切面上的细胞，缺磷的比对照组大，但分裂数少，而伸长区下端纵切面上的细胞缺磷的比对照组小，但分裂的数较多，因此磷胁迫阻碍了细胞的横向分裂，而促使玉米根尖细胞纵向分裂，致使根发育不良的细长病状。

3. 钾

缺钾的玉米表现为生长缓慢，节间变短，叶尖叶缘焦枯，果穗小且严重秃尖，籽粒不饱

满且排列不整齐。钾的缺乏对幼苗的生长影响最大,不仅明显降低了幼苗高度和地上部干重,也抑制了根系的伸长和干重的增加(张建华等,1992)。

4. 钙

缺钙的玉米植株矮小,根系短小,茎基部膨大并有产生侧枝的趋势,新叶相互粘连、不能展开,老叶叶尖呈棕色焦枯状。玉米缺钙首先出现在幼叶。玉米缺钙外部的表现性状为:地上部分,植株矮小,易倒伏,抗旱、抗寒性降低,植株茎秆柔弱,叶片失水,蛋白质、叶绿素减少,叶片变黄而逐渐坏死,生长缓慢,由于叶片生长仍较快,所以整个叶子会形成杯状弯曲或发生皱缩。

5. 镁

玉米缺镁时植株稍有矮化,上部叶片发黄,叶脉出现条纹,叶尖和边缘呈紫红色甚至死亡(从老叶开始)。

6. 硫

玉米缺硫时植株矮小,节间变短,茎秆与叶子硬而脆,新叶叶色深黄。

7. 微量元素

铁在植物呼吸代谢中起重要作用,此外铁还参与了叶绿素前体的合成。锰的生理作用主要在于它可以影响许多酶的活性,锰也能促进叶绿素的合成,还能促进核酸、蛋白质和维生素 C 的合成。锌是许多酶的组成成分,直接参与生长素的生物合成。玉米缺锌会发生典型的“白苗病”,即幼苗叶片中脉两侧形成缺绿带,呈黄白色或白色。铜是植物体内许多重要氧化酶的成分,铜还参与了叶绿素的合成以及糖类与蛋白质的代谢。硼能促进碳水化合物的合成、运输和生殖器官的正常发育。钼是硝酸还原酶的活性中心成分,在氮代谢中起重要作用。玉米缺钼表现为种子萌发慢,幼苗出现扭曲,生长早期可能死亡;存活的植株叶片发黄,生长畸形,叶缘枯死。

施肥既是玉米重要的增产手段,也是比较大的生产投资。因此,如何做到科学施肥,提高肥料利用率,是目前人们极为关心的问题。

(二)施肥对玉米产量与品质的影响

氮素是提高产量的主要因子,并有利于提高作物的蛋白质含量和各种氨基酸含量,氮磷钾配合施肥更有利于提高产量,提高赖氨酸和色氨酸的含量(刘明,2012)。但作物吸收养分有“稀释效应”和“奢侈效应”,长期施用氮肥,在营养不协调的条件下,作物会对氮素产生“奢侈吸收”,使氮素的养分生产力降低(李德强,2002)。刘恩科等(2004)的研究结果表明,长期不施磷肥,土壤供磷不足,影响玉米体内代谢,使玉米淀粉合成受阻,导致粒重下降,蛋白质含量相对提高;而长期不施氮肥,土壤中可供吸收的硝态氮和铵态氮减少,使蛋白质合成受阻,导致蛋白质和酶的数量下降,从而导致营养品质的降低。

充足的氮肥供应可以提高玉米籽粒中淀粉、可溶性蛋白、游离氨基酸以及全氮的含量,降低籽粒中蔗糖、还原糖等的含量;相反,蔗糖的提高可增加胚乳中碳代谢水平和 ADPGPPase 等酶的活性,降低可溶性蛋白的含量以及总氮量(刘淑云,2005)。钾是名副其实的“品质元素”,钾肥能显著提高籽粒中粗蛋白质、淀粉、还原糖、水溶性糖、蔗糖含量(刘鹏,2003)。夏培帧(1995)发现施用氮磷肥改变了土壤营养环境,使玉米、小麦中 17 种氨基酸含量发生变化;适量施氮会提高籽粒中氨基酸含量,但高氮会降低籽粒中的可溶性糖含量(吴硕,1996);适量施钾会改善籽粒品质,但过量施用钾肥则会抑制籽粒中蛋白质、氨基酸、脂肪和糖的合成(史振声和张喜华,1994)。

李振华等(1995)的研究发现,施氮量对玉米产量构成的影响很大,玉米的穗粒数与穗粒重及百粒重均随施氮量的增加而增加,氮肥过量会引起穗粒数与穗粒重的减少,影响最终产量。易镇邪等(2006)的研究表明,施氮量对产量构成的影响较大,穗粒数随施氮量的增加而增加,百粒重受施氮量的影响因品种与氮肥类型不同表现较为复杂。申丽霞和王璞(2009)的研究结果表明,在施总氮量相同的条件下,以播种期施氮结合大喇叭口期和抽丝期二次追施氮效果最好,即产量和氮肥利用效率均处于较高水平;其次为大喇叭口期一次追施氮;抽丝期一次追施氮以及前重后轻的施氮方式导致后期叶片缺肥早衰,影响光合产物的积累,从而影响产量,降低氮肥利用效率。刘景辉和刘克利(1994)对春玉米需氮规律的研究表明,拔节期至小喇叭口期为玉米第一个需氮高峰期,平均日吸收量为3.02~5.21 kg/hm^2,相对吸收量为22.7%~26.3%;第二个需氮高峰期为大喇叭口期到散粉期,平均日吸收量为3.11~5.33 kg/hm^2,相对吸收量为22%~31.2%。同样,赵士诚等(2010)的研究表明,根据夏玉米不同生育阶段的氮素吸收特征进行氮肥减量后移可节省氮肥,但并不影响植株氮积累量和积累速率,而氮肥利用率显著增加,是较为理想的氮素施用方式。

(三)玉米的需肥量(陈国平,1992)

玉米对N、P、K元素需求量最多,所以N、P、K是施肥关键,玉米带走的养分数量会因地力、产量及其他栽培措施不同而不同,但是,总体趋势是:产量越高,需肥量越大。据资料显示,每生产100 kg籽粒,需N 2.2~4.2 kg、需P 0.5~1.5 kg、需K 1.5~4 kg。同时,玉米在其不同生育阶段对N、P、K的吸收速度和吸收数量也有很大差别。

1. 玉米不同生育期养分的积累进程

玉米对各种养分的吸收曲线基本上和干物质的积累曲线是一致的。即苗期很少,拔节后显著增多,乳熟以后又趋于缓慢。现将春玉米、夏玉米各生育期的养分吸收量列于表3-3和表3-4。

表3-3 春玉米不同生育期N、P、K的吸收量

生育期	生长天数/d	N			P			K		
		占干重%	kg/hm^2	%	占干重%	kg/hm^2	%	占干重%	kg/hm^2	%
苗期	21	5.11	0.53	0.25	1.03	0.08	0.08	4.44	0.45	0.25
拔节	42	4.21	19.30	0.29	0.90	4.13	4.29	4.38	20.10	11.40
抽雄	57	2.85	90.60	43.67	0.72	22.88	23.77	2.65	84.30	46.74
授粉	74	1.94	157.20	75.78	0.62	50.25	52.22	2.15	174.23	96.59
乳熟	96	1.49	187.88	90.56	0.58	73.13	75.99	1.39	175.20	97.13
成熟	110	1.38	207.45	100.00	0.64	96.23	100.00	1.20	180.38	100.00

表 3-4 夏玉米不同生育期 N、P、K 的吸收量

生育期	生长天数/d	N			P			K		
		占干重%	kg/hm²	%	占干重%	kg/hm²	%	占干重%	kg/hm²	%
拔节	15	2.79	1.88	1.18	1.03	0.68	0.85	1.93	1.28	0.71
小口	23	2.55	12.98	8.63	0.87	4.43	5.42	1.71	8.70	4.72
大口	32	1.80	54.00	33.69	0.76	22.65	27.69	1.62	48.75	26.35
抽雄	41	1.42	77.40	48.32	0.73	39.83	48.65	1.99	108.45	58.66
灌浆	54	1.09	192.68	64.09	0.56	53.03	64.73	1.21	114.45	61.91
蜡熟	79	0.99	158.93	99.18	0.51	81.15	99.08	1.54	184.88	100.00
完熟	88	0.99	160.20	100.00	0.50	81.90	100.00	1.13	183.23	99.10

从表 3-3、表 3-4 可以看出，苗期植株干重中养分含量最高，随着生育期的向前推移，干物质中的养分含量逐步下降。从总的趋势看，以 K 的吸收速度最快，N 次之，P 最慢。吸收量具有两头少、中间多的特点，尤以拔节到乳熟期的吸收量最多。对夏玉米而言，甚至出现 K 从植株中消失的现象。

2. 玉米的需肥规律（罗红兵，2013）

玉米生长周期内有 4 个重要的追肥时期，根据玉米的生育期来分，玉米追肥可分为苗肥、拔节肥、穗肥和粒肥。苗肥是玉米定植后施用的一次肥料，一般在玉米幼苗长出 4 片叶时施用，苗肥的作用主要是促进发根壮苗，应早施、轻施和偏施，氮素化肥为主；拔节肥通常在玉米拔节前后施用，7～9 叶时，以有机肥为主，并加入少量速效氮和磷肥，拔节肥应稳施，既可满足拔节阶段生长快、养分需求大的要求，达到叶片繁茂、茎秆粗壮的目的，又不会引起茎叶生长过密而发生倒伏；穗肥是玉米雌穗分化期施用的追肥，主要作用是促进雌穗小花分化，可使幼穗养分充足，穗大粒多，同时使中上部叶片增大，上部叶片间的距离拉长，穗肥应重施，肥水齐攻，既能满足幼穗分化的肥水要求，又能提高中上部叶片的光合生产率，使输入果穗的养分多，粒多而饱满，对提高玉米产量有显著效果；灌浆开始后，玉米的需肥量迅速增加，以形成籽粒中的蛋白质、淀粉和脂肪，粒肥能防止后期脱肥早衰，提高叶片的光合作用与延长光合时间，一般应在果穗吐丝时施用为好，送样能使肥效在灌浆乳熟时期发挥作用（王静红，2011）。

（1）玉米需氮规律

玉米苗期吸收氮的速度慢、数量少，拔节以后吸收速度显著增加，拔节至抽穗开花期间累计吸收量占全生育期的 51.2%。抽穗以后吸收速度开始减慢，直至接近成熟时停止吸收，该期吸收量占全生育期的 46.6%。

（2）玉米需磷规律

玉米苗期的磷吸收量少，吸收速度也慢，拔节以后，磷的吸收显著加快，至抽穗开花期其吸收量占全生育期的 63.9%。

（3）玉米需钾规律

玉米苗期的钾吸收量占全生育期总量的 3%，拔节以后其吸收速度开始猛增，抽丝以后吸收速度又开始剧降，拔节到抽穗开花期间的钾吸收量占全生育期的 97%。在籽粒形成之后，钾素的吸收就基本结束。

3. 玉米的合理施肥(梁影和金清,2011;陈国平,1992)

施肥可以增产,但是增产的原因不是直接增加植株器官中的养分含量,而是通过增强光合作用,增加干物质积累而达到间接增产的目的。例如施 N 肥不但能增大叶面积,而且能提高叶绿素含量,因而能提高光合效率,促进增产。

为了达到高产目的,玉米需要满足 N、P、K 三种肥料的均衡使用。施肥时必须是全量供应三大元素,任何单独施用某种元素,都不能达到理想的生产目的。大量的 N、P、K 互作试验结果表明:单施硫铵有明显的增产效果,N、P 或 N、K 肥混施更好,而 N、P、K 肥全面施用效果最好,增产达 79.6%;单施 N 肥倒伏严重,增加 P 肥施用量也会增加倒伏,但是 K 肥有明显的抗倒伏作用。

根据玉米的需肥规律,玉米高产在施肥方法上应做到:施足基肥、轻施苗肥、巧施秆肥、重施穗肥、酌施粒肥。

基肥应以有机肥为主、化肥为辅,每 667 m^2 可用 2 000 kg ~ 3 000 kg 的有机肥、全部的磷钾肥和 1/2 的氮肥做基肥。土壤缺锌的每 667 m^2 还需施硫酸锌 2 kg。基肥需深施,一般采用条施的方法施入。剩下的 1/2 氮肥作追肥,追肥分 4 次施入,分别是苗肥、秆肥、穗肥和粒肥。苗肥可在幼苗 4 ~ 5 叶期于间苗后,抢在雨后穴施于距玉米植株 5 cm 处。秆肥一般在幼苗 7 ~ 9 叶期施入,有促进茎秆生长和幼穗分化的作用,占总追肥量的 10% ~ 30%。穗肥在抽雄前 10 ~ 15 d 的大喇叭口期施用,施肥量应占总追肥量的 60% ~ 80%。若玉米植株果穗节上部叶片发黄、下部叶片早枯,则应多施粒肥;反之可少施,甚至不施粒肥。一般在抽丝初期施用,施用量占总追肥量的 10% 以内。

关于追肥时间,多数得出的结论是“宜早不宜迟”。追肥时间越早,增产效果越大,产量以出苗后 30 d,拔节中期追肥最高。

关于施肥深度,N 素化肥用作追肥,均应尽量施到深土层,以便减少 N 肥流失,提高利用率。深度为 9.9 cm 的效果最好,增产达 14%。施肥过浅或过深,对肥效都有影响,这和肥料与玉米根系的距离及吸收部位有关。

目前,以下几种错误的施肥方法是在玉米生产实践中尽量避免的:一是化肥撒施在地表,然后串沟覆土,如果撒肥和覆土时间相隔过长,肥料就会大量发挥;二是紧靠植株刨坑施肥,该方法既费工又易伤植株根系,合理的办法是在行侧 8 ~ 10 cm 开深沟,随施肥随覆土。

第三节 光合生理

自养植物吸收二氧化碳,将其转变为有机物质的过程,称为植物的碳素同化作用。植物碳素同化作用包括细菌光合作用、绿色植物光合作用和化能合成作用。在这 3 种类型中,绿色植物光合作用最广泛,合成的有机物质最多,与人类的关系最密切。

绿色植物吸收阳光的能量,同化二氧化碳和水,制造有机物质并释放氧气的过程,称为光合作用。光合作用所产生的有机物质主要是糖类,用于储藏能量。

一、植物的光合作用

光合作用是地球上最重要的化学反应。光合作用极其复杂,包括一系列的光化学步骤和物质转变过程。光合作用可分为两个反应——光反应和碳反应。光反应必须在光下才能进行,是由光引起的化学反应;碳反应在暗处或光处都能进行,是由若干酶所催化的化学反应。

光合作用的光反应式为:$2H_2O \xrightarrow{光} 4H^+ + O_2$, $ADP + Pi \xrightarrow{光能、酶} ATP$。

光合作用的暗反应式为:$CO_2 + C_5 \xrightarrow{酶} 2C_3$、$2C_3 \xrightarrow{H} (CH_2O) + C_5 + H_2O$。

光合作用的总反应式为:$6CO_2 + 6H_2O \xrightarrow{叶绿素、酶、光照} C_6H_{12}O_6 + 6O_2$。

光合作用生产的物质不仅仅是单糖、二塘、多糖,还有蛋白质、脂质等其他有机物。光合作用生产的有机物质主要是糖类,糖类中以淀粉为主(谢曜鸿,2017)。

(一)植物光合作用的过程

光合作用是积蓄能量和形成有机物的过程。光合作用大致可分为以下步骤:①原始反应,包括光能的吸收、传递和转换;②电子传递和光合磷酸化,形成活跃化学能(ATP 和 NADPH);③碳同化,把活跃的化学能转变为稳定的化学能(固定 CO_2,形成糖类)。第一、二步骤基本属于光反应,第三步骤属于碳反应(表 3 –5)。

表 3 –5 光合作用各种能量转变的概况(潘瑞炽,2012)

能量转变	光能——→	(光化学反应)——→	活跃的化学能——→	稳定的化学能
贮存能量的物质	量子	电子	ATP、NADPH	糖类等
完成能量变化的过程		原始反应	电子传递、光合磷酸化	碳同化
进行变化的部位		基粒类囊体	基粒类囊体	叶绿体基质
光、碳反应		光反应	光反应	碳反应

(二)影响光合作用的因素

光合作用经常受到外界条件和内在因素的影响而不断地变化,而衡量光合作用量的指标是光合速率。光合速率通常是指单位时间、单位叶面积吸收 CO_2 的物质的量或放出 O_2 的物质的量,或者积累干物质的质量。

1. 光照

光合作用是一个光生物化学反应,所以光合速率随着光照强度的增减而增减。在黑暗时,光合作用停止,而呼吸作用不断释放 CO_2,随着光照增强,光合速率逐渐增强,逐渐接近呼吸速率,最后光合速率与呼吸速率达到动态平衡相等。同一片叶子在同一时间内,光和过程中吸收的 CO_2 与呼吸作用过程中放出的 CO_2 等量时的光照强度,称为光补偿点。植物在光补偿点时,有机物的形成和消耗相等,不能积累物质,而晚间还要消耗干物质,因此从全天来看,植物所需的最低光照强度,必须高于光补偿点,才能使植物正常生长。

光补偿点在实践中有很大的意义。间作和套作时作物种类的搭配,林带树种的配置,间苗、修剪、采伐的程度,冬季温室栽培蔬菜等都与光补偿点有关。又如,栽培作物由于过密或肥水过多,造成徒长,封行过早,中下层叶子所受的光照往往在光补偿点以下,这些叶子不但不能制造养分,反而消耗养分,变成消耗器官。因此,生产上要注意合理密植,肥水管理恰当,保持良好透光。

光是光合作用的能源,所以光是光合作用所必需的。然而,当光能超过光合系统所能利用的数目时,光合功能下降,这个现象称为光合作用的光抑制。光抑制主要发生于光系统。一些学者认为,光抑制不一定是光合机构被破坏的结果,有时它仅仅是一些防御性的激发能热耗散过程加强的反映。在自然条件下,晴天中午植物上层叶片常常发生光抑制,当强光和其他环境胁迫因素(如低温、高温和干旱等)同时存在时,光抑制加剧,有时即使在中、低光强下也会发生。植物本身对光抑制有一定程度的保护性反应。例如,叶子运动,调节角度以回避强光;叶绿体运动以适应光照强弱。又如,小麦幼苗在强光下,叶绿体中的捕光叶绿素 a/b 蛋白复合体含量低于生长在弱光下的;而负责将光能转化为化学能的反应中心复合体含量,则前者高于后者。

光质也影响植物的光合效率。光质对植物光合作用的调节主要体现在植物叶绿体形成、光合色素合成、叶片气孔运动、叶片伸展和碳同化等方面(Ruban,2009)。在自然条件下,植物会或多或少受到不同波长的光线照射。例如,阴天的光照不仅光强弱,而且蓝光和绿光成分增多;树木的叶片吸收红光和蓝光较多,故树冠下的光线富含绿光,尤其是树木繁茂的森林更是明显。

2. CO_2

陆生植物光合作用所需要的碳源主要是空气中的 CO_2,CO_2 主要是通过叶片气孔进入叶子。空气中的 CO_2 经过气孔进入叶肉细胞的细胞间隙,是以气体状态扩散进行的,速度很快;但当 CO_2 通过细胞壁透到叶绿体时,便必须溶解在水中,扩散速度就大减。陆生植物根部也可以吸收土壤中的 CO_2 和碳酸盐,用于光合作用。

CO_2 是光合作用的原料,对光合速率影响很大。如果 CO_2 浓度低,光合速率将急剧减慢。当光合吸收的 CO_2 量等于呼吸放出的 CO_2 量,此时外界的 CO_2 含量就叫作 CO_2 补偿点。光照度弱,光合降低比呼吸显著,所以要求较高的 CO_2 水平,才能维持光合作用与呼吸作用相等,即 CO_2 补偿点高。光照度强,光合作用显著大于呼吸作用,CO_2 补偿点就低。作物高产栽培的密度大,肥水充足,植株繁茂,吸收更多的 CO_2,特别在中午前后,CO_2 就成为增产的限制因子之一。植物对 CO_2 的利用与光照度有关,在弱光情况下,只能利用较低浓度的 CO_2,因此光合慢;随着光照度的加强,植物就能吸收利用较高浓度的 CO_2,光合加快。

在光反应过程中,高浓度 CO_2 可以通过增加单位叶面积叶绿素含量而提高叶片对光能的吸收能力与原初光能转化效率,同时使两个光系统之间激发能的分配格局发生改变,进而引发碳反应过程的不同适应(张其德等,1996)。但也有报道结论相反,高浓度 CO_2 减少了单位叶面积叶绿素含量,并未提高光能吸收能力(卢从明等,1996)。在碳反应过程中,不同光合途径植物对高浓度 CO_2 适应的敏感度存在差异。C_4 植物在高 CO_2 浓度下敏感性较弱(Sje et al. ,2010;Poorter,1993)。这主要是因为 C_4 植物叶片内存在叶肉细胞和维管束鞘细胞两种光合细胞,导致 C_4 植物拥有较高的 CO_2 浓缩机制(Sje et al. ,2010)。CO_2 最初先在叶肉细胞中被磷酸烯醇丙酮酸羧化酶固定,随后扩散进入维管束鞘细胞,为 1,5 - 二磷酸核酮糖羧化酶/加氧酶提供羧化底物,使 C_4 植物的光合速率接近饱和(Sje et al. ,2010;Ghannoum et al. ,2010)。因此,理论上空气中 CO_2 浓度升高对 C_4 植物的光合能力提高甚微。此外,光合作用对高浓度 CO_2 的适应与氮素水平有密切联系。研究普遍认为,高浓度 CO_2 使植株单位叶面积氮素含量减少,进而引起 C_3 植物的光合能力下调(Zhou and Shang guan,2009)。在 C_4 植物中,由于叶片可以利用少量的 Rubisco 达到较高的光合效率,所以叶片氮含量的减少对其光合能力的影响不大(Ghannoum et al. ,2010)。

瑞士连续10年的黑麦草试验表明，在氮肥充足的土壤中，CO_2 浓度升高使黑麦草的产量显著升高，在氮肥匮乏的土壤中，CO_2 浓度升高对其产量无显著影响（Schneider et al.，2010）；然而，对加利福尼亚一年生草地的研究表明，增施氮肥不会显著提高其在高浓度 CO_2 环境下的生物量（Dukes et al.，2005）；对美国中北部的多年生牧草研究表明，在 CO_2 浓度升高的前3年，增施氮肥对牧草地上部生物量积累影响不显著，而从第4年开始，增施氮肥可显著增加牧草地上部生物量的积累（Reich et al.，2006a）。在我国北京、江苏等地也分别通过自由式 CO_2 气肥的小区试验进行了植物生长对高浓度 CO_2 的适应性研究，例如，在中国农业科学院进行的麦—豆轮作 FACE 实验表明，CO_2 浓度升高主要通过降低不孕小穗数，提高穗粒数以提高冬小麦产量，氮肥供应不足会降低产量的提高幅度（韩雪等，2012）；中国科学院南京土壤研究所对水稻/小麦生态系统连续10年的观测结果表明，短期内 CO_2 浓度升高可以促进土壤中阳离子的释放，并提高作物产量；但长期适应后，土壤酸性增强，对生态系统生产力的持续提高产生负面影响（Cheng et al.，2010）。

植株生物量的积累与新器官生长密不可分，新器官的生长依赖于源器官光合产物的供给与库器官对同化物的利用。一方面，CO_2 浓度升高导致叶片气孔开度减小，蒸腾作用下降，水分利用率提高，光合产物增加，但不同光合途径植物的干物质增加幅度存在差异，C_3 植物的生物量将平均提高41%，C_4 植物平均提高22%，景天酸代谢（crassulacean acid metabolism，CAM）植物平均提高15%（Poorter，1993）；另一方面，长期定位试验证明，高 CO_2 浓度下 C_3 植物的库器官活力下降（Reich et al.，2006b），源叶糖分含量升高，抑制光合相关酶类的基因表达，导致源器官光合活性下降，库活力降低，产量下降（Leakey et al.，2009）。所以，在未来大气 CO_2 浓度升高条件下，加强碳素利用，光合产物的运输是提高光合作用与产量的重要因素。

3. 温度

光合过程中的碳反应是由酶所催化的化学反应，而温度直接影响酶的活性，因此温度对光合作用的影响也很大。植物在一定的温度范围内能够正常生长发育，当温度低于生长所需的临界温度时，会对植物造成逆境胁迫，延缓生长，抑制发育。除了少数的例子以外，一般植物可在10～35 ℃下正常地进行光合作用，其中以25～30 ℃最适宜，在35 ℃以上时光合作用就开始下降，40～50 ℃时即完全停止。在低温中，酶促反应下降，故限制了光合作用的进行。光合作用在高温时降低的原因有两方面：一方面是高温破坏了叶绿体和细胞质的结构，并使叶绿体的酶钝化；另一方面是在高温时，暗呼吸和光呼吸加强，光合速率便降低。

农作物在生育期间遭遇0 ℃以上（有时在20 ℃左右）的低温，会引起生育延迟，或使生殖器官的生理机能受到损害，造成减产，称为低温冷害（包括热带作物的冬季寒害）（姜籽竹等，2015）。低温胁迫是制约粮食作物、经济作物高产、稳产的重要因素。研究表明，植物干重的90%来自光合作用，而光合作用对低温最为敏感（Bilska and Sowiński，2010）。低温胁迫对植物叶绿体亚显微结构、光合色素含量、光合速率、光合能量代谢及活性等重要生理、生化过程有显著影响（吴广霞等，2008）。

4. 矿质元素

矿质元素直接或间接影响光合作用。氮、镁、铁、锰等是叶绿素等生物合成所必需的矿质元素；铜、铁、硫和氯等参与光合电子传递和水裂解过程；钾、磷等参与糖类代谢，缺乏时便影响糖类的转变和运输，这样也就间接影响了光合作用；同时，磷也参与光合作用中间产物的转变和能量传递，所以对光合作用影响很大。

5. 水分

水分是光合作用原料之一，而光合作用所需的水分只是植物所吸收水分的一小部分(1%以下)，因此，水分缺乏主要是间接地影响光合作用。具体来说，缺水使叶片气孔关闭，影响 CO_2 进入叶内；缺水使叶片淀粉水解加强，糖类堆积，光合产物输出缓慢，这些都会使光合速率下降。

许多学者曾广泛评论过水分胁迫对玉米光合作用的影响，认为光合作用对水分胁迫十分敏感，随水分胁迫强度的加剧，光合作用速率降低。同时认为水分胁迫条件下引起光合作用下降的原因很多，从而影响与光合作用相联系的其他生理和生化过程(宋凤斌等，1994)。通常将干旱作为评价气象与环境质量的指标，是指在无灌溉条件下，长期、无雨或少雨、气温高、湿度小、土壤水分不能满足农作物的需要，使作物的正常生长受到抑制，甚至枯死，造成减产或无收的一种自然现象(中国农业科学院农业气象研究室，1980)。干旱一般分为大气干旱和土壤干旱。而水分胁迫或水分亏缺作为干旱下的一种生理参数，系指由干旱、缺水所引起的对植物正常生理功能的干扰。大量研究已证明，水分胁迫对植物生理过程的影响是多方面的，即使是轻微的胁迫也会产生不同的反应。如细胞生长、壁的合成、氮素和叶绿素的代谢，以及生长物质水平等。但水分胁迫的主要影响是生理脱水，形成组织和细胞的低水势，通过低水势影响植物的各种生理过程，最明显的影响是植株的大小、叶面积及产量的下降(Kramer，1983)。

6. 光合速率的日变化对光合速率的影响

影响光合作用的外界条件时时刻刻都在变化着，所以光合速率在一天中也有变化。在温暖的日子里，如水分供应充足，太阳光照成为主要矛盾，光合过程一般与太阳辐射进程相符合；从早晨开始，光合作用逐渐加强，中午达到高峰，以后逐渐降低，到日落则停止，形成单峰曲线。这是对无云的晴天而言。如果白天云量变化不定，则光合速率随着到达地面的光强度的变化而变化，成不规则的曲线。但当晴天无云而中午太阳光照强烈时，光合速率有时反而会降低形成双峰曲线：一个高峰在上午，一个高峰在下午。中午前后光合速率下降，呈现“午休”现象。为什么会出现这种现象呢？因为该时水分供应紧张，空气湿度较低，引起气孔部分关闭，同时也由于光合作用的光抑制所致。

7. 不同部位对光合速率的影响

由于叶绿素具有接受和转换能量的作用，所以，植株中凡是绿色的、具有叶绿素的部位都能进行光合作用。在一定范围内，叶绿素含量越多，光合越强。以一片叶为例，最幼嫩的叶片光合速率低，随着叶片生长，光合速率不断加强，达到高峰，随后叶子衰老，光合速率就下降。

8. 不同生育期对光合速率的影响

一株作物处于不同生育期的光合速率不尽相同，一般都以营养生长期为最强，到生长末期就下降。以水稻为例，分蘖盛期的光合速率较快，在稻穗接近成熟时下降。但从群体来看，群体的光合量不仅取决于单位叶面积的光合速率，而且很大程度上受总叶面积及群体结构的影响。

二、通过光合作用影响玉米产量的因素

光合作用是作物获得籽粒产量的重要途径，作物产量的90%以上来自光合作用形成的光合物质。作物花后光合性能对干物质积累及其对籽粒的贡献率具有重要作用。干物质

积累是作物产量形成的基础，干物质积累量及其在籽粒中的分配量决定着产量的高低，在一定范围内，干物质积累量与产量正相关，尤其在生育后期，这一关系尤为明显（张银锁等，2002）。因此，光合作用的强弱直接影响作物产量的高低（陈军和戴俊英，1996）。作物的光合特性除受作物自身因素影响外，土壤水分、温度、CO_2 浓度等环境因子均显著影响作物的光合作用（陈雄，2000）。

玉米的种植周期约为 120 d，在整个生育期内，气温、降水、土壤养分、CO_2 浓度、光强对其光合作用均有很大的影响，且部分影响因素在全生育期内变化是很大的，所以对玉米全生育期内光合特性的研究就非常重要。作物的光合作用特性通常以光合速率、蒸腾速率、气孔导度、胞间 CO_2 浓度及水分利用效率（WUE）等指标来反映。

（一）内部因素

不同的种植条件影响群体内光的分布，进而影响植株的光合特性。随着种植密度的增加，各生育时期群体内各叶层的透光率均下降，叶片功能期缩短（付健，2014）。将玉米群体按叶片着生部位的不同分为上、中、下三层，在相同种植密度条件下，透光率表现为上层 > 中层 > 下层。对不同株型品种间进行比较，上层透光率表现为紧凑型 > 平展型，中层透光率则差异不大（薛吉全等，2002；王庆成等，1998）。马瑞霞等（2006）研究表明，吐丝中后期透光率表现差异比较明显，种植密度越大植株间相互遮挡越严重，差异越明显；种植密度越小，植株下部叶片光能利用率越高，光合所占比重越大。Dwyer and Tollenaar（1989）发现，玉米的杂交品种间净光合速率存在明显差异，主要表现为品种单个叶片光合速率较高，高种植密度下光合速率下降速率较小。人们对群体光合速率的研究开始比较晚，研究表明，玉米群体光速率在吐丝开花以后对生物产量和籽粒产量有着明显影响，尤其是在高产栽培中影响更为明显（胡昌浩等，1993）。江龙和宋碧（2002）的研究结果表明在高海拔生长环境下，玉米获得高产的生理特征表现为吐丝前期植株下部叶片光合速率高，吐丝中期植株中上部叶片光合速率高且功能期持续时间长，叶片和茎秆干物质转运率高。植株叶片叶绿素含量通过影响叶片光合作用从而影响叶片的净光合速率（程绍义等，1990）。研究结果表明，植物叶片叶绿素含量与光合速率之间呈显著正相关（Monma and Tsunoda，1979）。郑佩尧等（1988）的研究结果表明，叶绿素含量与叶片光合速率大小具有密切关系。不同生长部位叶片的叶绿素含量均有不同程度降低，中上部叶片间差异显著（冯娟，2006）。不同生育时期间种植密度对叶绿素含量的影响也均不相同。吴建明等（2005）的研究结果认为在玉米植株生育前期，叶绿素含量受种植密度的影响差异不明显，而在生育后期叶绿素含量随着密度的增加而升高，但是，当种植密度达到一定程度时，叶绿素含量随种植密度的增加而开始降低。宋碧等（1998）的研究结果表明，从拔节期到大喇叭口期，随着种植密度增加，叶面积指数呈升高趋势，吐丝期达到最大值，为吐丝后干物质累积奠定基础。不同生育时期的净同化率变化均不相同，拔节期到大喇叭口期，净同化率随着密度的增加而增加，大喇叭口后期，由于植株生长变大，种植密度越高，植株群体间叶片相互遮挡越严重，净同化率开始降低。光合势在生育前期和后期的分配比例对最终玉米产量的形成有非常大的影响（张泽民等，1998）。抽雄至完熟期的光合势占总光合势的 75% 左右，对获得高产具有显著影响（吕丽华等，2007）。

（二）外部因素

1. 光质

国内外玉米工作者对光胁迫下玉米的光合作用进行了深入的研究,认为弱光胁迫下,玉米穗叶位的表观光合速率显著降低,也使PSII的实际光化学效率减弱,使粒种和产量显著减少,对穗行数的影响不大(Ward and Woolhouse,1986;李潮海和刘奎,2002)。分析环境光强对甜、糯玉米光合作用及产量构成的影响,剖析作物生产发育主要的生态因子光照的恶化对作物生产造成的损失具有重要的意义。甜、糯玉米生长发育期间的多雨光照使鲜食玉米受到较强的弱光强迫,环境光强的减弱成为甜、糯玉米高产的主要障碍之一(潘大仁和林德波,1998)。冯颖竹等(2007)的研究表明,环境光强减弱对甜、糯玉米光合作用的影响主要是光合速率、蒸腾速率显著下降;甜、糯玉米均发生光抑制现象,且不同品种、不同生育期弱光适应性有差异;弱光下穗长、行粒数、裸穗鲜质量显著下降是减产的主要因素。

康伟健(2017)在研究强光不同照光时间对玉米光合作用的适应性机制时发现,随着强光照光时间的延长,玉米株高、叶面积、比叶重都有明显增加,但株高和叶片厚度对照光时间的响应更敏感。延长照光时间导致叶片厚度增加,类囊体垛叠程度下降,但单位面积的叶绿素变化幅度较小。伴随强光照光时间延长,光合速率、气孔导度和蒸腾速率均明显增加,气孔限制加剧,但表观量子效率变化较小。强光下延长照光时间,玉米叶片光系统Ⅱ天线转化效率下降,捕获光能中分配到光化学反应的激发能比例减少,而热耗散能力大大加强;同时抗氧化酶活性提高,光抑制程度逐渐降低。

2. 水分

干旱是玉米生产的主要非生物限制因素,光合作用是影响玉米生长和代谢的第一环节。叶片蒸腾作用是玉米耗水的主要形式,水分利用效率(WUE)是评价玉米耐旱能力的重要指标之一,反映了作物生产过程中单位水分的能量转化效率,受蒸腾速率和光合速率共同影响。于文颖等(2015)的研究表明,水分胁迫影响了玉米叶片的正常光合作用,除了导致整体光合速率、蒸腾速率和气孔导度下降,还促使了光合速率日变化的峰值提前;水分胁迫后的玉米叶片蒸腾速率、光合速率和气孔导度为适应干旱缺水均较对照显著下降,从而提高了水分利用效率,缩小了与水分充足条件下玉米叶片的水分利用效率差值;在中度和重度水分胁迫条件下,玉米叶片的水分利用效率降幅低于光合速率、蒸腾速率和气孔导度的降幅,有时甚至高于正常供水条件下的水分利用效率;适度的水分胁迫能提高玉米叶片的水分利用效率,从而增强叶片对水分的利用能力,抵御干旱的逆境;水分亏缺对玉米光合速率、蒸腾速率及水分利用效率的影响具有较明显的滞后效应,干旱后复水,光合作用受抑制仍然持续;水分胁迫时间越长则胁迫程度越重,叶片的光合作用越呈不可逆性;拔节－吐丝期水分胁迫对玉米叶片光合作用的逆制比三叶－拔节期更难恢复。

地膜覆盖在中国普及率较高,对于小麦、玉米、棉花等作物均有较成熟的地膜覆盖栽培技术,使得作物产量和品质得到了大幅度提升。地膜覆盖栽培技术是一项有效的旱作农业技术,能有效地聚集自然降水,减少蒸发,最大限度地积蓄土壤水分,最终提高籽粒产量和水分利用效率,已成为旱作农作物高产栽培的突破性技术,在小麦、玉米、棉花等农作物上均有大量研究(官情等,2011)。解文艳等(2014)的研究表明,在北方半湿润偏干旱区,种植春玉米采用渗水地膜覆盖和渗水地膜与行间秸秆覆盖处理均可以改善土壤水分效应,同时能显著增产增收。孙东宝等(2010)的研究表明,地面覆盖通过增强空气阻力、太用光的反射率,减少热量和水汽的传输,从而改变了地表层的小气候,最终引起农作物叶面增加,延缓了衰老,增强了光合势,提高了叶片的光合特性。王创云等(2015)的研究表明,起垄膜侧种植方式有效改善了土壤的供水能力和植株的吸水能力,提高了土壤表面温度,增强了气孔导度，有利于气体交换，同时可以有效增强植株的叶面积，使植株生长旺盛，促进了玉米光合速率和蒸腾速率，推迟了萎蔫时间，对光合产物的积累具有积极作用，为旱地玉米提供适宜的生长小环境。起垄膜侧种植技术可以有效地提高玉米光合特性和产量。

3. 合理密植

合理的播密配置可以优化玉米冠层结构，使群体内在生理机制得以综合调优，增强叶片的光能和水分利用效率，延长叶片功能期，从而延缓衰老，充分发挥增产潜力。于吉琳(2013)的研究表明，早播植株净光合速率(Pn)及其光响应曲线、蒸腾速率(Tr)及其响应曲线、胞间 CO_2 浓度(Ci)、气孔导度(Gs)等光合指标均高于中播和晚播，但其水分利用效率(WUE)较低。中、低密度处理植株光合参数、净光合速率光响应、蒸腾速率光响应、光能利用效率及水分利用效率等指标均高于高密。早播和高密条件下 PSII 反应中心均受到破坏或失活，推迟播期可在一定程度上降低灌浆期玉米叶片的初始荧光，PSII 反应中心的光化学效率降低，早播、中播较晚播分别增加了 11% 和 9.53%，高密分别较低密和中密升高了 5.84% 和 3.00%。光照强度随着种植密度的增加而减小，这种情况特别在玉米生长的中后期表现明显。种植密度过大，间封行过早，叶片郁蔽严重，光合作用受到抑制，都严重影响玉米产量的形成(毛庆成等，2001)。

种植密度对群体光合作用效率和干物质积累的影响要大于其他栽培方式(Li M and Li W，2004)，适当增加种植密度是玉米获得高产的主要途径之一。而种植方式可以协调高密度条件下群体内的光照、温度、湿度、养分供给等状况，提高作物群体光合作用并最终作用于产量(王敬亚等，2009)，但不同种植方式必须与相应的种植密度相结合，才能达到增产的目的，而不同株型品种对种植方式和密度的要求均不一样。吕丽华等(2009)认为，对于不同株型品种，随着密度的增大，紧凑型玉米表现明显好于半紧凑型和平展型品种。齐延芳等(2004)的研究表明不同品种玉米的光合速率随种植密度的增加而降低；叶面积指数(LAI)随种植密度的增加而增加，紧凑型品种单株干物质积累随着种植密度升高而增加，表明高密度下，两个品种间遮阴严重，光照不足，导致光合速率下降，干物质积累减少。吴建明等(2005)的研究认为密度对叶绿素含量的影响在玉米生育前期差异不显著，在后期叶绿素含量随着密度的增加而增加，但达到一定密度后则随密度的增加而降低。光合作用是产量形成的基础，玉米产量主要来源于花后叶片的光合同化物，所以增加总干物质积累量和花后干物质积累量，是提高产量的有效途径。

4. 施肥

施肥为玉米生长发育过程提供了矿质元素，对器官建成、光合作用、源库关系等影响较大，养分亏缺直接影响玉米的光合作用，造成产量和品质下降(王帅等，2008；何萍等，1998)。胡昌浩等(1993)学者通过玉米肥料试验研究表明，玉米开花以后，群体光合速率与生物产量和籽粒产量呈显著正相关。董树亭等(1997)的研究成果均表明延长玉米灌浆期的群体光合速率高值持续期，具有增产潜力。有研究表明，不同水肥耦合处理的条件下，Gs 的变化与 Pn 的变化表现基本一致，Tr、Ci 差异不大(张秋英等，2001)。战秀梅等(2007)的研究表明，适宜的氮、磷、钾用量可明显提高 Pn、Gs、Tr、Ci 等指标，保持玉米生长后期叶片的高光合能力，从而促进形成较高的经济产量。李潮海等(2002)的相关研究表明，施肥可以改善叶肉细胞的光合能力，使阻碍光合速率的主导因素由非气孔限制逐渐变为气孔限制。同时也有研究表明，施肥能够提高生育后期叶片的光合强度，延长有效光合持续时间(王帅，2014)。合理的施肥量及配合比例可以增加玉米叶片的叶绿素含量，提高其光合速率，进而提高产量(王帅等,2008;战秀梅等,2007)。

氮素是调节植物光合作用的最重要手段,曹翠玲和李生秀(2004)认为氮素直接影响植物叶片叶绿素含量,从光合机理来看,氮素对光合作用每个环节都有促进作用,包括光反应、暗反应以及光呼吸等,主要是通过影响成分物质以及各种酶的含量,直接或间接影响着光合作用。关义新等(2000)认为在特定的氮素水平范围内,增加氮肥施用量,可使玉米的产量增加,但氮素供应失调将导致植物光合能力下降。金继运等(1999)和李潮海等(2000)的研究表明合理的氮肥施用水平下,春玉米穗位叶可溶性 Pro 含量和可溶性糖的含量升高,RuBPC 和 PEPC 的活性增强,经济产量提高。

磷对植物的光合也起着重要的作用,刘恩科(2007)认为磷在植物体内直接参与了光合作用过程,包括光反应和暗反应;磷能促进碳水化合物的形成与转运,同时能促进氮代谢从而对新陈代谢有利,高浓度磷能够抑制希尔反应和非环式光合磷酸化活性。Machler 等(2000)的研究表明,合理的磷浓度能促进光合作用,但是过高或过低的磷浓度均影响光合作用。有研究认为,缺磷导致玉米叶片 RuBP 加氧/羧化酶活性下降。张永丽等(2004)也得出类似的研究结论,磷素主要使叶绿素 b 含量下降,进而导致光合速率下降。

钾离子是植物细胞中含量最丰富的阳离子之一,是叶绿体中含量最高的金属元素。钾离子能调节植物体的许多生理功能,能够提高植物光合作用与体内物质的合成和转运能力,增强植物体对逆境的抗性等。王帅(2008)的研究表明,增施钾肥能促进玉米叶片叶绿素的合成并保持较长稳定时间,过高钾肥用量反而使叶绿素含量下降。饶立华等(1990)的研究表明,施钾使叶绿体内基粒增多,Hill 反应及光合磷酸化活力增强,缺钾能够导致玉米叶片加氧/羧化酶含量降低。战秀梅等(2007)的研究表明,适当地施钾,能够提高春玉米光合指标,提高光合性能,提高产量及品质。

施用硫肥能够提高玉米的绿叶面积大小和叶绿素含量(刘存辉等,2004),提高玉米叶片净光合速率、叶片气孔导度(马春英,2004),显著提高玉米 PSII 原初光能转化效率、PSII 反应中内部光能的转化效率、PSII 有效光的化学量子产量。锌在一定范围内可增加叶片面积,增强光合能力(Khan et al.,2004)。锌作为叶绿体的组成成分影响叶绿素的形成(李娟等,2011),而叶绿素是植物吸收光能进行光合作用的重要物质,叶绿素含量的高低直接影响玉米光能的吸收、传递,其含量的高低直接影响光合作用的强弱(Ali et al.,2000)。在曹殿云(2017)的研究中表明,硫、锌肥对改善玉米光合特性具有显著作用。施硫量在 80 ~ 120 kg/hm^2 范围内,显著提高了玉米的光合效率,主要表现为净光合速率(Pn)和气孔导度(Gs)显著升高,气孔限制值(Ls)下降,PSII 的潜在活性(Fv/Fo)、PSII 原初光能转化效率(Fv/Fm)、PSII 有效光化学量子产量(Fv/Fm)及光化学巧灭系数(qP)显著提高,非光化学巧灭系数(NPQ)显著下降,表明适当地施用硫、锌肥提高了 PSII 系统的开放程度,增强了 PSII 系统的电子传递能力和光能转化效率,从而有效提高了玉米的光合能力。

周敏(2011)的研究表明,缺镁营养胁迫下的植株表现出了明显的缺镁症状,植株矮小,叶片黄化,叶绿素含量下降,光能吸收、传递和转换受到抑制,放氧速率和光合磷酸化速率降低等。而 Ce^{3+} 处理后其生长发育得到明显改善,叶片转绿,光合活性增加,表明 Ce^{3+} 处理能够在缺镁营养胁迫下部分替代 Mg^{2+} 的生理功能而促进光化学反应;缺镁抑制了两个光系统的活性,导致光能传递受阻,Ce^{3+} 能够缓解缺镁的抑制作用,促进光能在各个光系统间的传递,尤其促进光能向 PSII 的分配,因而促进了植物的氧气释放。

沼肥施入土壤或喷施叶面,提高了植株体内的生理活动,促进了光合作用的进行。冯伟等(2010)的研究表明,基施25%沼液氮 + 追施75%尿素氮处理,可提高叶片PSII潜在活性(Fv/F_0)、PSII光化学最大效率(Fv/ Fm)和荧光光化学猝灭系数(qP),提高PSII量子效率(ΦPSII)和电子传递速率(ETR),光合功能增强,籽粒产量提高。余海兵(2007)的研究表明,在沼肥对糯玉米光合特性的研究中,沼肥能够提高净光合速率,播种60 d后的增加幅度为17.8% ~23.7%。艾俊国等(2015)的研究表明,沼肥与化肥合理配施后能改善东北春玉米叶片的光合特性,叶片叶绿素含量(SPAD值)提高,增加PSII原初光能转化效率(Fv/ Fm)、PSII潜在活性(Fv/ Fo)、光合速率(Pn)、蒸腾速率(Tr)、气孔导度(Gs),这有利于玉米植株的光合作用及碳水化合物的形成。

第四节 呼吸生理

植物的一个重要特征就是通过新陈代谢(metabolism)进行物质与能量的转换。新陈代谢包括许多物质与能量的同化与异化过程。植物通过呼吸作用将有机物不断分解,同时释放出贮存在其中的能量。呼吸作用属于异化作用,是植物生命活动的基本反应过程,植物呼吸代谢及物质代谢与能量代谢为一体,是植物生长发育得以顺利进行的物质、能量和信息的源泉,是代谢的中心枢纽。没有呼吸就没有生命。

呼吸代谢可以影响植物的器官建成、生长发育、矿质和水分的吸收、运输等过程。研究呼吸作用不但具有重要的理论意义,而且对调节和控制植物的生长发育、提高产量、改善品质、抗病免疫、农产品贮藏加工等具有广泛的实践意义。

一、植物的呼吸作用

植物是自然界中十分重要的组成部分,植物的呼吸作用具有重要的生理意义。一方面呼吸能够为植物的生命活动提供大量的能量。在呼吸作用中所释放出的一部分能量,也可以储存在植物体内,当水解后,释放出的能量可以用在植物体内生物合成、离子积累与体内物质主动运输等方面。另一方面,在植物呼吸作用中,可以为很多生物的合成提供主要的原料。

(一)概念

呼吸作用是指有机物质在生活细胞中被氧化成CO_2和水并释放能量的过程。然而,呼吸作用并不一定伴随着氧的吸收和CO_2的释放。依据呼吸过程是否有氧参与,可将呼吸作用分为有氧呼吸和无氧呼吸两大类型。有氧呼吸是由无氧呼吸进化而来的。

有氧呼吸是指生活细胞在氧气的参与下,把某些有机物质彻底氧化分解释放CO_2,同时将氧气还原成水,并释放能量的过程。这些有机底物称为呼吸底物,碳水化合物、有机酸、蛋白质、脂肪等均可以作为呼吸底物。在正常情况下,有氧呼吸是高等植物进行呼吸的主要形式,然而,在某些条件下,植物也被迫进行无氧呼吸。

以葡萄糖为底物的总反应式为:$C_6H_{12}O_6 + 6O_2 \rightarrow 6CO_2 + 6H_2O +$ 能量,$\Delta G' = -2\ 870\ kJ/mol$。

无氧呼吸是指生活细胞在无氧条件下,把某些有机物分解成为不彻底的氧化产物,同时释放出部分能量的过程。这个过程用于高等植物,习惯称为无氧呼吸,如应用于微生物,则惯称为发酵。

高等植物无氧呼吸可以产生酒精，其过程与酒精发酵相同，高等植物无氧呼吸也可以产生乳酸，如甜菜块根、马铃薯块茎、玉米种胚等在无氧呼吸时产生乳酸。

酒精发酵的总反应式为：$C_6H_{12}O_6 \rightarrow 2C_2H_5OH + 2CO_2 + 2ATP, \Delta G' = -226\ kJ/mol$。

乳酸发酵的总反应式为：$C_6H_{12}O_6 \rightarrow 2CH_3CHOHCOOH + 2ATP, \Delta G' = -197\ kJ/mol$。

现今高等植物的呼吸类型主要是有氧呼吸，但仍保留无氧呼吸，是植物适应生态多样性的表现。如种子吸收萌发、胚根胚芽在突破种皮之前只进行无氧呼吸；成苗之后遇到水淹时，可进行短时期无氧呼吸，以适应缺氧条件。

（二）生理意义

在植物生长过程中，呼吸作用主要是提供能量，在促进植物体内各种物质之间转换的代谢过程具有重要作用。呼吸代谢可以影响植物的器官建成、生长发育及矿质和水分的吸收、运输等过程。在植物的生命活动过程中，呼吸作用具有重要的生理意义，主要表现在以下几方面。

1. 提供植物生命活动所需要的大部分能量

碳水化合物等有机物在逐步氧化分解时，能量释放得较慢，而且是逐步释放，适合于细胞利用。释放出的能量，一部分以热的形式散发，一部分能量转移到 ATP 中。当 ATP 在 ATP 酶的作用下分解时释放的能量可以用于各种生理活动，例如植物对矿物质的吸收和运输、各种有机物的合成和运输、原生质运动、细胞分裂、植物的生长发育等。此外，当环境温度较低时，以热的形式释放能量可以提高植物体温，促进代谢。

2. 为其他有机物的合成提供原料

呼吸作用在分解有机物质的过程中产生了许多中间物质，如丙酮酸、α－酮戊二酸、苹果酸、甘油醛磷酸等。它们可作为合成糖类、脂类、氨基酸、蛋白质、酶、核酸、色素、激素及维生素等各种细胞结构物质、生理活性物质及次生代谢物质的原料，用于形态构建、信息传递、物质贮存和生长发育的调节。因此，可以说呼吸作用是植物体内有机物代谢的中心。

3. 为代谢活动提供还原力

在呼吸过程中，伴随着物质的降解，不断地进行脱氢反应，生成 $NADH + H^+$、$NADPH + H^+$、$FADH_2$ 等，这是细胞内生物合成的原动力。例如，硝酸盐的还原与氨基酸的合成、脂肪酸的合成分别以 $NADH + H^+$ 或 $NADPH + H^+$ 作为还原力。

4. 增强植物抗病免疫力

植物受伤或受到病菌侵染时，呼吸速率明显升高，呼吸过程中的氧化系统可以迅速氧化病原微生物分泌出来的毒素，使寄主不受伤害。同时染病组织的多酚氧化酶和抗坏血酸氧化酶也随之提高，多酚氧化酶的氧化产物对病原菌菌丝体生长有抑制作用，并加速细胞壁的木质化或木栓化，促进伤口愈合，以减少病菌的侵染。呼吸作用可促进具有杀菌作用的绿元素、咖啡酸等物质的合成，以增强植物的免疫力。

（三）呼吸作用与农业生产的关系

呼吸过程是代谢中心，应该设法促进，以增强生长发育。但呼吸消耗有机物，对贮藏来说，又要设法降低呼吸速率。

1. 与作物栽培

哪里有生命活动,哪里就有呼吸。呼吸作用对生理过程有着广泛、重大的影响,所以很多栽培措施都是为了保证作物呼吸作用正常进行。例如,早稻浸种催芽时,用温水淋种和翻种,目的就是控制温度和通气,使呼吸顺利进行。水稻育秧通常采用湿润育秧,早稻育秧在寒潮过后,适时排水,都使根系得到充分的氧气。水稻的露田、晒田,作物的中耕松土,黏土的渗沙等,可以改善土壤的通气条件。低洼地的开沟排水,是为了降低地下水位,以增加土壤中的氧气。

作物栽培中出现的许多生理障碍,也是与呼吸直接相关的。涝害淹死植株,是因为无氧呼吸进行过久,积累酒精而引起中毒。干旱和缺钾能使作物的氧化磷酸化解偶联,导致生长不良甚至死亡。

2. 与种子萌发

种子萌发需要一定的水分、空气和温度。其中水分的充分吸收是种子萌发的先决条件。呼吸作用影响种子的发芽、幼苗生长,如水稻的浸种、催芽、育苗是通过对呼吸作用的控制达到幼苗的生长健壮,经常换水和翻动,目的是为了补充 O_2,使有氧呼吸正常进行。否则无氧呼吸增加,酒精积累,温度升高,造成酒精中毒,或“烧苗”现象。早稻浸种时用温水淋冲以增加温度,保证呼吸作用所需要的温度条件。

3. 与种子成熟

种子形成过程中呼吸速率逐步升高,灌浆期速率达到最大。此后灌浆速率降低,呼吸速率也相应减弱。可能原因是种子内干物质积累,含水量下降,线粒体结构受破坏所致。

4. 与种子安全贮藏

种子内部发生的呼吸作用的强弱和所发生的物质变化,将直接影响种子的生活力和贮藏寿命。呼吸快时,消耗更多的有机物,放出水分,使湿度增加。湿度增加反过来又促进呼吸作用。放出的热使温度升高,也促进呼吸和微生物活动,导致种子的霉变和变质。

种子安全贮藏措施:种子要晒干,防治害虫;仓库要通风以散热散湿,低温,密闭保藏;可适当增加 CO_2 的含量和降低 O_2 的含量。

5. 与作物产量

呼吸作用与产量的关系很密切,两者关系的报道不尽相同。呼吸消耗有机物,特别是维持呼吸;在玉米、燕麦等作物中观察到降低呼吸作用时,其产量增加,但也观察到呼吸下降后产量也下降的现象。

二、通过呼吸作用影响玉米产量的因素

呼吸代谢可以影响植物的器官建成、生长发育及矿质和水分的吸收、运输等过程。研究呼吸作用不但具有重要的理论意义,而且对调节和控制植物的生长发育、提高产量、改善品质、抗病免疫、农产品贮藏加工等具有广泛的实践意义。作物的呼吸特性除受作物自身因素影响外,土壤水分、温度、CO_2 浓度等环境因子均显著影响作物的光合作用。

(一)内部因素

Kishitani 和 Shibles(1986)曾对 4 个丰产性能不同的大豆呼吸速率做了评价,估算开花早期呼吸消耗的碳约相当于同化产物的 36%,但 4 个品种间没有显著性差异;分别选择暗呼吸快和慢的大豆成熟叶片,发现呼吸速率是可以遗传的,而且呼吸速率低的品系发育更

为繁茂。李少昆等(1998)对不同基因型玉米叶片的呼吸速率研究结果也表明,呼吸速率低的基因型一般叶面积较大,植株繁茂,积累的干物质也较多;不同玉米类型间呼吸速率高低依次是普通杂交组合、姊妹系、自交系和甜质玉米,与类型间光合速率高低的排列是一致的,杂交种呼吸速率呈明显的正优势。

(二)外部因素

全球变暖是当今人类面临的主要环境问题之一,大量研究表明,全球变暖与温室气体的浓度升高密切相关。而 CO_2 是最重要的温室气体之一,对温室效应的贡献率达 56%(Hansen and Lacis,1990)。土壤呼吸是陆地生态系统碳返回大气的主要途径(Schlesinger and Andrews,2000),土壤呼吸的微小变化,都会导致大气 CO_2 浓度的剧烈改变,从而影响全球气候变暖。

1. 环境因素

(1)温度

李月梅等(1991)的研究发现,低温降低玉米植株的光合强度和呼吸强度。低温持续时间越长,玉米植株光合、呼吸强度下降的幅度就越大,发生低温冷害的概率也就越高。影响最大的时期为二展叶期,其次为四展叶期,再次为灌浆期。早熟玉米品种对低温的反应比晚熟玉米品种更为敏感。试验结果还表明,生育期越早、温度越低就会出现光合强度下降幅度大于呼吸强度下降幅度的"逆反现象",因而这也是最易发生低温冷害的关键时期。

谢玉花等(2014)的研究发现,玉米收获后,鲜甜玉米果穗脱离植株,呼吸作用所产生的呼吸热使甜玉米体温上升而加速品质劣化,呼吸作用产生水,质量损失率增加,缩短甜玉米保鲜期。因此,低温能明显降低甜玉米的呼吸强度,保持其品质和延长寿命。

(2)太阳辐射

张振明(2014)的研究表明,太阳辐射不仅可以影响植物的生长,还可以给植物提供所需的光合作用带来的能量。所以,太阳辐射与土壤的呼吸作用之间是有着密切联系的。经研究表明玉米在生长最旺盛的时期太阳的辐射对土壤呼吸作用的影响要比玉米最开始生长时的影响要大一些,是植被的结构以及其他的环境因子的不同造成的。其中太阳总辐射对土壤呼吸作用影响是随着季节的变化而发生改变的,影响最深的是地上生物量的多数量和叶面积指数。所以说地上生物量的数量也会影响太阳辐射对土壤呼吸作用的影响力度。地上生物量越多那么太阳辐射对土壤呼吸作用的影响就越强,反之则越弱。

近年来,臭氧层被破坏变薄引起到达地面的紫外线主要是 UV－B(280～320 nm)辐射已被充分证实(周秀骥等,1995)。紫外辐射增强被公认为是重大的全球环境问题,对人类及全球生态系统产生了深远的影响(Caldwell et al.,1998)。许多试验结果表明,在增强 UV－B 辐射下,植物生长发育和生物量都有明显降低,光合作用与呼吸作用受到抑制,从而引起生物损伤(Kakani et al.,2003)。

(3)一氧化氮

一氧化氮(NO)广布于生物有机体内,是继乙烯之后自然界中发现的第二种气体信号因子,在动物体内承担着很重要的作用。近年的研究证明植物体内也可以产生 NO,并且 NO 可能参与了植物的许多生理过程。Zhang 等(2010)和 An 等(2005)发现 NO 是 UV－B 辐射下产生的,与生长发育有关的信号分子之一。UV－B 对植物的生长发育的影响是通过 NO 介导的。根系作为植物地上部的支持器官和吸收营养和水分的功能决定了它在一定程度上影响着植物地上部分生长。汤红官等(2010)的研究表明,UV－B辐射对玉米幼苗根系的NO释放有抑制作用;内源NO的释放明显抑制了根系的生长发育;NO能够明显地促进玉米幼苗根系交替呼吸容量,抑制交替呼吸运行量;但对细胞色素呼吸途径的呼吸容量和运行量都有促进作用,UV－B辐射胁迫明显抑制了玉米根系的呼吸作用。

(4)降雨

相关研究表明土壤温度与土壤湿度是影响土壤呼吸的重要的环境因子(Yang et al.,2004),而且土壤温度和土壤湿度对土壤呼吸的影响存在相互作用,并且土壤呼吸的温度、湿度敏感性受其自身限制。降雨对土壤温度与土壤湿度都会产生显著影响,并直接影响土壤呼吸的动态(Wang et al.,2010)。降雨是土壤水分的主要来源,土壤水分适中时土壤呼吸速率最大,土壤水分过多或不足均会抑制土壤呼吸。高翔等(2012)的研究结果表明,在土壤湿润的条件下,降雨对春玉米农田土壤呼吸及其分量具有明显的抑制作用,在土壤湿度大于27%后,土壤呼吸及其分量随着土壤湿度的上升明显下降,且对温度的敏感性降低。

2. 耕作措施

土壤呼吸主要包括植物根系的自养呼吸和植物残留、根系脱落和淀积物及土壤有机质在土壤微生物作用下的异氧呼吸,并且根系主导的自养呼吸不属于土壤碳损失(Hanson et al.,2000)。目前,对于农田生态系统的土壤呼吸各组分的区分研究较少,主要是研究农田温室气体的季节及其日变化等规律,研究讨论土壤呼吸的各影响因素,主要集中在温度、水分、肥料等因素上(谢军飞和李玉娥,2002)。一般认为,土壤呼吸可分为根际的自养呼吸和微生物的异氧呼吸。其中根际的自养呼吸包括根系的自养呼吸与根系微生物呼吸,由于两者之间很难区分,所以目前将土壤呼吸简单地分为根系呼吸和微生物呼吸。植物光合产物控制根系呼吸速率,有机质则控制异氧呼吸(Blevins et al.,1983)。可以发现两者各自呼吸所需要的碳源不同,对土壤呼吸的贡献、全球变化的影响也不同。植物根系呼吸作用对土壤呼吸作用的贡献至关重要,近年来有关,农田土壤呼吸的研究主要集中在排放通量、特征及影响因素方面,少数研究报道了农田土壤呼吸和碳平衡,忽略根系呼吸作用会导致土壤碳排放量被高估(牛灵安等,2009)。

农田生态系统多集中在对某种作物或单一环境因素下根呼吸在土壤呼吸所占的比例进行研究,而对耕作方式对根系呼吸的影响研究相对较少。有研究表明利用根去除法测定不同耕作方式下冬小麦根系呼吸比例占各生育时期波动为15%～85%,其中根系呼吸比例平均表现为免耕>旋耕>翻耕(张宇等,2009)。华北平原冬麦田根呼吸比例为32.6%～58.1%,全生育期平均为44.6%(张雪松等,2009)。许姣姣(2016)的研究表明,土壤质量、土壤呼吸与作物产量之间有相关性,说明它们之间存在相互联系。土壤微生物数量、酶活性及理化性状通过影响土壤质量而影响作物产量,土壤呼吸通过根系对养分的固定间接影响作物的产量,因此,土壤耕作和秸秆还田通过提高土壤微生物数量、土壤酶活性及土壤养分来影响土壤呼吸及组分进而增加作物产量。深松可降低土壤呼吸速率,提高根系呼吸对土壤呼吸的贡献,降低耕作导致的基础呼吸速率(微生物呼吸),提高土壤固碳能力。土壤温度、水分、有机碳、微生物数量及酶活性与土壤呼吸呈显著或极显著正相关,土壤温度是影响土壤呼吸的主导因素。

禄兴丽和廖允成(2015)的研究表明,不同耕作措施下土壤呼吸速率随作物生育期变化而变化,表现为玉米生育前期(抽雄期之前)小于后期(抽雄期之后),苗期土壤呼吸速率最小,主要原因是苗期土壤呼吸主要来自土壤微生物呼吸。土壤呼吸速率在拔节期到抽雄期增长幅度最大,可能是因为拔节期施入大量尿素,尿素的施入一方面增加了植物根系呼吸,另一方面为微生物提供了氮源和能源,从而促进了土壤微生物呼吸。夏玉米生长季中,不同耕作措施下根呼吸作用占土壤呼吸作用的比例为45.13%~56.86%,均值为51.72%。

大量的实践证明,利用地膜覆盖方式种植玉米,增产幅度达30%~60%,投入产出比达1:2.5~1:3.0,能获得较高的收益(高玉红等,2012)。高翔等(2014)的研究发现,覆膜种植可提高表面土壤湿度,促进春玉米生长发育,显著提高春玉米生物产量、经济产量;同时覆膜可以抑制土壤呼吸,促进碳含量,在增加农民收入的同时更有利于土壤碳管理。

已知Ca^{2+}对膜有保护作用,油菜素内酯(BR)有促进植物器官生长、细胞伸长等多种效应。姜亦巍和王光洁(1996)的研究发现,Ca^{2+}能缓解低温下玉米质膜透性升高,维持线粒体膜系统的稳定性,从而保持低温下玉米种苗胚芽和线粒体有较高的呼吸速率和呼吸控制比;BR有缓解低温下种苗胚芽透性升高,增加胚芽呼吸速率的作用。

三、东北玉米种子的贮藏

玉米亲本种子的质量关系到繁种田的产量,又影响到种子单位的信誉和收益。因此,亲本种子贮藏管理是搞好玉米种子工作的首要任务。玉米种子是产业化程度较高的作物,市场大,生产贮藏量多,每年都面临较大的贮藏损失。另外,随着农业机械化程度的提高,单粒播种面积迅速扩大,但作为单粒播种的种子,对种子活力和发芽率要求很高,这对种子贮藏提出了更高的要求。

(一)种子贮藏特性

种子贮藏特性是指由物种遗传基因所决定的种子贮藏生理特性,综合表现在不同物种的种子对贮藏前及贮藏期间环境的需求及适应能力的不同。贮藏温度、贮藏时间和种子含水量一直被认为是影响种子寿命的主要因素。Ellis和Hong(2006)认为种子含水量与种子密封贮藏条件下的温度存在对数曲线关系,降低含水量可以适当地增加贮藏温度。Barton等(1961)指出,水分对种子劣变极其重要,种子的劣变过程随着水分的增加而愈趋严重。种子含水量少,生理活性微弱,呼吸缓慢,能量消耗维持在最低水平。在大多数情况下,温度和含水量越低,种子的生活力保存得越长。

我国东北地区玉米亲本种子成熟后期气温较低,收获时种子水分较高,又难晒干,易受低温冻害,因此如何进行收获和安全越冬是玉米亲本贮藏管理的重点。

(二)玉米种子的贮藏办法(孙英,2005)

由于玉米果穗贮藏时孔隙度较大,便于通风干燥,可利用秋冬季节继续降低种子水分至安全标准以内。另外,籽粒在穗轴上着粒紧密,外有坚韧果皮,能起到一定的保护作用。除果穗两端的少量籽粒可能感染霉菌和被虫蛀蚀外,一般能起防虫、防霉作用,中间部分种子生活力不受影响。

玉米果穗通风贮藏有多种方式,可根据种子量的不同灵活选用。少量种子可采用立桩搭挂、木架吊挂、棚内吊挂等方式进行。种子量较多时可选择地势高燥,通风良好的地方搭砌玉米穗仓,也可以将玉米果穗先装入通气良好的网袋中,然后建仓,效果非常好。

控制玉米种子水分,含水量14%以上的玉米种子只能进行短期的贮藏。越夏贮藏的玉米种子的水分均应在13%~14%以下,原始芽率高(95%以上)的生产用种可采用含水量

14%的种子；原始芽率低的种子及杂交种亲本种子应控制在13%以下，防止呼吸作用加强，消耗养分，种子发热霉变。水分大的种子应进行晾晒或烘干，达到标准水分再入库贮藏。玉米种子越冬贮藏时应注意防止种子冻害情况的发生。用晾晒或烘干的方法把种子水分降低到14%以下，再用苫布或塑料封严。

玉米果穗入仓时应进行挑选，将未成熟、含水量高的果穗挑出继续干燥；当种子水分降至20%时，可入仓贮藏而不必倒仓，至春季播前脱粒，也可在入冬前种子水分降至16%以下时，入种子库贮藏。

第五节 灌浆生理

玉米灌浆指光合作用制造的碳水化合物和根吸收的营养物质，以及其他器官暂时贮存的物质，不断地输送到籽粒，在籽粒中转化为贮藏物质的过程。籽粒灌浆从授粉开始，直至乳线消失、黑色层形成后才停止。灌浆过程决定产量的高低，是玉米产量形成的基础。灌浆期的长短和灌浆速率的高低对玉米生长发育起着至关重要的作用，影响其籽粒干物质积累量，对玉米产量起决定性作用。

一、籽粒的灌浆过程

籽粒灌浆是一个复杂的生理过程，不仅受相关酶活性、植物激素的分布等遗传因素的影响，同时受播期、遮阴和温度等多种环境因素的影响。籽粒灌浆是一个动态变化过程，呈现“慢－快－慢”的变化趋势，根据灌浆过程中籽粒干重增加的快慢程度不同，可将整个灌浆过程分为三个时期：缓增期、快增期、减缓期（Borrás and Westgate，2006）。不同灌浆阶段有各自的灌浆特性：缓增期主要完成细胞的分裂与分化，是籽粒库容形态建成的关键时期，灌浆速率低，有少量干物质的积累。快增期是籽粒干物质积累的关键时期，灌浆速率逐渐增加，达到最大值后开始减小，有大量干物质的积累。此阶段的灌浆速率与灌浆持续时间直接决定籽粒的最终质量。减缓期内籽粒灌浆速率持续减小，籽粒快速脱水达到生理成熟（Borrás and Westgate，2006；Zhang et al.，2013）。范仲学等（2001）利用同位素示踪的方法对夏玉米灌浆期的同化物转运研究表明，叶片^{14}C同化物输出和籽粒^{14}C同化物积累均呈先快后慢趋势，具有一定阶段性。用^{14}C饲喂4 h后，叶片^{14}C同化产物的存留率为50%，饲喂36 h后，仅存留20%左右，饲喂36～60 h，存留率变化很小。另外，^{14}C同化物向籽粒转运的速率也有明显的阶段性变化，饲喂0～4 h平均为每籽粒16.30 cpm/h；4～12 h则下降到每籽粒4.13 cpm/h；12～60 h只有0.99 cpm/h。前后相邻两个阶段以4倍速度递减。

高荣岐（1993）研究指出，玉米灌浆过程中，授粉后10 d以内主要是玉米果（种）皮干重增长的时期，籽粒干重增长缓慢；授粉15 d以后是玉米干物质积累的高峰期。灌浆持续期的长短，对籽粒库的充实程度和粒重影响很大，一般情况灌浆速率快，持续时期长，籽粒饱满，千粒重高；而玉米籽粒质量、成分与开花后能量合成和积累的比例存在一定的相关性。因此，玉米籽粒灌浆持续期是决定玉米产量和品质的重要阶段，此期干物质积累速率是产量的主要限制因子，而且灌浆速率对粒重的作用大于有效灌浆期。同一品种籽粒质量的差异主要是由灌浆速率决定的，而不同品种粒重的差异则是由灌浆持续期的长短造成的。

二、籽粒灌浆过程中的淀粉积累

(一)淀粉积累相关酶

玉米籽粒干重约含70%的淀粉,因而,灌浆过程可以看成淀粉积累的过程,与淀粉酶的活性有关。目前,对灌浆过程中籽粒淀粉合成及其相关酶和作用机理的研究已经比较清楚。淀粉以淀粉粒的形式贮存于胚乳细胞中,淀粉粒的主要成分是多糖(一般在95%左右),此外,还含有少量矿物质、磷酸及脂肪酸。许多研究结果表明,与淀粉的形成和积累相关的酶主要有四种,即腺苷二磷酸葡萄糖焦磷酸化酶(ADP - glucose pyrophosphorylase, AGPP)、淀粉合成酶(starch synthase,SS)、淀粉分支酶(starch branching enzyme,SBE)和去分支酶(de - branching enzyme,DBE),而且每种酶都有多种同工酶形式存在,每种同工酶又由独立的基因编码(姚新灵等,2005)。

ADPG焦磷酸化酶主要催化淀粉,合成时由葡萄糖的供体ADPG形成,是淀粉生物合成的重要调节酶。腺苷二磷酸葡萄糖焦磷酸化酶(ADP - glueosepyro phosphorylase,AGPase)是已发现的AGPPase的同工酶,它的功能是把葡萄糖转变为合成淀粉的底物ADPG,该酶是影响淀粉合成速率的关键因子。研究表明,AGP酶的活性降低,则淀粉含量下降(Slattery et al.,2000)。AGPas是由成对的大亚基(LSU)和小亚基(SSU)构成的异源四聚体。玉米AGPas的LSU突变体Sh2与SSU突变体Bt2内AGPas活性下降了90%~95%,淀粉含量降低了75%,说明AGPas对淀粉含量有显著影响(康国章等,2006)。AGPase是一种变构调节酶,它正向受3-磷酸甘油酸(3-PGA)的激活,负向被无机磷酸所抑制。3-PGA与无机磷酸的比率改变AGPase的活性,从而调节淀粉的合成(Preiss,1991)。Stark等(1992)将AGPase基因导入马铃薯,转基因马铃薯的淀粉含量平均提高了35%。Singletary等(1997)报道玉米bt2/bt2/bt2胚乳突变体缺失AGPase活性,淀粉含量下降了83%。

淀粉合成酶分两大类,即可溶性淀粉合成酶(SSS)和颗粒结合淀粉合成酶(GBSS),GBSS与淀粉粒紧密结合在一起,而SSS与淀粉粒结合较弱。GBSS缓冲液提取后仍保留在淀粉粒上,SSS主要存在于质体的基质中。不过此划分不是绝对的,有很多淀粉合成酶既与淀粉颗粒相附着,又具可溶性。GBSS分为GBSSⅠ和GBSSⅡ两种同工酶形式,GBSSI是植物中研究最多的一类淀粉合成酶,多数时候GBSS是指GBSSⅠ,我们常提到的Wx蛋白就是禾谷类植物中的GBSSⅠ(张海艳,2006)。GBSSⅠ和GBSSⅡ同时参与直链淀粉合成;GBSSⅠ对胚乳直链淀粉的合成作用较GBSSⅡ大。

SSS是另一大类被广泛研究的淀粉合成酶,主要参与支链淀粉中分支链的合成,有许多同工酶存在,玉米的SSS分为ZSSⅠ、ZSSⅡa和ZSSⅡb三种(Edwards et al.,2002)。研究发现,在籽粒灌浆过程中高淀粉玉米中SSS和GBSS的作用功能要远高于低淀粉玉米类型(Zhang et al.,2007)。研究表明,过高的温度可能使SSS失活,从而降低淀粉的合成(Singletary et al., 1994)。Keeling等(1993,1994)分析温度对SSS活性的影响时发现,该酶的最适温度为20~25 ℃,且随着温度的升高,酶活性降低,这种现象Keeling等称之为"knock-down"。而温度升高对其他与淀粉合成有关的酶,如AGPase、SS和GBSS等活性影响不大。因此,SSS是淀粉合成的温度调节位点。

淀粉分支酶(SBE)和淀粉去分支酶(DBE)是直接参与淀粉生物合成的两类关键酶,前者催化α-1,6-糖苷键分支点形成支链淀粉,后者水解葡萄糖苷链中α-1,6-糖苷键(姚新灵等,2005)。已报道的研究结果均认为SBE广泛存在于同工酶,Fisher等(1996)从玉米胚乳中克隆了3个明显不同类型的SBE,SBEⅠ、SBEⅡa和SBEⅡb。对比同工型a和同工型b的氨基酸序列发现,同工型a比同工型b多出一个额外的N-末端区域,通常以3个连续的脯氨酸结尾,类似于前面所述的GBSSⅡ蛋白(Burton et al.,1995)。这个额外的N-末端区域具有高度的可塑性,推测它在决定与其他酶的相互作用或决定酶的作用底物等方面起作用;同工型a和同工型b对底物的亲和能力也不相同,体外实验表明,同工型a类的SBE倾向于分支支链淀粉,而同工型b对直链淀粉的亲和力更高(Guan and Preiss,1993);从转移糖链的长度来看,同工型a优先转移较短的糖链(<14个葡萄糖单位),而同工型b则优先转移较长的糖链(>14个葡萄糖单位)。

DBE分两大类:一类是普鲁蓝酶或称极限糊精酶(ZPU),是与普鲁蓝酶同工的DBE,普鲁蓝是麦芽糖单元以α-1,6-糖苷键连接而形成的多糖;另一类是异淀粉酶(ISA),是与淀粉酶同工的DBE(周会等,2006)。有研究报道玉米和水稻的Sugary-1突变体(缺失DBE活性)胚乳中水溶性多糖和植物糖原积累增多,支链淀粉积累减少,支链淀粉精细结构发生变化,导致淀粉的形态学和理化特性发生变化(Wong et al.,2003)。

许多研究表明,与淀粉合成相关的4种酶灌浆前期的活性、灌浆期的最大活性和平均活性与平均灌浆速率、最大灌浆速率、粒重及籽粒充实度均呈显著或极显著正相关,从而共同影响玉米籽粒灌浆的整个过程(赵宏伟等,2007)。

(二)淀粉积累过程中淀粉粒的发育

淀粉的存在形式是淀粉粒,不同基因型玉米淀粉粒形态存在显著差异,淀粉粒大小、存在形式和分布受品种、栽培措施和环境的共同作用(Liu et al.,2003)。本书以先玉335和郑单958为试材,系统研究了黑龙江省齐齐哈尔种植区玉米淀粉粒发育与灌浆过程及籽粒淀粉含量的关系。

1. 不同玉米品种籽粒淀粉含量的变化

玉米籽粒授粉20~60 d淀粉含量动态变化结果如图3-2所示,由于授粉后10 d的玉米籽粒粒小、含水量大,而没有取样。授粉后30 d内,籽粒中淀粉含量迅速增加,20 d时达到40%多,30 d时高达到60%多,随后淀粉含量增速变慢。两品种比较,授粉30 d内,籽粒淀粉含量差别很小,40~60 d时,先玉335淀粉含量高于郑单958,但未达到显著($P<0.05$),40 d和50 d时,先玉335淀粉积累较快,但到60 d时,郑单958积累较快。

2. 不同玉米品种灌浆期淀粉粒发育动态变化

(1)10 d时对比分析

两品种10 d籽粒扫描电镜结果如图3-3所示,先玉335果皮较厚(图3-3(a)),郑单958果皮较薄(图3-3(b))。先玉335有些胚乳细胞中内含物较多,但未见淀粉粒(图3-3(c));郑单958有些胚乳细胞中内含物较少(图3-3(d));二者底部均可见许多小的圆形颗粒,在其他部位还有大小不一的圆形淀粉粒,但数量较少(图3-3(c)和(d))。

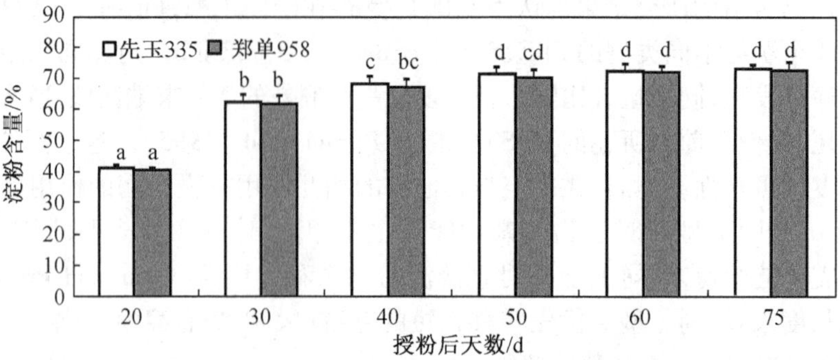

图 3－2　授粉后各时期 2 个品种淀粉含量

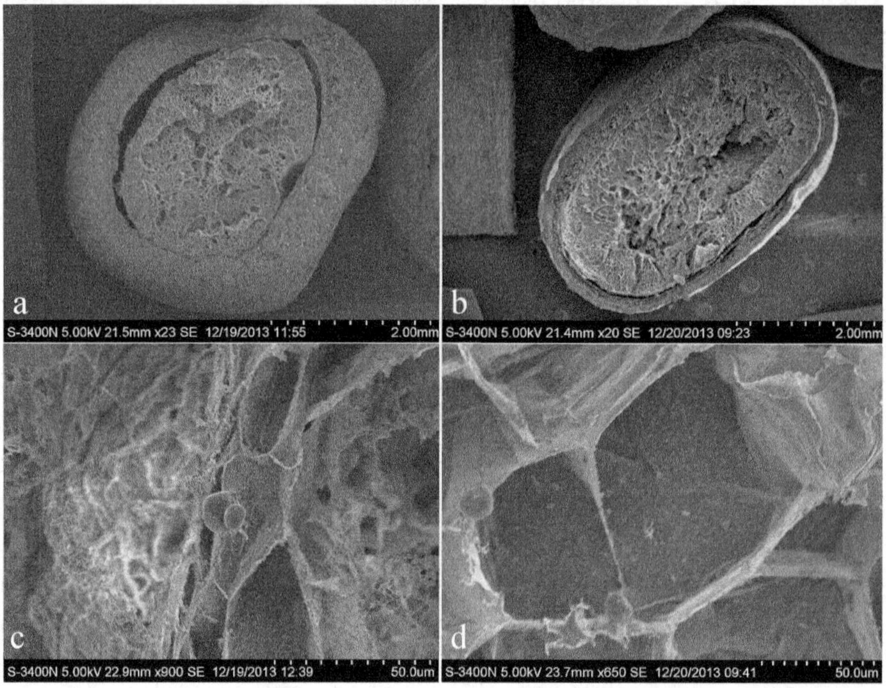

图 3－3　授粉后 10 d 时 2 个品种淀粉粒发育情况

(2)20 d 时对比分析

两品种 20 d 籽粒扫描电镜结果如图 3－4 所示，先玉 335 果皮外侧形成较厚腊质（图 3－4(a)），郑单 958 腊质较薄（图 3－4(b)）；果皮细胞中有一到几个数量不等的淀粉粒，数量少，体积大，反之亦然；内侧乳胚细胞中有数量很多的淀粉粒（图 3－4(a)和(b)）。先玉 335 胚乳细胞中含近圆形淀粉粒较多，大小较均匀，排布较紧凑，淀粉粒周围有少量絮状基质蛋白（图 3－4(c)）；郑单 958 淀粉粒形状多样，数量较少，大小不匀，排布稀疏，且表面附着较多絮状基质蛋白（图 3－4(d)）；二者胚乳细胞均有很大剩余空间未被淀粉粒填充。

(3) 30 d 时对比分析

两品种 30 d 籽粒扫描电镜结果如图 3－5 所示，先玉 335 果皮外腊质变薄，果皮细胞内形成较多淀粉粒（图 3－5(a)），郑单 958 果皮外形成较厚腊质，果皮细胞内淀粉粒较少（图 3－5(b)）。二者胚乳细胞进一步被淀粉粒填充，先玉 335 淀粉粒变大，大多数为近圆形，个别较大淀粉粒形状不规则，胚乳细胞壁上附有较多絮状蛋白(图3－5(c))；郑单958淀粉粒数目增加，多为圆球形，但有许多体积较小的淀粉粒(图3－5(d))。

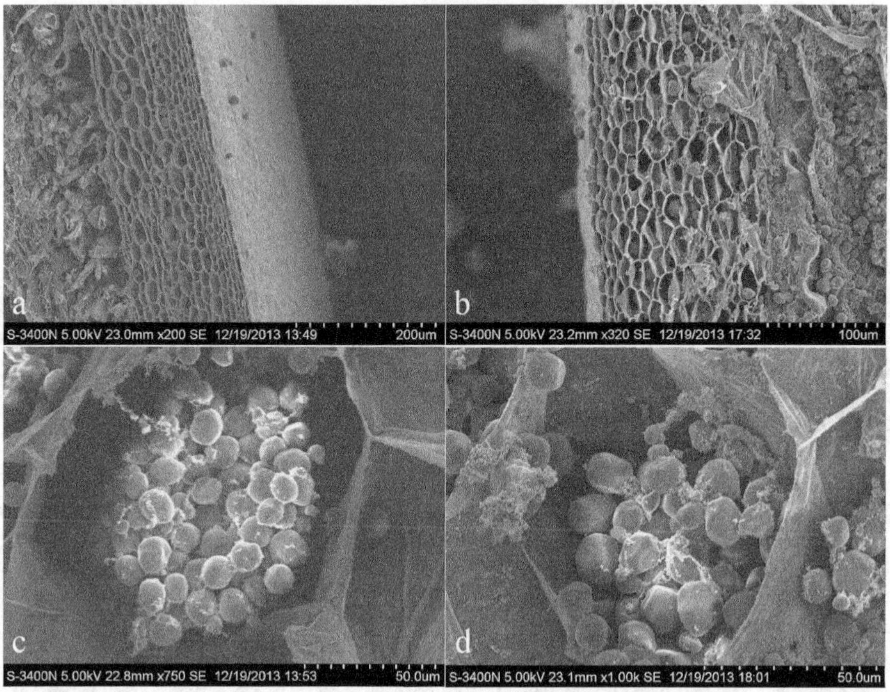

图3－4 授粉后20 d时2个品种淀粉粒发育情况

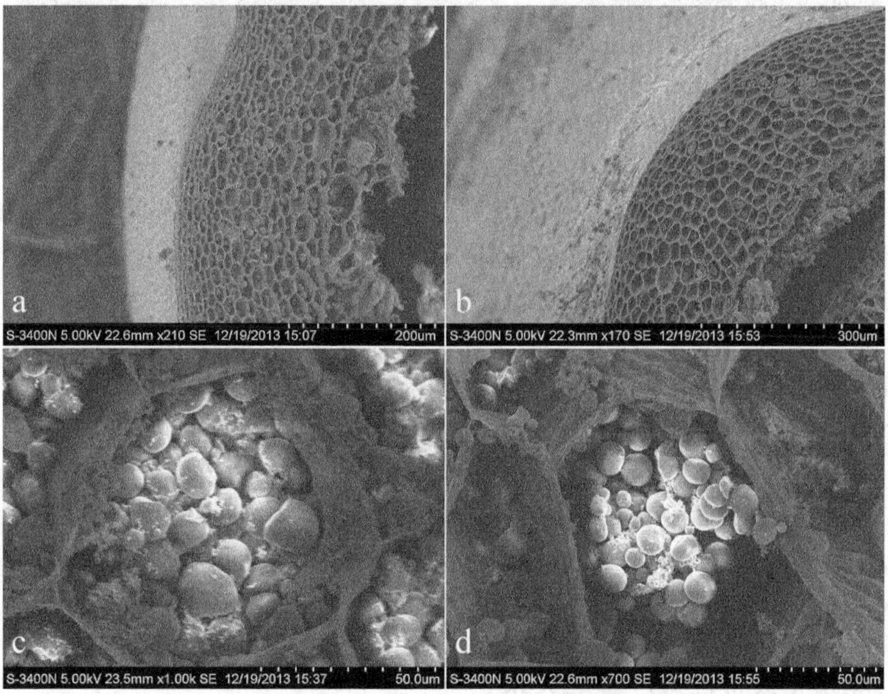

图3－5 授粉后30 d时2个品种淀粉粒发育情况

(4)40 ~ 60 d时对比分析

两品种40 ~ 60 d籽粒扫描电镜结果如图3 - 6所示。在这一阶段,淀粉粒逐渐充实胚乳细胞。40 d时,淀粉粒数量增加,体积增大,先玉335淀粉粒大部分为多角形(图3 - 6(a)),郑单958淀粉粒仍多为近圆球形,大小不均(图3 - 6(d))。50 d时,先玉335淀粉粒排列紧密导致多数淀粉粒被压成“足球状”(图3 - 6(b));郑单958淀粉粒排列较疏松,少数淀粉粒变为多角状(图3 - 6(e))。60 d时,先玉335胚乳细胞壁大多解体,多边形淀粉粒排列紧密(图3 - 6(c));郑单958胚乳细胞壁少数解体,淀粉粒排列不如先玉335紧密,且多为近球形(图3 - 6(f))。

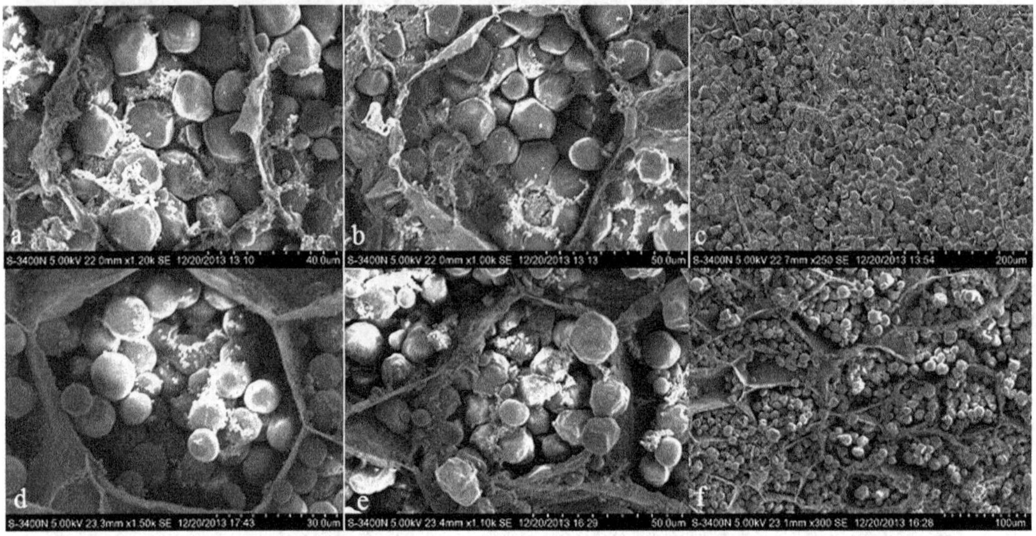

图3 - 6　授粉后40 ~ 60 d时2个品种淀粉粒发育情况

3. 淀粉粒发育与籽粒灌浆速率及淀粉含量的关系

有研究发现,授粉后20 d,郑单958籽粒淀粉粒呈圆形或椭圆形,大小不均匀,淀粉粒排布致密,内含物含量丰富;先玉335大多呈圆形,大小均匀,淀粉粒排布较郑单958稀疏,内含物含量少于郑单958(崔丽娜和董树亭,2013)。两个品种淀粉粒形状和大小的结果与本研究一致,但淀粉粒排布稀疏程度与本书研究结果不同。本研究发现,在授粉20 d时,先玉335较郑单958淀粉粒数量多,且排布紧凑。笔者认为,可能因为种植地区不同所导致,前者试验在山东省开展,而本研究相关试验是在黑龙江省开展。因为郑单958作为黄淮海地区主要玉米品种,所以其在山东省种植会表现出更好的灌浆特性。

相关研究表明,授粉后30 d时间内,2个品种间的平均灌浆速率无明显差别,但在31 ~ 40 d时,先玉335的灌浆速率极显著高于郑单958($P < 0.01$);而在51 ~ 60 d时,郑单958的灌浆速率显著高于先玉335($P < 0.05$)(戴凌燕等,2015)。本研究中,从籽粒中淀粉含量和淀粉粒的发育动态都与灌浆速率大体一致。

三、灌浆相关特性与产量的关系

灌浆特性相关性状主要包括不同灌浆阶段的籽粒灌浆速率、灌浆持续时间以及籽粒生长量等。揭示灌浆特性相关性状随年代的演变规律,对于产量相关性状的遗传改良具有重要的意义。粒重受灌浆速率和灌浆持续时间的共同调控。Borrás 和 Otegui(2001)利用回归分析发现,灌浆速率能够解释粒重84%的表型变异。秦泰辰和李增禄(1991)利用通径分析法分析表明,灌浆速率对粒重的贡献大于灌浆持续时间。Yang 等(2008)认为灌浆持续时间对粒重的贡献大于灌浆速率。李绍长等(2000)发现,同一品种粒重差异主要由灌浆速率决定,不同品种粒重差异由灌浆持续时间决定。因此,不同的灌浆特性相关性状对粒重形成的贡献不同,筛选出对粒重影响较大的灌浆特性相关性状进行遗传改良,对于指导玉米高产育种实践更具有重要意义。

灌浆从开始到结束所经历的时间为灌浆期。王忠孝等(1986)认为,玉米灌浆期的灌浆速度从授粉开始随着灌浆进程逐渐加快,授粉后30 d左右灌浆速度达到最快,籽粒千粒重平均每日增加10 g左右,此后灌浆速度逐步下降,至乳线消失灌浆速率趋于0,此时大致为授粉后55 ~60 d,灌浆趋于停滞,玉米籽粒成熟。黄振喜等(2007)研究玉米粒重与灌浆特性有着密切的关系,表明灌浆期粒重的增加是多因素综合影响的结果,灌浆持续期的长短和灌浆速率的高低决定最终籽粒产量,籽粒灌浆速率快,且灌浆持续期长则粒重增加显著,产量也高。戴纳德等(1970—1971)指出灌浆期持续较长可以提高玉米产量,玉米灌浆期与籽粒产量呈现显著正相关。李东海等(2010)也认为延长籽粒灌浆时间,玉米完全成熟期,粒重水平增长显著,产量提高7% ~10%。

由于籽粒灌浆是一个动态变化的过程,可用Logistic模型、Richards模型以及多项式等方法进行模拟。不同模型均可计算出灌浆过程中不同的灌浆参数,反应籽粒灌浆的变化过程,但不同模型对籽粒灌浆过程的拟合效果不尽相同。研究人员(戴凌燕等,2015)以先玉335和郑单958为试材,以散粉后天数(t)为自变量,以开花后每隔10 d测得的百粒干重为因变量(W),用CurveExpert 1.4软件拟合籽粒干重变化的Logistic方程。Logistic方程的表达式为 $W = W_0/(1+Ae^{-Bt})$,t 代表花后天数(开花日计 $t=0$);W 表示花后籽粒干重;W_0 为理论籽粒最大干重;A、B 为参数。由方程的一阶导数和二阶导数推导出灌浆参数。灌浆高峰开始日期 $t_1 = [\ln A - \ln(2+3^{1/2})]/B$,对应于此时的籽粒干重为 $W_{t_1} = W_0/(1+Ae^{-Bt_1})$。灌浆高峰结束日期 $t_2 = [\ln A + \ln(2+3^{1/2})]/B$,对应于此时的籽粒干重为 $W_{t_2} = W_0/(1+Ae^{-Bt_2})$。花后籽粒干重 W 达99%时(W_0)为灌浆终期,$t_3 = (\ln A + 4.595\ 12)/B$,对应于此时的籽粒干重为 W_{t_3}。最大灌浆速率出现日 $T_m = (\ln A)/B$;最大灌浆速率 $V_m = W_0B/4$。灌浆渐增期持续时间(天数)T_1,平均灌浆速率 $v_1 = W_1/t_1$,累积籽粒重 W_1;灌浆速增期持续时间(天数)$T_2 = t_2 - t_1$,平均灌浆速率 $v_2 = (W_2 - W_1)/(t_2 - t_1)$,累积籽粒重 $W_2 = W_{t_2} - W_{t_1}$;灌浆缓增期持续时间(天数)$T_3 = t_3 - t_2$,平均灌浆速率 $v_3 = (W_3 - W_2)/(t_3 - t_2)$,累积籽粒重 $W_3 = W_{t_3} - W_{t_2}$。灌浆总天数 T;平均灌浆速率 $V_a = W_0/t_3$。同时,对黑龙江种植先玉335和郑单958两个品种灌浆速率进行动态分析,籽粒灌浆速率为每百粒玉米种子每天增加干物质的量(g)。籽粒灌浆速率=[后一次取样百粒干重(g)-前一次取样百粒干重(g)]/[两次取样间隔天数(d)],并且分析了灌浆速率与产量形成的关系。

用Logistic方程对花后天数及干物质质量进行拟合,得出2个品种的灌浆参数如表3-6所示。R 值分别为0.996 3和0.992 2,可见拟合效果较好。从表中可看出,玉米品种先玉335和郑单958的灌浆开始日期基本相同,大约出现在授粉后20 d左右。但与郑单958

品种相比,先玉 335 品种的灌浆高峰结束期早 2 d,理论灌浆终期早 5 d 左右,最大灌浆速率出现日早 1 d,大概出现在 8 月 27 日 ~8 月 28 日。先玉 335 品种的灌浆速增期持续时间和缓增期持续时间分别为 21.95 d 和 27.32 d,而郑单 958 相应的时间为 23.94 d 和 29.80 d,均较先玉 335 时间长。先玉 335 品种各时期的平均灌浆速率都比郑单 958 快。从时间及灌浆速率可知,先玉 335 和郑单 958 灌浆开始时差别不大,到灌浆中后期先玉 335 的灌浆快,周期短,郑单 958 灌浆高峰期持续时间略长。

授粉后各时间段两品种灌浆速率如图 3-7 所示。从图中可见,在授粉后灌浆速率是先升高再下降。授粉后 30 d 时间内,两品种间的平均灌浆速率无明显差别,但随灌浆进程差距增大,21 ~30 d 时灌浆速率最大,随后逐渐降低。在 31 ~40 d 时,先玉 335 的灌浆速率极显著高于郑单 958($P<0.01$);但在 51 ~60 d 时,郑单 958 的灌浆速率显著高于先玉 335($P<0.05$)。

表 3-6　不同玉米品种灌浆次级参数

品种	Logistic 方程	理论百粒重/g	最大灌浆速率/$(g \cdot d^{-1})$	最大灌浆速率出现日/d	累积籽粒重/g			灌浆高峰开始日期/d	灌浆高峰结束日期/d	理论灌浆终期/d	平均灌浆速率/$(g \cdot d^{-1})$			
		W_0	V_m	T_m	W_1	W_2	W_3	t_1	t_2	t_3	v_1	v_2	v_3	v_a
先玉 335	$W=\frac{31.74}{1+37.52e^{-0.12t}}$	31.74	0.95	30.21	6.71	25.03	31.42	19.23	41.18	68.50	0.349	0.835	0.234	0.463
郑单 958	$W=\frac{29.31}{1+32.40e^{-0.11t}}$	29.31	0.81	31.62	6.19	23.12	29.02	19.65	43.59	73.39	0.315	0.707	0.198	0.399

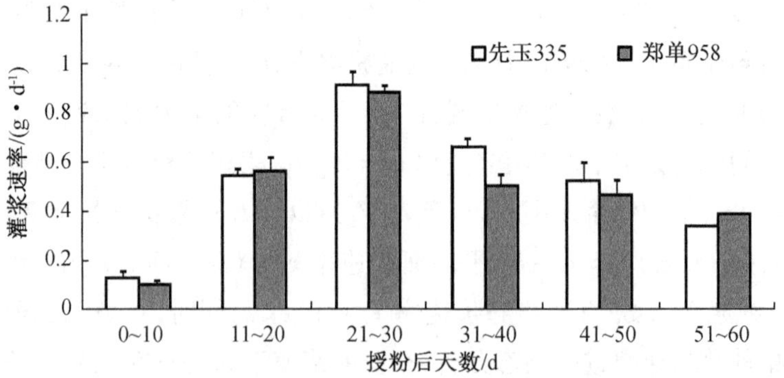

图 3-7　授粉后各时期两品种灌浆速率

两品种产量相关性状如表 3-7 所示,从表中可见,先玉 335 籽粒呈长窄厚型,穗呈细长型;而郑单 958 籽粒呈短宽薄型,穗呈粗短型。两品种穗上籽粒行数相同,但先玉 335 行粒数极显著高于郑单 958($P<0.01$),而收获时郑单 958 籽粒中含水量极显著高于先玉 335

($P<0.01$)。先玉335品种的产量显著高于郑单958($P<0.05$)。

表3-7 两品种产量相关性状

品种	粒长/mm	粒宽/mm	粒厚/mm	穗长/cm	穗周长/cm	行数	行粒数	收获时含水量/%	产量/($kg \cdot hm^{-2}$)
先玉335	13.94 ± 0.80	9.00 ± 0.46	4.70** ± 0.36	23.29** ± 1.22	17.02 ± 0.45	16	43.88** ± 2.47	35.58 ± 0.26	12 809.8* ± 490.3
郑单958	13.62 ± 0.61	9.51** ± 0.51	4.26 ± 0.29	19.66 ± 1.17	17.56* ± 0.75	16	40.00 ± 1.51	37.78** ± 0.40	11 107.1 ± 561.5

注:表中数值为平均值±标准差,*代表差异达0.05显著水平,**代表差异达0.01显著水平。

本研究中,先玉335灌浆持续时间比郑单958短,两品种灌浆速率在灌浆前期差别不太,中期先玉335比郑单958快,而在灌浆后期,郑单958还维持较高的灌浆速率。因此,对于干旱和积温低的地区,灌浆持续期不能作为衡量灌浆质量的指标,而灌浆速率则直接影响籽粒灌浆程度及产量的高低。孟战赢等(2011)的研究也表明,灌浆速率与粒质量呈显著相关。郑单958在不同地区种植,表现出不同灌浆特性。陈艳萍等(2009)的研究表明,在江苏省夏玉米区种植郑单958,在授粉后灌浆速率也是先升高再下降,但灌浆速率在授粉后20 d达到最大,而后下降,到45 d降到很低。吴春胜(2008)的研究表明,在吉林省春玉米区种植郑单958,籽粒最大灌浆速率出现在授粉后24 d,且在授粉60 d时还有较高的灌浆速率。而在黑龙江省齐齐哈尔地区种植郑单958最大灌浆速率出现在授粉后31 d,在授粉60 d时仍有较高的灌浆速率。可见,从南到北种植,郑单958的灌浆持续期延长,在吉林省和黑龙江省比较相似;灌浆最大速率出现期逐渐推后。根据Logistic方程推算出的次级灌浆参数可知,先玉335在灌浆渐增期、速增期和缓增期的灌浆速率均高于郑单958,虽然灌浆周期短,但产量仍显著高于郑单958。

综上可见,虽然郑单958灌浆期略长,生理脱水速率较慢,但种植于秋季干旱地区反而更有利于其自然脱水,而且产量也比较高。因此,在黑龙江省春玉米种植区的部分积温带,完全可将郑单958作为品种更替及多样化的备选材料。

四、影响灌浆过程的因素

研究表明,玉米灌浆期的长短和灌浆速率的高低决定了其粒重水平,进而决定着玉米的产量。尽可能长的灌浆期和尽可能高的灌浆速率,是育种者追求的目标。灌浆受基因型、环境因素和栽培种植方式等共同影响。作物经济产量的高低既取决于干物质的积累,又与干物质的分配有关。

(一)内部因素

1. 种质

杨利华等(1996)研究不同种质类型玉米的灌浆速率时发现大粒或超大粒玉米品种较

普通玉米品种灌浆快,灌浆持续时间长,低粒重玉米品种和高赖氨酸玉米灌浆持续期短,灌浆速度快。马冲等(2000)的研究表明不同熟期的玉米其灌浆特性差异较大:中早熟玉米品种灌浆高峰持续时间长,且灌浆强度大,干物质积累在灌浆后期仍保持在一定的增长水平;晚熟品种籽粒干物质积累集中在中前期,后期较少。张泽民等(1997)的以杂交种为材料对其灌浆特性进行研究表明,中晚熟品种干物质积累的持续时间长于早熟品种。李绍长等(1997)的研究结果表明,不同类型玉米品种灌浆特性差异大,普通玉米和糯玉米的灌浆速度较快,灌浆强度大,失水快;而甜玉米灌浆速度相对缓慢、失水也慢。授粉后 10 ~ 20 d 是各类型玉米籽粒灌浆速度最快的时期。温大兴等(2009)的研究表明,在相同栽培条件下,糯玉米和普通玉米籽粒灌浆特性差异较大,与普通玉米相比,糯玉米具有灌浆期短,能更快达到最大灌浆速率,前期籽粒灌浆速率较快,灌浆中期持续时间短,后期灌浆速率迅速下降等特点;糯玉米与普通玉米相比,其灌浆期和灌浆高峰持续期均短,糯玉米籽粒产量的形成阶段更受到不利环境条件或管理不当影响,会影响灌浆特性和籽粒千粒重,还会影响食用品质。靳永胜等(1999)指出爆裂玉米中前期的灌浆速率较普通玉米低,有效灌浆期也较短。崔俊明等(1999)的研究表明,不同紧凑株型玉米籽粒体积动态的变化在不同类型间差异显著,类型间籽粒鲜重增长动态也表现出显著差异。任忠义等(1993)把玉米灌浆特性动态变化过程分为灌浆初期灌浆速率高、灌浆后期灌浆速率高和整个灌浆期灌浆速率平缓三种类型。后期灌浆速率高的类型为大粒亲本。董海合等(2001)研究温带和热带种质灌浆特性的差异,结果表明两者的灌浆特性差异显著,主要表现为温带种质灌浆速率更高,热带种质灌浆期相对较长,两者的杂交后代灌浆优势显著。吴春胜(2008)研究得出,超高产玉米品种的籽粒灌浆速率高值持续时间显著高于普通品种;超高产玉米苞叶和茎鞘中干物质向籽粒运转率高,茎鞘中积累的干物质对玉米籽粒产量的贡献率大。

2. 不同位置叶片

玉米有效光合叶片光合作用生成的有机物质是籽粒灌浆及产量的主要来源。吐丝后叶片的光合能力对籽粒的干物质积累尤其重要。高产玉米品种的特征是较高的光合速率、较长的叶绿素生理活性持续时间(魏国才等,2000)。盛晋华等(1997)发现玉米植株上中下部位有效光合叶片的光合速率不同;中部叶片 > 上部叶片 > 下部叶片,中部叶片光合效率的提高及叶绿素生理活性持续时间的增加,可以提高玉米籽粒的产量(左振鹏等,2009)。张凤路等(1999)对玉米进行减叶处理的研究发现,籽粒产量受到影响、突尖变长。若去掉全部叶片,光合能力丧失,籽粒败育;减去穗位叶片、棒三叶和穗下部全部叶片,会使籽粒产量降低,顺序为穗位叶 > 棒三叶 > 穗下部全部叶,这说明不同位置的叶片对籽粒灌浆和产量形成的贡献不同。

3. 激素

谷类作物的灌浆结实很大程度上取决于植物激素的平衡和调节。植物激素作为信息传递物质,在作物的生长发育过程中,尤其是在籽粒灌浆过程中有重要的调控作用。研究较多的内源激素有生长素(IAA)、脱落酸(IBA)、赤霉素(GA)和细胞分裂素(ZR)等。杨建昌等(1997)的研究表明,籽粒中蔗糖转化酶、ADPG 焦磷酸化酶和淀粉合成酶的最大活性高峰出现的时间与 IAA 活性变化基本一致。根据王艳芳等(2006)的研究结果,在灌浆前期,较低的 ABA 含量有利于淀粉合成,较高含量的 GA 不利于淀粉合成,灌浆后期高含量 ABA 有利于淀粉合成。GA 在灌浆初始期含量较高,随着灌浆进程逐渐降低。ZR 是细胞分裂素的一种,其主要的生理作用是促进细胞的分裂与分化,籽粒灌浆中期,籽粒 ZR 含量逐渐增加,品种之间没有表现出明显差异,灌浆后期下降,推测籽粒 ZR 含量可能与脂肪合成有关酶系的活性有一定的正相关关系。总之,大多数内源激素都是通过影响籽粒灌浆过程相关酶的活性从而影响整个灌浆过程的。

本书(戴凌燕等,2017)以先玉 335 和郑单 958 为试材,研究了黑龙江半干旱区玉米成熟过程中籽粒和穗位叶中激素含量变化及其与籽粒灌浆的相关性。其结果如下:

(1)籽粒中内源激素含量变化

2 个品种成熟过程中籽粒 4 种内源激素 IAA、GA_3、ZR 和 ABA 含量变化趋势一致(图 3-8)。籽粒中 IAA 含量先升高后下降,在授粉后 30 d 达到最大。先玉 335 IAA 含量仅在 10 d 和20 d 时高于郑单 958,但差异不显著;而在 40 d、50 d 和 60 d 时则显著低于郑单 958($P<0.05$)。GA_3 含量在授粉后 30 d 达到最大值,在后续灌浆过程中逐渐下降。先玉 335 GA_3 含量在授粉后 40 d 内均高于郑单 958,且前 20 d 差异显著($P<0.05$);而在 50 d 和 60 d 时低于郑单 958,60d 时差异显著($P<0.05$)。ZR 含量先增加后降低,与 IAA 变化趋势相同。授粉后 50 d 内,先玉 335 ZR 含量均高于郑单 958,但仅在 30 d 时差异显著($P<0.05$);而郑单 958 则在 60 d 时显著高于先玉 335($P<0.05$)。ABA 含量变化无明显规律,授粉 50 d 后含量相对稳定。先玉 335 ABA 含量除 20 d 外,均显著高于郑单 958($P<0.05$)。

(2)穗位叶中内源激素含量变化

成熟过程中 2 个品种穗位叶中内源激素 IAA、GA_3、ZR 和 ABA 含量变化如图 3-9 所示。4 种内源激素含量均在灌浆后期达到最大值。随灌浆进行,2 个品种穗位叶中 IAA 含量逐渐升高;先玉 335 在授粉 20 d 和 30 d 时,IAA 含量显著高于郑单 958($P<0.05$),但 40 d 时郑单 958 显著高于先玉 335。穗位叶中 GA_3 含量在灌浆期内含量变化较小,郑单 958 该激素在 20~50 d 期间内基本平衡;除 20 d 外,先玉 335 GA_3 含量均显著高于郑单 958($P<0.05$)。2 个品种穗位叶中 ZR 含量较恒定,变化较小;仅在 30 d 时,郑单 958 ZR 含量显著高于先玉 335($P<0.05$),其余时期先玉 335 该激素含量均高于郑单 958,且在 20 d、40 d 和60 d 时达到显著($P<0.05$)。2 个品种穗位叶中 ABA 含量在灌浆 10 d 和 60 d 时较高,郑单 958 仅在 30 d 时显著高于先玉 335($P<0.05$),而先玉 335 在其余时间均高于郑单 958,且 10 d 和 40 d 时达到显著($P<0.05$)。

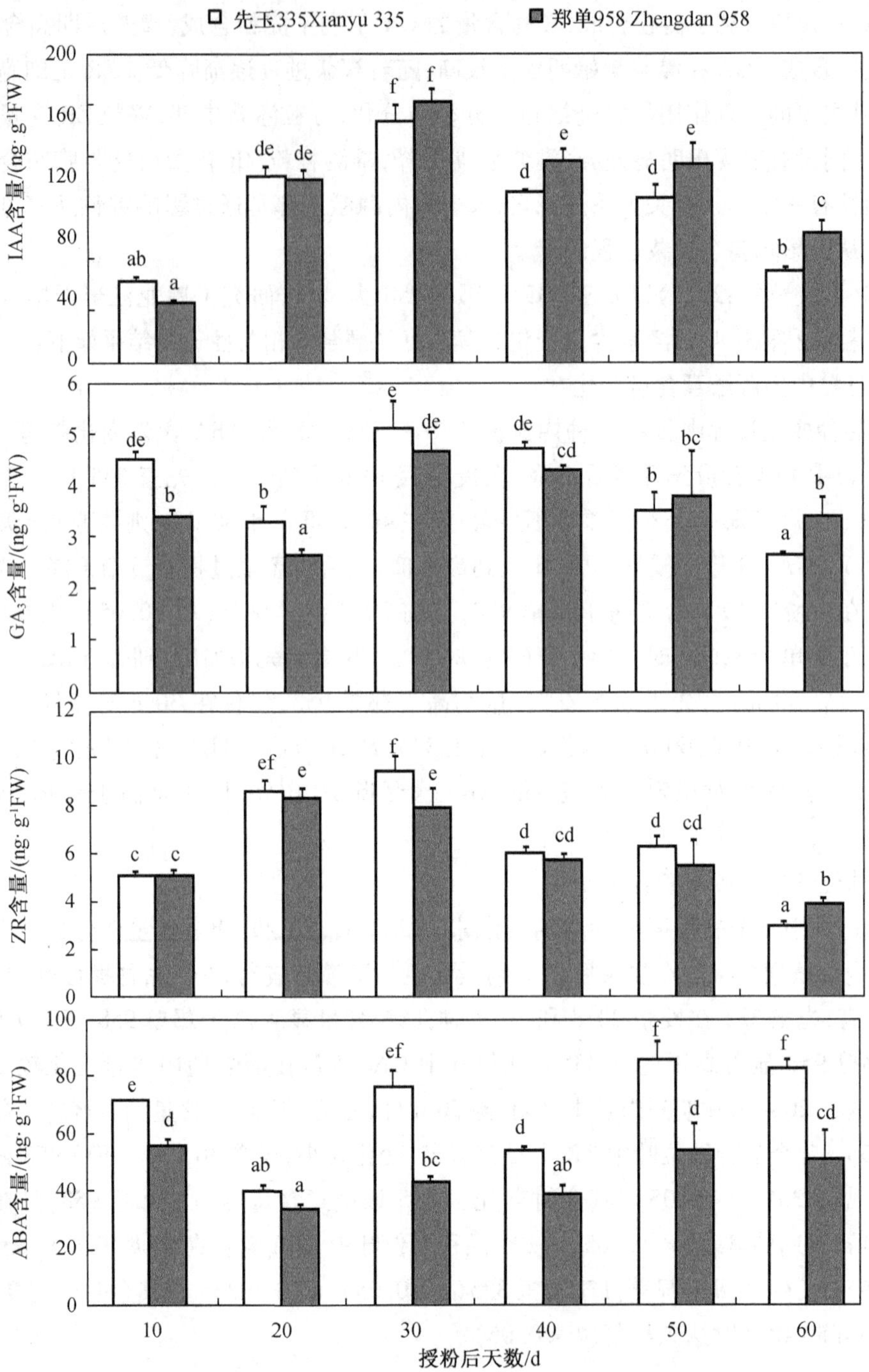

图 3-8　成熟过程中 2 个品种籽粒中激素含量变化

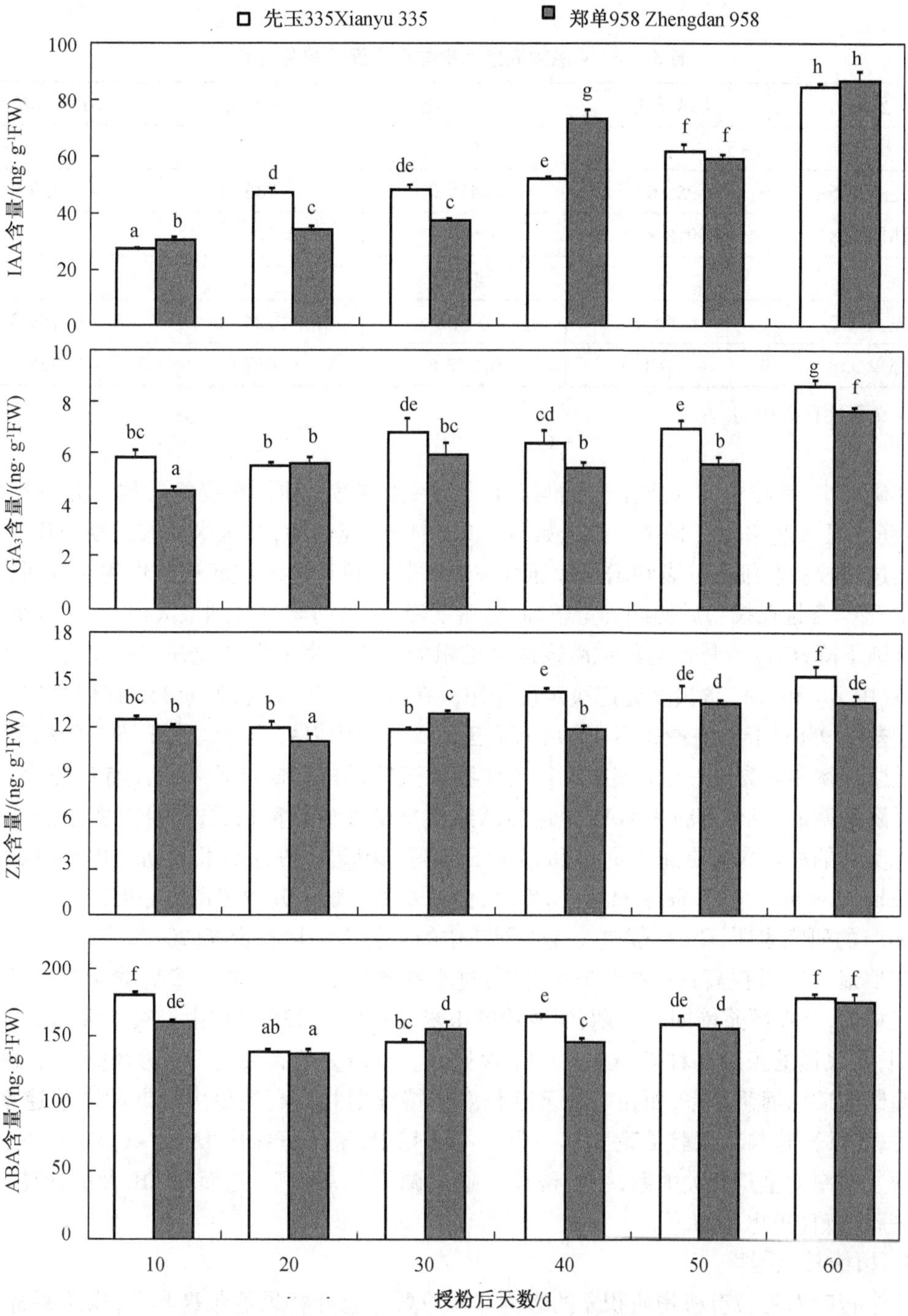

图 3－9　成熟过程中 2 个品种穗位叶中激素含量变化

（3）不同玉米品种成熟过程中内源激素与灌浆速率的相关分析

在成熟过程中，先玉 335 和郑单 958 籽粒中 IAA、GA_3 和 ZR 含量与籽粒灌浆速率呈正相关（表 3－8），且 IAA 含量与籽粒灌浆速率极显著正相关（$P<0.01$）；郑单 958 籽粒中 ABA 含量与籽粒灌浆速率负相关，但先玉 335 两者间无明显相关性。穗位叶中 IAA、GA_3 和 ZR 含量与籽粒灌浆速率无明显相关性，但 ABA 含量与其呈负相关。

表 3-8　两品种灌浆速率与激素间的相关分析

品种	IAA 含量	GA_3 含量	ZR 含量	ABA 含量
		籽粒		
先玉 335	0.950 6**	0.425 0	0.736 3	-0.139 0
郑单 958	0.948 8**	0.534 0	0.690 7	-0.574 8
		穗位叶		
先玉 335	0.085 2	-0.038 8	-0.247 6	-0.749 3
郑单 958	-0.070 4	0.257 6	0.047 6	-0.325 1

注：**显著性在 0.01 水平。

在研究中，籽粒中 IAA 含量变化与 ZR 含量变化趋势相同，在授粉后均为先升高后降低，与籽粒灌浆速率呈正相关。徐云姬等(2013)的研究认为，在玉米灌浆前期，ZR 和 IAA 可能通过调控胚乳细胞分裂和增加库强对籽粒灌浆和粒重的形成起调节作用。本研究中，籽粒中 GA_3 含量在授粉后初期含量较高，随后下降，30 d 时骤升达到最大值，在后续灌浆过程中逐渐下降；GA_3 含量也与籽粒灌浆速率正相关。从 2 个玉米品种籽粒灌浆速率变化来看，籽粒中 ZR 和 GA_3 含量变化起决定性作用。在授粉后 50 d 内，先玉 335 籽粒中 ZR 含量均高于郑单 958；同时，在授粉后 40 d 内，先玉 335 籽粒中 GA_3 含量均高于郑单 958，与 2 个品种灌浆速率差异高度一致。GA 对谷类作物灌浆特性的影响结论不一。有研究表明，在籽粒活跃灌浆期，玉米籽粒中 GA_3 含量与灌浆速率呈极显著负相关；而且充实差的玉米籽粒比充实好的籽粒含有更高含量的 GA_3(徐云姬等，2013)。在水稻相关研究中也有类似的结论(Zhang et al.，2009；Yang et al.，2001)，但在麦类作物研究中却得出相反结论。李秀菊等(2001)的研究表明，GA 可促进小麦不同花位的籽粒重。褚孝莹等(2012)发现，在小黑麦开花期喷施 GA_3 可提高籽粒灌浆速率，并促进干物质积累。本试验中 GA_3 含量与籽粒灌浆速率正相关，且在灌浆前期和中期，灌浆快的玉米品种先玉 335 籽粒中 GA_3 含量高，而在灌浆后期，灌浆慢的玉米品种郑单 958 GA_3 含量高。有研究认为喷施 GA 的效应不在于提高籽粒灌浆前期的灌浆速率，而在于显著延长灌浆持续期并提高灌浆中后期的灌浆速率(杨卫兵等，2011)，这与本试验结论大体一致。本研究中，玉米籽粒中 IAA、GA_3 和 ZR 三者含量与灌浆速率均呈正相关关系，可能是 GA_3 通过调节 IAA 水平，进而使 ZR 含量升高，直接促进细胞增殖(王忠，2002)。

4. 植株其他器官

玉米苞叶对籽粒有机物质积累的影响非常重要。苞叶将果穗包裹其中，供给果穗一个良好的生长发育环境。过短或过薄的苞叶会使顶端的籽粒裸露在自然环境中，上部的籽粒发育不良，产生秃尖导致产量下降。玉米苞叶不仅是籽粒的保护器官，也是重要的光合器官。徐洪文等(2009)测定了不同时期玉米中部苞叶的叶绿素含量和叶绿素荧光参数，抽丝期到灌浆期叶绿素含量升高，在灌浆前期含量达到峰值，灌浆后期下降，苞叶在光合有机物的积累方面的贡献较小，但在光合有机物运输和贮存方面的作用较大。

灌浆期有效光合叶片生成的有机物质是玉米籽粒产量的主要来源，但其他的营养器官，如茎秆、穗轴、根系等储存物质的转移也会为玉米籽粒产量做出贡献(杨国虎等，2006)。

籽粒灌浆过程中,茎秆、穗轴和根系的干物质累积量呈抛物线变化趋势,籽粒的干物质量呈持续上升趋势。茎秆在乳熟期干物质量积累达到最大值,随后下降;穗轴的干物质量积累灌浆期达到最大,然后开始下降;根的干物质积累量在授粉时达到最大,随后逐渐下降。籽粒的干物质量积累在灌浆期最旺盛。籽粒完全成熟后,干重占单株干重的46%左右(冯艳春等,2007),由此可见,各器官在灌浆期将干物质不断转移至籽粒中。

(二)外部因素

1. 环境因素

玉米籽粒灌浆特性受外界条件影响较大,如光照、温度、水肥条件等。温度和光照可对籽粒干重、鲜重和体积产生影响。灌浆期间光照充足,温度适宜会使百粒重、完熟期干重以及灌浆强度均表现增加。灌浆高峰持续时间以及灌浆强度在日平均气温14.4~15.8 ℃时均较低,在11.7~11.9 ℃低温环境,仍保持一定的灌浆强度,千粒重日增1.6~4.4 g。玉米籽粒灌浆期日平均最适温度为22~24 ℃,在连续高温的情况下,籽粒的灌浆速率会明显降低(郑伟和张艳红,2007)。戴明宏等(2009)指出灌浆期温度的高低直接影响灌浆速率的快慢和灌浆期持续的长短。董红芬等(2012)的研究表明,玉米生长发育日平均气温低于5 ℃时,籽粒的灌浆基本停止。鲍继友(1994)研究积温对灌浆特性的影响时表明,夏玉米达到安全成熟时,其灌浆期需要活动积温1 100~1 150 ℃,有效积温500~550 ℃。Hunter等(1979)通过对生长在20 ℃和30 ℃温室条件下玉米的观察,低温可以延长籽粒灌浆期。王博(2012)指出灌浆期间光照充足,温度适宜(22~24 ℃),比光照少温度低(17~19 ℃)的百粒质量提高10 g左右。张毅和徐世昌(1995)报道,玉米籽粒灌浆期受低温影响严重,低温会直接损伤生物膜系统,进而影响籽粒的灌浆速率。魏玉君(2014)指出,日平均温度与籽粒最大灌浆速率、最大灌浆速率时生长量、单株干物质积累量、穗粒数等呈正相关。

水分是影响作物生长和产量的最重要因素之一,灌浆是禾谷类作物生长的重要阶段,在这段时期如果土壤水分不足,将会造成光合速率降低、灌浆时间缩短、灌浆速率下降、植株老化提前,最终导致籽粒产量下降。同时,水分亏缺会直接影响作物叶片的蒸腾作用,直接影响有机物质的运输过程,导致粮食的品质有所下降(李世清等,2004)。玉米产量构成因素中受水分影响变幅最大的是穗粒数,且穗粒数的降低对玉米最终产量会造成很大影响。有研究发现,籽粒灌浆对水分胁迫敏感的时期从吐丝期后2~7 d开始,直到吐丝期后12~16 d结束,吐丝期后12~16 d水分胁迫造成粒重的降低为对照的50%(Grant et al.,1989)。籽粒内的水分在控制灌浆持续时间中起着关键的作用,水分胁迫下植株的粒重降低是由于籽粒灌浆速率的下降或灌浆持续时间的缩短或两者共同作用所致的(Dong et al.,2008)。一般而言,所有受到水分胁迫影响的植株,其籽粒灌浆持续时间缩短2~9 d,籽粒灌浆速率下降8%~18%(吴少辉和高海涛,2002)。

矿质元素是玉米植株进行生命活动不可缺少的物质,会影响其生长发育时期养分的吸收和积累,进而影响籽粒产量。氮素是植物体内蛋白质、核酸、叶绿素和一些激素的重要组成部分,是影响植物生长和产量大小的重要因素。不同生育时期,氮肥施用量对玉米干物质积累和分配的影响不同,氮肥供应充足有利于玉米生长后期同化物的再分配(耿玉翠和范树仁,1999)。何萍等(1998)认为合理的施氮量在提高籽粒灌浆速率的同时可以增加物质积累,提高玉米的籽粒质量,但是缺氮或者过量施氮均会影响籽粒的干物质积累从而降低籽粒质量。王空军等(2005)的研究认为,籽粒产量与氮素利用效率呈极显著正相关关系，高产与高氮素利用效率的关系较为密切。索全义等（2000）通过实验证明施氮后，籽粒建成过程中后期鲜重、干重增长幅度上升，是籽粒产量提高的原因之一。从干物质积累速率来看，施氮区比无氮区平均每天高出 0.16 克/穗，而最大积累速率每天高出 5.95 克/穗，且施氮区比无氮区最大速率出现的时间提早 4 d。钾对玉米植株重要的生理过程都有作用，可对多种酶起活化作用，对糖的运转有促进作用，可增强光合作用，促进碳水化合物的代谢和合成，缺钾会引起籽粒灌浆不良（山东省农业科学院玉米研究所，1987）。陈建忠（2009）的研究表明，玉米施用钾肥，对玉米籽粒灌浆及最终籽粒产量均有明显的促进作用；钾肥（K_2O）的适宜施用量为 90 ~ 135 kg/hm^2。杨劲峰等（2016）的研究表明，增施磷肥可使灌浆期叶片快速叶绿素荧光诱导动力学曲线显著发生变化，通过减少叶片放氧复合体系统损伤程度来提高玉米产量，施肥区增产 52.9%。

2. 栽培管理方式

（1）播期

在一定范围内，随着播期的推迟玉米籽粒干物质积累会逐渐减少，因此，适时早播有利于干物质积累。刘明等（2009）认为播期推迟会影响籽粒干物质积累是通过影响干物质积累高峰持续天数，从而减少积累量。在实际生产中，播期不适导致低温现象的发生，籽粒败育增多。李潮海等（2001）在研究气候对玉米籽粒灌浆特性的影响时，得出夏季高温同样不利于籽粒灌浆形成，灌浆期内中早熟玉米品种较晚熟品种更能适应较高日均气温。曹庆军等（2013）的研究表明，适宜的播期能够调节营养生长与生殖生长协调进行，提高干物质积累效率，利于玉米籽粒产量的提高。

（2）种植密度

种植密度是玉米高产的一项重要因素，在一定范围内，产量随着密度的增加呈先升高后下降趋势，到一定密度后产量达到最高，继续增加密度产量反而下降。柯福来等（2011）在研究先玉 335 群体籽粒灌浆特性及其与产量关系时发现，高产密度群体（90 000 株/公顷）的产量显著高于低密度（22 500 株/公顷）和超高密度（112 500 株/公顷）群体。高密度群体籽粒平均灌浆速率和最大灌浆速率均显著高于低密度群体和超高密度群体。经相关分析表明，群体籽粒灌浆速率高低是影响群体产量的主要因素。密度的增加会降低千粒重，减少穗粒数，进而改变产量构成因素。研究不同密度对玉米产量和籽粒灌浆等的影响时发现，在一定范围内，玉米单位产量会随种植密度的增加而相应提高，最适宜的种植密度为 6.75 万 ~9 万株/公顷；而且种植密度通过影响玉米灌浆前期的灌浆速率来影响玉米的粒重（杨国虎等，2006）。陈晨等（2012）研究粒重与平均灌浆速率相关性时，结果表明试验中各材料粒重与平均灌浆速率均呈显著正相关，且相关系数为 0.86 ~ 0.95（$P < 0.01$）。刘霞等（2007）的研究表明，种植密度的增大可以提高大粒型玉米品种灌浆前期单粒重，但灌浆后期很难维持较高的粒重水平。张娟等（2009）的研究表明，密度可通过改变行粒数而不是穗行数来改变籽粒的产量，可见行粒数易受环境的影响。

（3）栽培技术

付健等（2014）研究了不同种植方式对玉米光合效率、籽粒干重及灌浆特性的影响，结果表明，大垄双行比传统的小垄播种更能创建有利的群体结构，可改善植株间的竞争关系，有利于提高籽粒灌浆速率，且在低密度下一穴双株表现更好。魏珊珊等（2014）在 7 500 株/公顷种植密度下，以郑单 958 和先玉 335 为试材，设置等行距和宽窄行种植方式研究高产夏玉米产量构成，结果表明，与等行距相比，宽窄行种植方式灌浆速率和干物质积累均较快，产量高。

张俊鹏等(2010)研究表明,通过地膜和秸秆覆盖处理可以提高玉米的灌浆速率、籽粒产量和水分利用率。张雯等(2007)研究了不同垄作保护性耕作方式对玉米产量及其形成过程的影响,结果表明,垄作保护性耕作方式具有明显的增产效果,留茬免耕、留茬覆盖和灭茬免耕分别比传统耕作增产12.0%、13.6%和7.8%。不同耕作方式的玉米灌浆速率不同,其中保护性耕作方式玉米灌浆速率的优势表现在授粉15 d以后。张文斌等(2010)研究了种植密度对全膜双垄沟播玉米籽粒灌浆进程及产量的影响时认为,种植密度对全膜双垄沟播玉米单粒质量的影响主要是灌浆速率所致,而灌浆持续期对其影响较小。王霞和吴欣(2014)研究了单种玉米和麦套玉米不同种植模式对灌浆进程影响时表明,在播期相同的条件下,玉米籽粒最终的千粒干重为单种玉米>麦套玉米;玉米籽粒开始灌浆的日期为单种玉米早于麦套玉米;平均灌浆速率为麦套玉米>单种玉米;最大灌浆速率为单种玉米>麦套玉米,但出现的时间麦套玉米早于单种玉米;8月中旬后期单种玉米灌浆速率高;8月中旬前麦套玉米的灌浆速率高。徐云姬等(2016)研究根系分区交替灌溉对玉米强、弱势粒灌浆及其相关生理特性的影响时发现,抽雄至成熟设置常规灌溉和根系分区交替灌溉两种方式,根系分区交替灌溉提高了灌浆后期穗位叶的光合性能,能延缓叶片衰老,促进玉米茎鞘碳水化合物的运转,增加弱势粒中亚精胺和精胺含量,降低弱势粒中腐胺含量和乙烯释放速率,显著增加籽粒产量;但根系分区交替灌溉对强势粒多胺含量、乙烯释放速率以及灌浆速率和淀粉积累速率无显著影响。王艳红等(2013)的研究表明,小麦玉米秸秆两季还田与化肥配施可明显提高渐增期平均灌浆速率,延长快增期及缓增期的持续时间,显著提高玉米籽粒容重和粒重。

五、灌浆相关性状的分子生物学研究

(一)基因表达

Alexander和Cross(1983)研究了控制胚乳糊粉层颜色基因($R-nj$)的表达与灌浆特性,结果表明,选择$R-nj$表达高即糊粉层颜色深的会增加干物质积累速率,而降低有效灌浆持续期;相反,选择颜色浅的会降低干物质积累速率而增加有效灌浆持续期。Maitz等(2000)从A69Y×glossy2-En F_2群体中筛选出籽粒大小一致但粒重降低的突变体*rgf*1,该突变体通过调控底层胚乳和花梗的发育降低籽粒灌浆速率,突变籽粒质量仅相当于野生型的30%,与其他大多数胚乳缺陷突变相比,*rgf*1基因在胚乳中具有剂量表达的特点。*rgf*1突变籽粒胚乳不完全灌浆且很小,但是该基因并不影响胚的发育。Miller、Chourey(1992)与Cheng等(1996)分别筛选到*Miniature* 1(*mn*1)突变体,该突变体籽粒质量甚至减少到不及野生型的30%,该突变体籽粒胚乳下部的转化酶活性极低,控制该突变性状的基因位点与编码一种细胞壁转化酶的Incw2位点在第2染色体上呈现共分离(Talierco et al.,1999),该基因的表达会导致结合态和游离态细胞壁转化酶活性降低(Carlson and Chourey,1999)。此外,Taguchi-Shiobara等(2001)利用筛选出的簇生果穗突变体分离得到*fea*2(fasciated ear2)基因,并做了功能验证,发现玉米*fea*2基因编码一种有多个亮氨酸重复的类受体蛋白,它具有调节茎秆分生组织增殖的功能。该基因的表达会引起幼穗小花分生组织的过度增殖,从而决定幼穗分生组织的大小和数量。

（二）QTL

灌浆速率是受多基因控制的数量性状。由于籽粒灌浆速率的多样性以及对粒重测定的困难，长期以来，对灌浆速率的QTL分析和相关基因的图位克隆一直是一个挑战。20世纪80年代末，分子数量遗传学开始应用于生物数量性状的遗传分析，自20世纪90年代以来，对玉米许多重要农艺性状都进行了QTL分析，定位了大量控制目标性状的QTL，为进一步对玉米数量性状进行深入研究提供了依据。迄今为止，国内外发表的关于对玉米性状的QTL分析的相关学术论文多达400余篇，已定位的QTL近3 000个，覆盖了玉米的所有染色体。

以往对玉米籽粒灌浆相关性状的定位研究多集中在成熟期的粒重，并利用普通玉米(Willmot et al. ,2006)、高油玉米(Willmot et al. ,2006)和爆裂玉米(张中伟,2009)材料进行了大量相关研究。根据国际网站gramene(http://www. gramene. org)公布的数据整理，截至2010年5月共有186个关于粒重的QTL被定位，分布于玉米10条染色体上，其中QTL在第5条染色体分布较多，第6条和第10条染色体上分布较少，但所有染色体上都检测到影响粒重的QTL，说明粒重的遗传受很多因素影响和控制。Liu等(2011)以黄C与许178构建的203个家系RIL群体，共检测到32个与灌浆特性相关的QTL，分布于玉米除第9条染色体外的其余染色体上。Zhang等(2013)以黄C与许178构建的243个家系的永久F_2群体为试验材料，利用条件QTL分析方法，在4个环境6个取样时期共检测到47个灌浆特性相关的QTL，其中有多个QTL能够在不同环境下检测到。

冯晓曦(2008)用黄C与许178基础材料构建的RIL群体为研究对象，分5个时期对籽粒灌浆速度进行条件和非条件QTL定位，在3种环境条件下共检测到15个与灌浆速度相关的QTL和13个与3个发育阶段相关的QTL，分布在第2、第3、第4、第5、第7、第9和第10染色体上。在玉米育种生产上，可以利用与已经定位到的与灌浆相关性状QTL连锁的分子标记，通过分子标记辅助选择的方法选育灌浆速度快、籽粒性状优良的玉米自交系，从而培育出灌浆速度快、灌浆期长的优良玉米品种。

第六节　脱水生理

随着畜牧业和玉米深加工业的发展，玉米作为粮饲兼用作物需求量日趋增加。然而，作为重要的品质性状收获时期玉米籽粒含水量严重影响着玉米生产。高水分玉米给收获、干燥、储藏、运输和加工都带来许多不便，因此选育和种植收获时籽粒含水量低，尤其是生理成熟后脱水快的品种已成为玉米育种家非常关注的问题。半个多世纪以来，育种家和植物学家对玉米灌浆期，特别是生理成熟后的籽粒脱水速率进行了大量研究。玉米籽粒黑层的出现被认为是玉米生理成熟的重要标志，一些研究者认为籽粒在玉米生理成熟时的干物质积累达到最大，而此后干物质积累不再增加，水分迅速散失，此阶段的脱水速率决定收获时籽粒含水量。选择生育后期快速脱水的玉米对玉米生产具有重要意义。

一、玉米籽粒脱水过程

(一)籽粒发育及含水量变化

籽粒是玉米主要的器官之一。从雌穗抽丝受精到种胚开始具有发芽能力即为种子的形成过程。在这个过程中,根据种子内胚乳状态及含水率的变化,种子的成熟过程分为乳熟、蜡熟及完熟三个阶段。

乳熟期从胚乳呈乳状开始到变为糊状结束。一般早熟品种从授粉后 12 d 起到 30 d 或 50 d 止,晚熟品种约从授粉后 15 d 起到 40 d 左右结束,此阶段结束后籽粒及胚的体积都接近于最大值,干物质积累总量达成熟时的 80% ~90%,籽粒含水量达到 50% ~80%(王忠孝等,1986)。乳线出现的时期称为乳线形成期,玉米授粉 30 d 左右籽粒顶部胚乳组织开始硬化,与下面乳汁状部形成一横向隔线即为乳线。乳线形成时,籽粒干重为成熟时的 60% ~65%,籽粒含水量为 51% ~55%。

蜡熟期从胚乳成糊状开始到蜡状结束,一般需要 10 ~15 d。此阶段籽粒干物质达到成熟期的 95% 左右,含水量由 50% 降低到 40% 以下,处于缩水阶段。完熟期籽粒含水量趋于稳定阶段(王忠孝等,1986)。

完熟期是籽粒从蜡熟末期起到干物质积累基本停止。籽粒经过继续脱水,含水量下降到 30% 左右,这时籽粒变硬,乳线下移至籽粒基部并消失,黑层形成,皮层出现光滑,苞叶变干、膨松,达到收获适期。

(二)籽粒脱水

籽粒脱水过程是随着籽粒含水量持续下降的一个动态过程,是籽粒进入不同成熟阶段的重要标志。在田间,籽粒脱水过程可划分为 2 个阶段,即生理成熟期脱水和生理成熟期后脱水:从授粉后 16 d 直至生理成熟为生理成熟期脱水,主要受籽粒本身生长发育的控制,称为生理脱水;生理成熟后脱水是生理成熟后至收获,因为干重没有更多的变化,失水率仅仅与干燥有关,为自然脱水。玉米籽粒在完全成熟时,最适合收获的含水量为 23% ~24%。籽粒干物质积累的速度、生理成熟时的含水量和生理成熟后籽粒的脱水速率这三个主要因素,共同决定了玉米在收获时期籽粒的含水量。

Cross(1985)认为,玉米收获时含水量较低,不是由于籽粒生理成熟后快速干燥导致的,而是因为达到生理成熟时籽粒含水量较低导致的。随后,Cross 等(1987)在减少玉米果穗水分含量的试验中,进一步验证了籽粒生理成熟期含水量对收获时籽粒含水量的影响作用。同样,Freppon 等(1992)也验证了同样的结论,在玉米生理成熟期,如对籽粒含水量低的玉米材料进行早期的选择,能够降低自交系及其相关的杂交种在收获时的籽粒含水量。

在田间,玉米在进入生理成熟后期,再经过 10 ~15 d 的自然脱水过程方可对玉米进行收获。因在玉米生理成熟的后期,籽粒的干物质积累已经达到最大值,籽粒的粒重不会再继续增加,水分却快速散失,故此期间籽粒的自然脱水速率决定了收获时籽粒的含水量。生理成熟后籽粒迅速脱水,可将收获时籽粒含水量降低到最低,从而缩短收获后籽粒的干燥时间,防止籽粒霉变。Cross 和 Kabir(1989)认为,如要选择籽粒含水量低的杂交种,则须从籽粒水分含量和脱水速率两方面进行考量,而不单单是某一方面。然而,针对降低玉米果穗的含水量来讲,与其在生理成熟的后期对脱水速率进行早期选择,不如对生理成熟时低含水量的材料进行选择更为恰当。因此,在育种上,可以选育生理成熟时籽粒的含水量低,并且在生理成熟后期脱水速率快的玉米材料更为合理和恰当,在玉米的生产和栽培上具有更为重要的意义(李凤海等,2012)。

(三)生理成熟期的判定标准

生理成熟一词是由 Shaw 和 Loomis 在 1950 年第一次提出来的,目的是为了解释 Aldrich 所指的成熟,即把谷物干物质的积累达到最大值定义为成熟。一直以来,不同的学者针对玉米籽粒生理成熟的判定标准,都有着各自不同的见解(Shaw and Loomis,1950)。

1. 苞叶颜色

大田上通常认为以苞叶变白、籽粒变硬为判定玉米籽粒成熟的标准(秦营营,2014)。然而,根据一些试验研究表明,玉米苞叶开始变白到籽粒完全成熟,还需经历 15 d 左右。在此期间籽粒还在以平均 1 000 粒每天增加 3 g 以上的速度持续增重,若在此期间进行收获,不仅浪费光、热等资源,而且还影响玉米产量。并且,苞叶变白和籽粒变硬到哪种程度却没有一定的标准,用此项指标无法准确判定玉米达到生理成熟的日期。

2. 乳线消失

乳线本质上可以说是籽粒淀粉和蛋白质等固状层和乳浆层的分界线。国内外的一些学者认为籽粒上的乳线消失是生理成熟的标志(王忠孝等,1986)。美国肯塔基大学的研究人员在利用放射性^{14}C示踪的试验证实乳线是一种可以用来判定玉米籽粒成熟的指示物。研究者让植株吸收^{14}C后,这些^{14}C就被转化成放射性糖,然后转运到籽粒中去,当放射性糖在籽粒中急剧下降时,籽粒就完成了生长(Crookston and Kurle,1987)。

乳线最开始出现在籽粒的顶部,跟随籽粒生长发育的进行而缓慢下移,至成熟时接近籽粒的基部,完全成熟时乳线才会消失。定株观测玉米的生长发育时发现,在授粉后 11d 内,籽粒中的淀粉还没有积累;授粉 12 d 以后才开始逐渐合成淀粉,且淀粉含量增加较快;大约授粉后 30 d 左右,由于籽粒内部淀粉的积累和失水,乳线开始出现(王忠孝等,1986);大约授粉后 40 d 左右,乳线会下移至籽粒背面的 3/4 处,籽粒含水量下降为 40% 左右(朱富春,2013);授粉后 50 ~ 55 d,乳线消失不见,籽粒基部可以看到明显的黑层,籽粒灌浆基本停止,且籽粒的干物质也不再积累,此时的粒重达到了最大值。然而,籽粒乳线位置变化直接反映胚乳固化的时间,并非是植株的光合产物向籽粒运输的程度。不同品种的玉米乳线变化也是不同的,乳线变化的动态过程是无规律可循的,即使是在同一时间段、同一植株上,果穗不同部位籽粒的乳线也都不相同(孟庆平等,2007)。多年的生产实践可以证明,玉米品种在不同的年份内,因播种期不同,授粉直至乳线消失所需要的天数也不相同。因此,用"乳线"消失作为判定籽粒生理成熟的标准也不完全可行。

3. 黑层的出现

黑层出现在玉米籽粒基部与穗轴连接处,一些试验表明,黑层颜色的变化是一个动态的过程。授粉后 25 d,就可以观察到较浅的黑层,授粉后 40 d 颜色变为浅黑色,授粉后 53 d 时,则变为深黑色。在植物生理学上,尖冠是玉米籽粒和穗轴的连接物,营养物质从穗轴经由尖冠运输到籽粒中,成熟时籽粒的尖冠基部就会出现黑色的覆盖物,这样籽粒与穗轴(母体)之间的营养供给就会被隔断,籽粒的干物重不再增加,籽粒进入生理成熟(孟庆平等,2007)。自 Daynard 等在 1969 年报道关于玉米籽粒生理成熟的判定,及籽粒胎座区黑层的生长发育过程以来,黑层就被认为是判定玉米籽粒达到生理成熟和干物质积累达到最大的标志(Rench and Shaw,1971)。

黑层的形成受籽粒含水量的影响很大,在玉米脱粒的过程中,籽粒较高的含水量,会导致尖冠和籽粒,或与黑层留在穗轴上,很难用肉眼观察到,直至籽粒的含水量下降到一定范围内,才可以用肉眼观察到它(刘铁宁,2015)。孟庆平等(2007)的研究认为,玉米果穗上的黑层可以用肉眼直观看到的时期,一般是籽粒处于蜡熟末期或者处于完熟期。此时,籽粒含水量一般在20% ~30%。高荣岐等(1993)的研究认为,不管是正常达到成熟的还是在受精后败育死亡的玉米籽粒,都可能在水分含量降低至32%以下时形成黑层。然而,在黑层形成时,因相对成熟度、年际间和种植日期、熟期类型和材料的不同,籽粒含水量不同甚至差异很大,品种和自交系分别在28% ~42%和15.4% ~35%(Carter and Poneleit,1973)。此外,黑层的形成除受籽粒含水量的影响外,还会随环境条件的变化而提前。Afuakwa 和 Crookston(1984)的研究表明,在大田栽培条件下,黑层形成时籽粒的平均含水量为32%,在30℃、15℃和10℃试管培养条件下分别为33%、48%和63%,而在30 ℃培养条件下,且不加蔗糖时为76%。水分缺乏导致玉米植株的叶面积减小,并且加速了黑层的形成和出现。去叶处理的玉米籽粒的黑层和乳线,相比没有去叶处理的出现早(Hunter et al.,1991)。试验研究表明,籽粒黑层的颜色由褐色变为黑色是一个动态的变化过程。黑层形成后,并没有完全阻断籽粒干物质的运输,且还在持续地增加(孟庆平等,2007;刘京宝等,2011;王忠等,1997)。因此,将黑层的出现作为达到生理成熟的判定标准也是不恰当的。

4. 干物质质量

事实上,籽粒越接近最大干物质积累量时,灌浆速率就越低,所以生理成熟的标志还是很难判定的。但大多数学者认为,以干物质质量达到最大值作为籽粒生理成熟的判定标志,从而进行相关研究和试验较为合理(张亚军等,2010;李凤海等,2012;刘显君等,2010)。而在作物育种上认为,把收获期的籽粒含水量作为生理成熟的判定标准更为行之有效。

(四)玉米生育后期籽粒含水率变化的估测

既然玉米生理成熟时籽粒脱水速率决定收获时的籽粒含水率,因此,可通过生理成熟期籽粒脱水速率估测收获时的籽粒含水率。根据 Daynard 和 Kannenberg(1976)报道,CHU(corn heat unit)与籽粒脱水速率呈极显著相关,并提出可用 $y = c + dx^2$,即吐丝后累积的 CHU 预测籽粒脱水速率进而预测收获时的籽粒含水率。Nelson 和 Lawrence(1991)研究了黄马牙型玉米品种后期籽粒含水率变化后认为,果穗不同部位籽粒脱水特征不同,并基于此建立了利用果穗上、中、下部籽粒含水率变化特征预测整个果穗含水量的数学模型。Yang 等(2010)对美国 144 个杂交种研究后提出用籽粒干燥曲线面积(area under the dry down curve,AUDDC)作为籽粒脱水快慢的评价方法更为合理。Maiorano 等(2014)利用玉米籽粒发育 3 个阶段不同的生理特征来模拟籽粒含水率变化,建立了基于过程的 MIMYCS. Moisture 籽粒水分预测模型,对意大利北部玉米品种籽粒含水率预测的平均误差为3.28%。生理成熟时籽粒的含水率是评价品种宜机收性和预测收获期的一个重要参数,2014—2016年,李璐璐等(2017)在黄淮海夏玉米区对 38 个供试品种在乳线消失、黑层完全出现时测定平均籽粒含水率为27.8%,变幅为21.5% ~33.1%。需要注意的是,玉米籽粒脱水速率是数量性状,不仅受遗传因素影响,更受后期环境因素影响,还受两者互作效应的影响,在不同产区测试的自然脱水速率和生理成熟期籽粒含水率结果可能有所不同。因此,进行籽粒含水率的准确预测需要考虑品种类型和环境因素的共同影响(王克如和李少昆,2017)。

（五）籽粒快速脱水的意义

1．利于提高种子质量，降低生产投入

据 Baute 等（2002）报道，玉米收获时籽粒含水量对玉米的贮藏和加工利用影响极大。收获时籽粒含水量过高常使玉米种植者和经营者遭受很大的经济损失，大大降低了玉米生产的经济效益。另外，玉米种子的贮藏对水分要求较严格。Ragai 和 Loomis（1954）的相关研究认为，当谷物籽粒水分达到 21% 以上，在自然条件下及低温干燥情况下会发霉，而安全的谷物贮藏水分含量是低于 14%。在我国南方，由于温度高、湿度大，贮藏种子含水量一般要求不超过 12%。为了减少种子机械损伤和曝晒影响发芽率，通常是将收获的果穗风干后再脱粒晒干，而在风干过程中籽粒含水量过高可能引起籽粒霉变而降低发芽率。为防止此类问题发生就需要玉米籽粒能迅速脱水。

在中欧和北欧各国以及加拿大和美国北部，种植收获时籽粒含水量高的玉米会造成烘干籽粒的额外能耗和收割困难。我国的黑龙江省地处北方早熟春玉米区的最北端，属于高纬度地区，秋季多有早霜发生，特别是自 9 月中下旬开始，气温急剧下降，加之农民种植品种偏晚往往导致多数品种在收获时或遇到早霜时不能正常成熟（闰淑琴和李德新，1994）。因此，在高纬度或高海拔地区种植的玉米必须在收获后进行人工干燥，购买保险、维修干燥设备、能源费以及管理费用等耗费巨大（Hellevang，2004）。来自加拿大安大略省的玉米年度产量报告显示，大部分玉米杂交种收获时水分含量均高于 21%。Lackey（2008）指出玉米在水分为 25% 的时候，每吨玉米干燥需花费 24 加元。据加拿大官方数据显示，在 2008 年，加拿大玉米产量为 1 005.92 万 t，那么种植者就需花费超过 2.5 亿加元进行玉米籽粒干燥。

2．利于提高籽粒商用品质

粒用玉米的品质，除本身的蛋白质、赖氨酸、淀粉等物质含量标准外，籽粒外观色泽也是一个重要的参考性质。要保持籽粒外观色泽鲜亮、洁净，就要求籽粒能迅速脱水和干燥。然而，在一些高纬度、高海拔地区收获的玉米含水量过高而难以自然干燥，这就容易引起籽粒霉烂从而降低商用品质，而人工干燥也会耗费时间、人力、物力和财力。许多研究表明，玉米生理成熟后的籽粒脱水速率决定收获时籽粒含水量（王振华等，2001；杨村等，1998）。生理成熟后的玉米籽粒迅速脱水，可将收获时籽粒含水量降低到最低。王云生等（1987）的研究结果表明，黑龙江省自然条件下，早熟品种收获时含水量为（30.9 ± 3.13）%，中晚熟品种为（37.8 ± 3.39）%。王云生等（1987）调查了黑龙江省 1954—1982 年玉米入库水分，含水量平均在 24.48% 左右，最高年份达 36.96%，最低年份为 22.07%，粮食含水量与一等粮的相关系数为 −0.6，与等外粮的相关系数为 0.815，由此可见，玉米含水量对玉米品质影响很大。因此，玉米生理成熟过程中籽粒脱水速率对于保持玉米籽粒品质至关重要。

3．利于提高籽粒产量

Hallauer 和 Miranda（1988）认为籽粒含水量与产量一般表现为正相关，这和 Brooking（1990）的研究结果一致。他认为高纬度、高海拔地区较难种植籽粒产量高而生育期长的杂交种。通过育种适当延长生育期，选择籽粒灌浆速率和脱水速率都较快的基因型，能同时提高籽粒产量和降低收获时籽粒含水量，缩短籽粒干燥时间（王振华等，2003）。

二、影响玉米籽粒脱水速率的因素

玉米籽粒脱水是一个复杂的动态过程，受到品种自身遗传背景、农艺性状、环境条件和栽培措施等方面的影响。

（一）内因

1. 种质

不同品种之间籽粒脱水速率和生理成熟期含水率存在差异，且该性状是可遗传的（Purdy and Crane，1967）。Crane（1959）在空气干燥器和大田自然条件下比较籽粒脱水速率变化后认为玉米品种间存在明显差异。Neuffer 等（1968）、Kang 等（1978）、Kang 和 Zuber（1989）对不同类型玉米品种观察后发现晚熟玉米品种收获时籽粒含水率较高，白色胚乳玉米一般表现晚熟，后期籽粒脱水慢。Hallauer 和 Russell（1962）认为，速干品种从生理成熟到收获时的籽粒脱水速率较快，并报道了自交系 B14 和 Oh45 抽丝后同时到达生理成熟，但收获时 B14 籽粒含水率较高，Oh45 较低，表明 Oh45 籽粒脱水速率比 B14 快，这种差异在杂交后代中同样能得到表现。Troyer 和 Ambrose（1971）发现硬粒型杂交种较马齿型杂交种籽粒脱水速率更快，但 Hunter 等（1979）、李艳杰等（2000）的研究认为马齿型品种脱水快于硬粒型品种。显然，硬粒型与马齿型籽粒脱水特性的差异机制还有待于进一步研究。Widdicombe 和 Thelen（2002）对北美现代玉米杂交种籽粒含水率变化的研究认为，不同熟期玉米杂交种籽粒脱水速率存在显著差异。进一步比较来自美国先锋公司、德国 KWS 公司和中国种业选育的品种发现，不同来源玉米品种籽粒脱水速率及其含水率存在显著差异（柳枫贺等，2013）。近年来，国内关于玉米籽粒脱水的研究逐渐增多，谭福忠等（2008）认为在吐丝后 35 d 至生理成熟前籽粒平均脱水速率在品种间存在显著差异。张亚军等（2010）对黑龙江省推广的 12 个品种籽粒田间脱水特征观测后认为，在吐丝后 55 ~ 65 d 不同品种间籽粒脱水速率差异极显著；卫勇强等（2011）对河南省近年审定的 9 个玉米品种籽粒自然脱水速率研究表明，不同品种在籽粒黑层出现前后脱水速率均有显著差异，且黑层出现前脱水速率差异更大。Ma 和 Dwyer（2012）的研究认为，不同用途类型玉米籽粒含水变化率差异显著，青贮玉米后期籽粒含水率下降速率慢于粮饲兼用型和非青贮型玉米。由此可见，籽粒的脱水速率在基因型间的确存在差异，且是可遗传的，不同基因型籽粒脱水速率变幅较大，表明改良和选育脱水速率快的自交系和品种具有较大潜力。同时，对不同类型品种籽粒脱水速率的差异有不同认识，也说明关于籽粒脱水速率的机理有待深入研究。

2. 品质

玉米价格高低很大程度上依赖于品质，因此近些年来品质育种也越来越受到育种工作者和使用者的关注。目前，对生育后期籽粒自然脱水速率与品质性状的相关性研究甚少。相关研究人员对 3 种不同含油量（5%、7% 和 9%）的杂交种籽粒进行了分析，结果得出，含油量增加，含水量便呈线性增加，则脱水速率下降。Curtis 等（1968）指出，高油玉米比标油（4.5%）玉米胚芽与胚乳比率要大，致使籽粒含水量增高。张立国等（2007）选用黑龙江省第一积温带脱水速率差异较大的 10 个自交系，对籽粒中的 10 个品质性状（脂肪、淀粉、谷蛋白、粗蛋白、清蛋白、醇溶蛋白、球蛋白、支链淀粉、胚占体积和胚乳占体积）与脱水速率进行了遗传相关及通径分析，结果得出，有些性状（谷蛋白、脂肪、胚占体积和清蛋白）与生理成熟后籽粒脱水速率的遗传相关系数与直接通径系数一致，且在籽粒脱水速率上均起负效应，此研究结果与 Curtis 等（1968）的结果基本吻合；淀粉及支链淀粉含量与籽粒脱水速率的遗传相关系数与直接通径系数一致，均为正效应。而粗蛋白的两种分析结果却截然相反，这说明很多性状对籽粒脱水速率的影响不是单独效应，而是多个性状关联作用的结果。

3. 激素

玉米籽粒脱水伴随着一系列生理过程，Capelle 等（2010）认为，胚和胚乳中的脱落酸含量与籽粒脱水速率相关，并指出水通道蛋白基因也与籽粒脱水速率相关。脱落酸（ABA）对植物体内水分代谢有很大影响，可能会与玉米籽粒成熟过程中脱水进程密切相关。研究人员（戴凌燕等，2017）以先玉 335 和郑单 958 为试材，研究了黑龙江半干旱区玉米成熟过程中籽粒和穗位叶中激素含量变化及其与籽粒脱水的相关性。两品种籽粒脱水速率与激素含量相关性如表 3－9，两者间的相关性仅使用 20～60 d 期间内的数据。2 个品种籽粒中 IAA 和 ZR 含量均与籽粒的脱水速率呈正相关，且郑单 958 籽粒中 ZR 含量与籽粒脱水速率呈显著正相关（$P<0.05$），籽粒中 ABA 含量与籽粒脱水速率呈负相关；郑单 958 籽粒中 GA_3 含量与籽粒脱水速率呈负相关，但先玉 335 两者间无明显相关性。先玉 335 和郑单 958 穗位叶中 IAA、GA_3、ZR 和 ABA 含量与籽粒脱水速率均呈负相关关系；先玉 335 穗位叶中 ZR 和 ABA 含量与籽粒脱水速率相关性显著（$P<0.05$），郑单 958 穗位叶中 IAA 含量则与籽粒脱水速率相关性显著（$P<0.05$）。

ABA 是一种胁迫激素，尤其在水分胁迫下，可在根部形成运输到叶片，通过调节叶片气孔开闭降低水分蒸腾。目前在水稻（Zhang et al. ，2009）、小麦（Yang et al. ，2004）和玉米（徐云姬等，2013）上的研究发现，籽粒中 ABA 含量与籽粒灌浆速率呈正相关关系。本研究籽粒中 ABA 含量变化无规律，品种郑单 958 籽粒中 ABA 含量与其灌浆速率负相关，与以上禾谷类作物中研究结论相反。但先玉 335 在整个灌浆期内，籽粒中 ABA 含量均大于郑单 958。董宝娣等（2007）和梁海燕等（2015）的研究表明，适度胁迫下，ABA 在小麦灌浆初期可加快灌浆速率，促进提前成熟。杨建昌等（2002）发现，水稻旱种或在齐穗期喷施 ABA，均可使灌浆速率增加，灌浆期缩短。本研究在半干旱区开展，灌浆期存在水分供应充足及亏缺情况，导致籽粒中 ABA 含量变化无规律。但灌浆快的先玉 335 籽粒中 ABA 含量始终较高，可见，在水分充足或轻度水分胁迫下，灌浆迅速持续期短的玉米品种具有籽粒中 ABA 含量高的特点。

表 3－9　两品种籽粒脱水速率与激素含量相关性

品种	IAA 含量	GA_3 含量	ZR 含量	ABA 含量
籽粒				
先玉 335	0.645 1	0.100 31	0.816 9	－0.494 4
郑单 958	0.282 1	－0.489 9	0.881 3*	－0.641 9
穗位叶				
先玉 335	－0.625 0	－0.655 9	－0.929 6*	－0.921 6*
郑单 958	－0.897 6*	－0.401 9	－0.634 1	－0.657 7

注：* 显著性在 0.05 水平。

（二）相关农艺性状

1. 植株

品种间籽粒脱水速率的差异与品种植株许多性状存在一定的相关性。许多研究结果都表明，穗位较高有助于籽粒快速脱水（李凤海等，2012）。吕香玲等（2006）以不完全双列杂交组配的20个杂交组合及其亲本为试材，研究表明果穗在田间的脱水速率主要受植株性状的影响，具有较低株高、偏高穗位、开花期较多绿叶片数、较高茎秆含水率和较低叶片含水率的基因型有助于果穗快速脱水。谭福忠等（2008）在对黑龙江省5个极早熟玉米品种籽粒脱水特性进行研究时发现，灌浆期绿叶数较少有助于加快籽粒脱水速率。Eyherabide和Hallauer（1991a，1991b）研究发现生理成熟时籽粒含水率与穗位高、出苗至吐丝散粉时间、根倒伏呈显著正相关。

2. 果穗

许多研究结果表明，籽粒脱水速率与苞叶性状有很大相关性。Zuber等（1949）研究发现苞叶厚度是影响玉米籽粒脱水速率的重要因素；Hicks等（1976）认为苞叶的松紧程度会影响籽粒脱水速率；Cavalieri和Smith等（1985）研究发现苞叶枯死速率与籽粒脱水速率显著相关；Kang等（1978）认为，苞叶含水率与收获时籽粒含水率呈显著正相关，此后的研究指出苞叶含水量直接影响籽粒脱水速率，灌浆期苞叶质量与收获时籽粒含水率呈极显著正相关，收获时籽粒含水率与脱水速率呈极显著正相关，因此，灌浆期苞叶质量影响后期籽粒脱水速率。Troyer和Ambrose（1971）认为果穗脱水的通道在果穗本身，而与植株其他部位无关，提前死亡的植株能加速果穗脱水，苞叶变松、短苞叶和苞叶层数少均加速果穗脱水；王殊华等（1987）的研究也表明，苞叶越长、包得越紧果穗脱水越慢。Cross（1985）研究证实，增加玉米苞叶层数或苞叶干重会降低籽粒脱水速率，而苞叶过厚、过长或过短都不利于果穗的生长发育与收获。马智艳等（2015）的研究认为苞叶相关性状（苞叶层数、长度、包裹度）在杂交种、试点、杂交种与试点互作间的差异均达到极显著水平。此外，在育种实践中发现，胚芽与穗轴着生面小、离层不紧实的易脱水、好脱粒；合理的植株结构和良好的熟相有利于玉米成熟期提早、加速籽粒脱水进程（郭庆辰等，2015）。

Crane（1959）研究发现，玉米生理成熟后籽粒脱水速率与果皮透性、苞叶和果柄短、籽粒形状和大小有关，认为果皮透性好和短苞叶更有利于籽粒脱水。Purdy和Crane（1967）研究表明，较小的果穗更有利于生理成熟后籽粒的脱水，这与当前美国、欧洲一些国家推广的适合机收粒品种多为中穗型耐密品种相一致；研究还表明，籽粒脱水速率受果皮物理结构的影响，即果皮透性影响了脱水速率。Ключко和Асыка等（1989）研究认为玉米生理成熟后籽粒脱水速率受果穗成熟度、果穗直径、行粒数和生理成熟时的含水率等因素影响。Misevic和Alexander（1989）认为籽粒脱水速率与果穗长度显著相关，但品种间有差异。张树光等（1994）测定了不同熟期600余份玉米育种材料成熟期籽粒含水率和果穗特征，结果表明，随着穗粗和轴粗增加，籽粒含水率增加；籽粒偏硬或中间型、长籽粒、出籽率高的品种含水率低。李艳杰等（2000）研究认为与玉米收获前籽粒含水率相关因素的相关性大小依次为生育期天数 > 轴粗 > 百粒重 > 穗粗，百粒重与脱水速率呈显著负相关。吕香玲等（2006）研究发现，果穗脱水速率与穗粗、穗行数呈极显著负相关，穗粗与穗行数呈极显著正相关，即穗行数越少，直径越小的果穗更利于籽粒脱水。张立国等（2012）对黑龙江省10个生育期相近而脱水速率相差较大的自交系研究后发现，穗粗、穗行数、粒宽与玉米生理成熟后籽粒脱水速率呈显著或极显著正相关，百粒重、穗长和果皮厚度与生理成熟后脱水速率呈极显著负相关，为获取脱水速率快的玉米，应主要选育果穗短粗、籽粒宽度较大、果皮薄和百粒重小的基因型。闫淑琴等(2007)研究认为田间籽粒脱水速率与穗轴脱水速率、苞叶脱水速率呈正相关，与苞叶数目、苞叶面积、苞叶含水率、籽粒宽、穗轴粗、籽粒长度、穗长、穗粗、行粒数呈显著负相关，苞叶含水率和苞叶脱水速度直接影响籽粒脱水速率。刘思齐等(2016)研究表明，籽粒脱水速率与籽粒长度呈显著负相关，与籽粒宽度和厚度未达到显著相关水平。李璐璐等(2016)研究证实，籽粒含水率变化与苞叶、穗轴的含水率变化呈极显著正相关，与穗柄含水率变化无相关性。关于籽粒类型，部分科研人员认为偏硬或中间型籽粒含水率高，而另一些科研人员则认为马齿型品种含水率高(李淑芳等，2014)。因此，籽粒类型脱水速率差异的机制需进一步研究明确。

3. 黑龙江省半干旱地区玉米脱水速率与果穗性状的研究

研究人员以脱水特性不同的郑单958和先玉335两个玉米品种为试材，研究中国东北部黑龙江省半干旱种植区在灌浆过程中，苞叶、穗轴和籽粒果皮等对籽粒含水量的影响。

(1)不同玉米品种灌浆期籽粒、苞叶和穗轴含水量的变化

2个品种灌浆期籽粒、苞叶和穗轴含水量动态变化如图3-10所示。授粉后，2个品种籽粒含水量逐渐降低；10 d时，2品种籽粒含水量无显著差异，在20~60 d内，先玉335籽粒含水量均显著低于郑单958($P<0.05$)。2个品种苞叶含水量呈下降趋势；30 d内，2品种苞叶含水量无显著差异，在40~60 d内，先玉335苞叶含水量均显著低于郑单958($P<0.05$)；先玉335苞叶含水量在20~30 d内基本不变，而郑单958则在20~40 d内变化不大，与前人研究结果一致(Kang et al.，1978；Kang and Zuber，1989)。但李璐璐等(2016)研究表明，同为先玉335和郑单958品种，在北京(N39°，E116°)和河南省新乡市(N35°，E113°)种植，苞叶含水量在品种间差异不显著，笔者认为是由于种植地气候环境不同导致。2个品种穗轴含水量也呈下降趋势；除10 d外，其余时间内先玉335穗轴含水量均显著低于郑单958($P<0.05$)；大体来看，穗轴含水量分成3个时期，前20 d变化很大，30 d含水量下降后一直持续到40 d无明显变化，50~60 d内，穗轴含水量较之前降低后也基本保持不变。

(2)不同玉米品种灌浆期穗柄长度的变化

2个品种灌浆期穗柄长度动态变化如图3-11所示。穗柄长度逐渐增加，先玉335穗柄较长，除10 d外，各时期均显著高于郑单958($P<0.05$)。穗柄与籽粒含水量相关研究较少，李璐璐等(2016)研究发现，穗柄含水量随授粉后天数增加略有下降，但变化比较平稳，降幅较小，先玉335和郑单958两个品种间未出现显著差异，且籽粒含水量变化与穗柄含水量变化无相关性。在本研究中，发现先玉335穗柄较长，在灌浆期40~60 d内，均显著高于郑单958($P<0.05$)。穗柄长，苞叶在其上分布松散，防止苞叶包裹紧密妨碍整个果穗脱水，进而影响籽粒含水量，这与前人研究结果较类似，如苞叶变松、短苞叶和苞叶层数少均加速果穗脱水(Troyer and Ambrose，1971)；苞叶过长、过厚，包得越紧，则果穗脱水越慢，越不利于果穗的生长、发育和收获(Cross，1985；王云生等，1987)。

(3)不同玉米品种灌浆期籽粒显微观察及果皮厚度的变化

授粉后10 d，子房壁较厚，中间颜色较两侧深；内珠壁较薄，与外侧子房壁和内侧胚乳交界明显。授粉后20 d，子房壁变薄，珠被绒毡层浓缩成一条黑带，连接子房壁和胚乳；胚乳组织体积变大，水分含量较大。授粉后30 d，绒毡层消失，与子房壁融合成果皮，较之前变厚；胚乳中内含物增加，含水量降低。授粉后40 d，果皮变薄，颜色加深；授粉后50~60 d，

果皮变更薄，胚乳中淀粉积累，水分降低。2 个品种灌浆期果皮厚度动态变化如图 3－12 所示，2 个品种果皮厚度变化趋势一致，在授粉后 10 d 时，厚度最大，20 d 时大幅降低，30 d 时增加，40 d 时下降后逐渐趋于平衡；10 d 时，先玉 335 果皮厚度显著高于郑单 958（$P<0.05$），而 20 d 时则显著低于郑单 958（$P<0.05$），其他时期两者无显著差异，但 40～60 d 内，先玉 335 果皮厚度均低于郑单 958。玉米籽粒是一种果实，其最外层是果皮，果皮与种皮紧密黏结，分别由子房壁和内珠被发育而成。Purdy 和 Crane（1967）研究表明，籽粒脱水速率受果皮透性影响，透水性好有利于籽粒脱水。张立国等（2012）研究发现，果皮厚度与生理成熟后脱水速率呈极显著负相关。本研究中在灌浆 20 d、40～60 d 内，先玉 335 果皮厚度均低于郑单 958，也证明了果皮厚度会影响籽粒脱水。

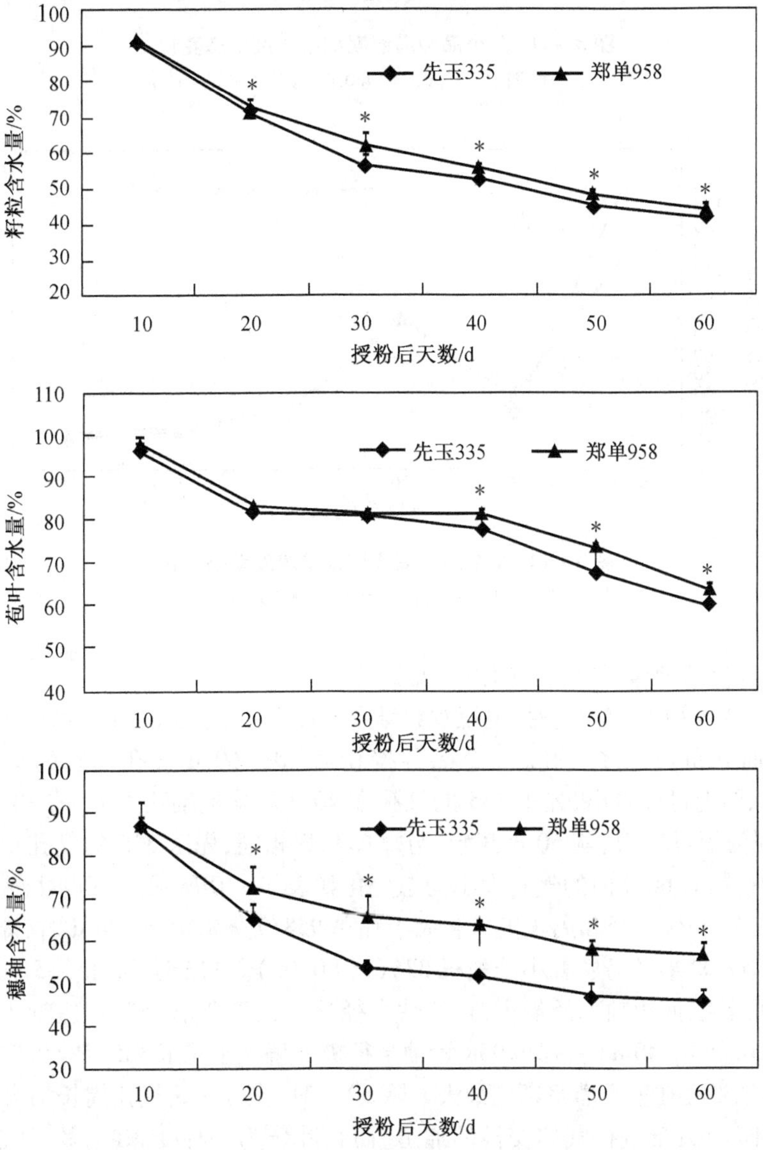

图 3－10　2 个品种灌浆期籽粒、苞叶和穗轴含水量动态变化

注：图中＊代表差异达 0.05 显著水平。

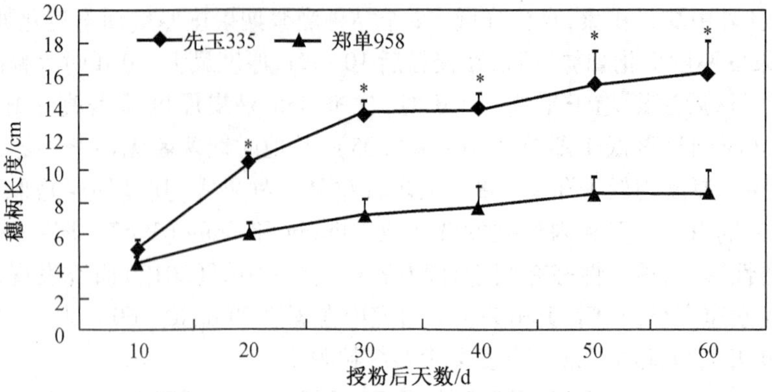

图 3－11　2 个品种灌浆期穗柄长度动态变化

注:图中 * 代表差异达 0.05 显著水平。

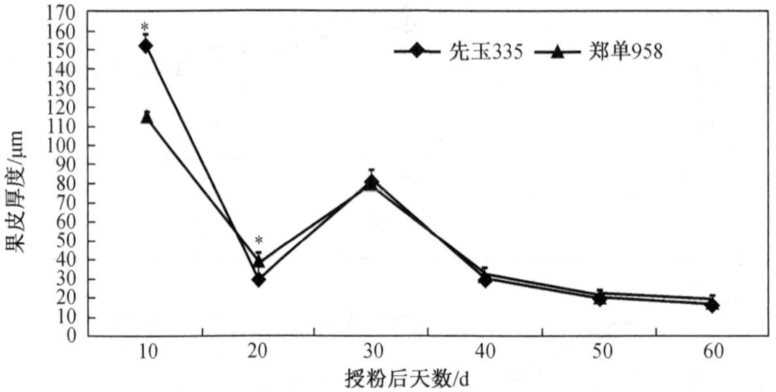

图 3－12　2 个品种灌浆期果皮厚度动态变化

注:图中 * 代表差异达 0.05 显著水平。

(4)不同玉米品种灌浆期苞叶扫描电镜观察

2 个品种授粉后 10 d 苞叶扫描电镜观察结果如图 3－13 所示。玉米苞叶上有长短不一的表皮毛,上面分布着许多气孔。2 个品种授粉后 10～60 d 气孔形态的动态变化如图 3－14 所示,从图上可以看出,先玉 335 的气孔在 40 d 内均呈细狭长形,前 30 d 极其明显;而郑单 958 则为短椭圆形,从 50 d 开始,与郑单 958 相同,先玉 335 的气孔也变为短椭圆形。2 个品种授粉后 60 d 内的气孔大小动态变化如表 3－10 所示。10 d 时,先玉 335 气孔长短轴半径较大,长轴半径和周长极显著大于郑单 958($P<0.01$)。20 d 时,郑单 958 长短轴半径变大,但长轴半径仍显著小于先玉 335($P<0.05$)。30d 时,先玉 335 气孔长轴半径在整个灌浆期最大,而短轴半径最小,且长轴半径显著大于郑单 958,但短轴半径显著小于郑单 958($P<0.05$)。40 d 时,郑单 958 短轴半径极显著大于先玉 335($P<0.01$)。60 d 时,2 品种气孔短轴半径在整个灌浆期均最大。除 50 d 时,先玉 335 气孔周长均大于郑单 958。气孔是叶片内部和外部进行气体交换的通道,而苞叶作为一种变态叶,其上气孔的形态就会影响其内水分的排出,进而影响苞叶含水量。

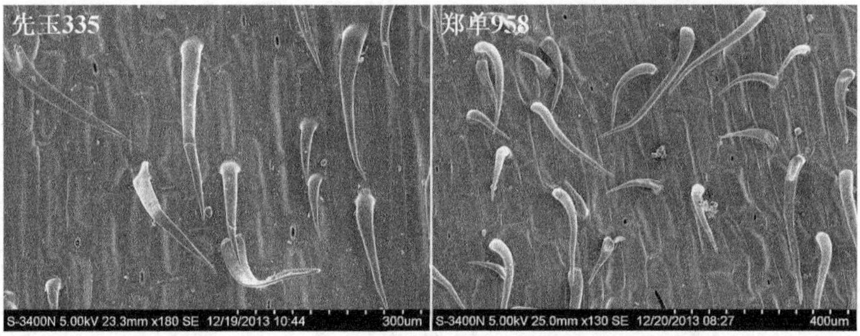

图 3-13　2 个品种授粉后 10 d 苞叶扫描电镜观察结果

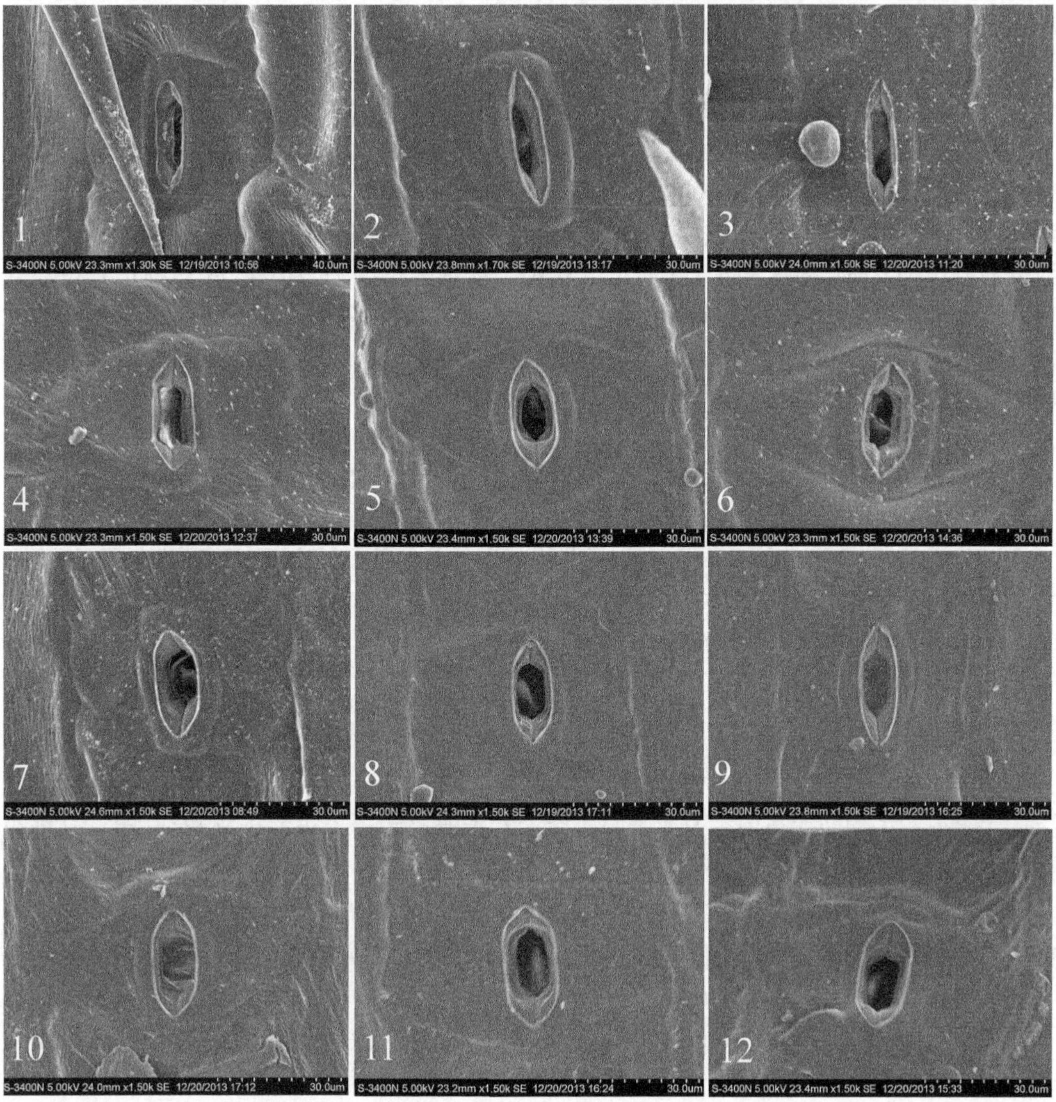

图 3-14　2 个品种授粉后 10～60 d 气孔形动态变化

注:1,2,3,4,5,6 为先玉 335;7,8,9,10,11,12 为郑单 958;1,7 为授粉后 10 d;2,8 为授粉后 20 d;3,9 为授粉后 30 d;4,10 为授粉后 40 d;5,11 为授粉后 50 d;6,12 为授粉后 60 d。

表 3-10　2 个品种授粉后 60 d 内气孔大小动态变化（单位：μm）

天数	先玉 335			郑单 958		
	长轴半径	短轴半径	周长	长轴半径	短轴半径	周长
10 d	14.33 ±0.54**	5.07 ±0.08	68.89 ±2.23**	10.58 ±0.28	4.86 ±0.17	53.41 ±1.48
20 d	14.67 ±0.35*	4.78 ±0.42	69.57 ±1.78	13.43 ±0.45	5.38 ±0.30	66.01 ±2.49
30 d	14.43 ±0.45*	4.33 ±0.03	71.61 ±1.75	14.12 ±0.59	4.87 ±0.26*	67.57 ±2.59
40 d	14.93 ±0.44	5.14 ±0.31	71.46 ±2.50	14.00 ±0.69	6.52 ±0.15**	70.86 ±3.03
50 d	13.88 ±0.28	5.97 ±0.19	69.14 ±0.74	14.20 ±0.57	5.72 ±0.19	69.83 ±2.09
60 d	15.07 ±0.81	6.33 ±0.38	74.71 ±2.70	14.40 ±0.65	6.80 ±0.35	73.10 ±2.83

注：**显著性在 0.01 水平，*显著性在 0.05 水平。

（5）不同玉米品种灌浆期各指标与籽粒含水量的相关分析

2 个品种灌浆期各指标与籽粒含水量的相关性如表 3-11 所示，苞叶含水量、穗轴含水量和穗柄长度与籽粒含水量呈极显著正相关（$P<0.01$），相关系数为 0.933 ~0.998，与前人研究结果相似（李璐璐等，2016）。果皮厚度与籽粒含水量呈显著正相关（$P<0.05$），相关系数分别为 0.822 和 0.848。而气孔周长与籽粒含水量呈负相关，郑单 958 品种达到极显著（$P<0.01$），相关系数为 -0.948。遵循小孔定律，气体通过多孔表面扩散的速率，不与小孔的面积成正比，而与小孔的周长成正比。那么，苞叶气孔周长大，会加速苞叶失水，降低苞叶含水量，进而降低籽粒含水量。

表 3-11　2 个品种灌浆期各指标与籽粒含水量的相关性

指标	苞叶含水量	穗轴含水量	穗柄长度	种皮厚度	气孔周长
先玉 335	0.933**	0.990**	0.995**	0.822*	-0.634
郑单 958	0.937**	0.993**	0.998**	0.848*	-0.948**

注：**显著性在 0.01 水平，*显著性在 0.05 水平。

（三）气象条件

玉米生育后期的气象因素对籽粒脱水速率有重要影响。在生产中观察到，同一品种生理成熟前后在不同天气条件下自然脱水速率表现出较大差异，日脱水最快可达到 1%，最低只有 0.3% 左右。Brooking（1990）通过不同杂交种在不同播期条件下的研究发现，生理成熟前玉米籽粒就有脱水现象，且为生长发育控制下的内在过程，环境因素对该过程的脱水无显著影响，此时的脱水量与吸水量达平衡，无净脱水发生；但在生理成熟后，籽粒脱水速率与空气湿度、温度、日辐射、风速和降雨有关，与环境水分的饱和亏缺程度高度相关，降雨量是影响玉米籽粒含水率的重要因素。Magari 等（1996）研究发现玉米籽粒脱水速率具有较强的遗传与环境互作效应。金益等（1998）研究认为影响蜡熟后籽粒脱水快慢有外部气象原因，也有杂交种本身的原因，如籽粒类型、苞叶长短和松紧等。向葵（2011）对大量育种材料研究后发现，仅 5 个材料的籽粒含水率与降雨量达显著相关，而所有品种籽粒含水率均与玉米热量单位呈显著相关。Schmidt 和 Hallauer（1996）研究认为玉米籽粒含水率在 30% 以上时,籽粒脱水速率与气温显著相关,但当籽粒含水率低于30%后,籽粒脱水速率与大气饱和压差、湿球温度和相对湿度显著相关。谭福忠等(2008)认为相对湿度对生理成熟后部分品种的脱水速率影响显著,即随着相对湿度的下降,脱水速率呈升高趋势。脱水速率在收获前期因气候干燥、温度高而较快;到了后期因气温降低而减慢。相应在生产中,成熟时期越早的品种,因气温高,脱水速度相对较快;而晚熟品种,由于天气转凉,脱水速率降低,在中国北方春玉米区,11 月份后,基本没有水分散失。李璐璐等(2017)的研究表明,生理成熟时玉米籽粒含水率在品种间存在极显著差异,环境条件对籽粒达到生理成熟的时间和含水率有极显著影响,且环境和品种之间具有明显的交互作用。本书研究先玉 335 和郑单 958 在黑龙江省齐齐哈尔种植区灌浆期内籽粒脱水速率的动态变化时,也得出类似结论。即不同品种在同一地区脱水速率不同,同一品种在不同地区种植也表现出不同的脱水动态(戴凌燕等,2015)。结果如图 3 – 15 所示,2 个品种在授粉后 30 d 内脱水速率较快,后期脱水速率相对较慢;在 21 ~30 d 时,先玉 335 脱水速率显著高于郑单 958 ($P<0.05$)。授粉后 60 d 取样时发现玉米籽粒产生黑胚层,显示灌浆终止,所以推测 0 ~60 d 玉米籽粒主要进行生理脱水,61 ~75 d 为自然脱水。在 31 ~60 d 时 2 个品种生理性脱水无显著差别,但郑单 958 自然性脱水显著高于先玉 335($P<0.05$)。可见,在黑龙江省种植时先玉 335 前期脱水快,郑单 958 后期脱水快。但冯健英(2011)报道在黄淮海玉米主产区,先玉 335 后期籽粒脱水快于郑单 958。李璐璐等(2016)的研究表明,在北京市和河南省新乡市种植先玉 335 和郑单 958,生理成熟前后先玉 335 脱水速率均大于郑单 958。因此推测黑龙江省种植高产玉米品种时,其收获时籽粒含水量较大程度上取决于前期的生理性脱水,而不是后期的自然性脱水。在黑龙江省秋季玉米收获时,若气象条件允许可延期采收,这将有助于玉米后期的自然脱水,从而提高玉米品质。

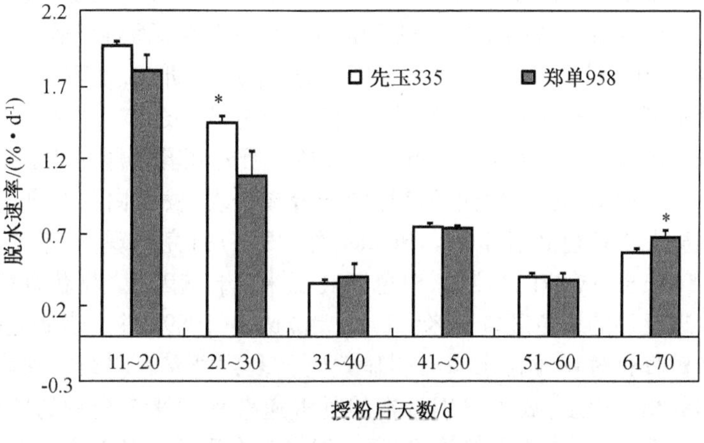

图 3 – 15　授粉后各时期 2 个品种脱水速率

(四)栽培措施

国外大量研究证实,种植密度、株行距、水肥管理及播期等栽培措施对玉米后期籽粒脱水速率也有一定影响。Troyer 和 Ambrose(1971)、Hicks 等(1976)研究发现,干旱、渍水、缺氮等逆境胁迫导致玉米产生早衰,生理成熟后籽粒脱水加快;Widdicombe 和 Thelen(2002)在北美玉米带的观测结果表明,随着种植密度增加,无论早熟还是晚熟品种,籽粒脱水速率均略有加快,当行距由 76 cm 分别缩减至 56 cm 和 38 cm 时,玉米产量相应增加 2% 和 4%,收获时的籽粒含水率同时降低2.1%;但也有报道,栽培密度在一定范围内对籽粒脱水速率不构成影响(李淑芳等,2014)。Hicks等(1976)还发现在生理成熟后通过人工去叶或其他减少绿叶面积的行为(如机械损伤、病虫危害、牲畜危害等)都可以加快籽粒脱水。生产中,东北地区农户经常在玉米进入蜡熟期将苞叶扒开、以促进籽粒脱水和成熟。由此可见,推广后期脱水快、适宜机收的耐密品种,可以通过增大种植密度等措施在获取高产的同时降低收获期籽粒含水率。

三、玉米籽粒脱水速率的遗传及分子标记

(一)遗传研究

研究者们认为,作物成熟期快速脱水是由遗传控制的性状,且主要受加性基因控制,但是非加性作用基因也起到一定的作用。玉米籽粒不同时期的含水量及脱水速率都易受到环境条件影响的复杂的数量性状,会受到逆境、密度、温度、湿度、降水等环境条件改变的影响。杨村等(1998)的试验研究认为,玉米籽粒含水量的遗传规律是符合加性-显性模型的,且加性方差占比35%,籽粒水分含量的遗传变异率较大,广义遗传力值较小,杂交种籽粒水分含量与其母本呈正相关。张立国等(2007)用10个自交系和100份杂交种研究表明,生理成熟后籽粒脱水速率广义遗传力和狭义遗传力分别达到81.45%和61.71%。向葵(2011)通过对6个自交系以及按不完全双列杂交模式组配的8个组合进行配合力分析,发现籽粒脱水速率的广义遗传力为79.16%,狭义遗传力为69.25%,这一研究结果和Killoyko等(刘玲译,1988)通过对80个自交系和72个杂交种生理成熟后籽粒脱水速率测定分析得到的广义遗传力77%左右基本一致,这些结果说明脱水速率主要受加性效应基因控制,是高度遗传的。快速脱水的基因型能够很快达到生理成熟,生理成熟之后脱水的速度比脱水慢的基因型要快。快速脱水基因型含水量下限为10%~13%,而难以脱水的基因型则大于16%。刘显君等(2010)对232个玉米自交系脱水速率进行研究,发现其广义遗传力较高,进而说明该性状是可稳定遗传的数量性状,后代选择有效。还有一些研究证实,可根据亲本来选配快速脱水的玉米杂交组合。Zuber等(1949)研究胚乳色泽与收获时籽粒含水率关系时,鉴定了wf9 × Mo22的F_2后代胚乳色泽的分离表现,发现白色胚乳玉米收获时籽粒含水率的分离明显大于黄色胚乳玉米。Neuffer等(1968)研究发现,玉米黄、白胚乳受一对基因(YY纯黄、Yy杂黄、yy纯白)控制,白色胚乳玉米(yy基因型)收获时籽粒含水率明显高于同期达到生理成熟的黄色胚乳玉米。Kang和Zuber(1989)进一步研究表明,受y位点控制的胚乳色泽对收获时籽粒含水率有明显效应。多数研究表明杂交种与母本的相关程度大于其与父本的相关程度,故可以用母本的脱水速率来预测杂交种的脱水速率,并利用脱水速率快的自交系作母本(姜恩浩等,2009),但也有个别研究认为存在父本效应,育种时应兼顾父本效应(刘思奇等,2016)。

(二)分子标记

近半个世纪以来,众多科研人员对玉米籽粒脱水速率研究更多倾向于表型方面,对相关基因研究甚少,最终导致不能对现有材料进行有效选择和利用。数量性状是由复杂的多基因控制,在传统的遗传学中,不能将来自此性状的多个基因分解成单个的孟德尔因子进行遗传研究及基因定位,而只能作为整体进行研究。20世纪90年代发展起来的分子生物学技术,尤其是SSR标记和QTL定位的出现,为解决这一问题开辟了新途径。

Sala 等(2006)用 181 个来自 F_2 单株衍生的 $F_{2:3}$家系作为群体,在同一地点经过连续两年试验,定位了 3 个与玉米生理成熟后籽粒脱水速率有关的 QTL。刘显君等(2010)以亲本自交系吉 846 与掖 3189 及其所衍生的 232 个 F_7 重组自交系为实验材料,在田间对亲本自交系进行籽粒脱水速率表型鉴定,同时对亲本、F_1 及 F_7 每个家系提取 DNA,绘制遗传连锁图谱,并用 374 对 SSR 引物进行筛选,得到的图谱总长为 1 941.7 cM,包含 101 个 SSR 位点,标记间平均距离为 19.22 cM。在 2 个试验环境下(哈尔滨及双城),共检测出 9 个显著影响生理成熟后籽粒自然脱水速率的 QTL,主要分布于 5 条染色体上(第 2、3、4、5、6 染色体),且在第 2 和第 6 染色体上检测到的 QTL 在 2 个环境下均能稳定表达。最终确定吉 846 含有快速脱水速率的等位基因。

尽管籽粒快速脱水有利于收获种子的贮藏,但过快的脱水速率会影响胚及胚乳中脱落酸的合成,进而影响收获种子下年的发芽率。鉴于此,Capelle 等(2010)利用脱水速率不同的两个亲本及其组配的 $F_{3:4}$重组自交系群体为实验材料,在授粉后 30 ~ 80 d 之间进行 4 次取样,检测了 29 个性状,研究了籽粒脱水与胚及胚乳中脱落酸含量之间的关系。利用 QTL 作图,得到的图谱总长为 5 568.3 cM,涵盖 78 个 QTL 位点,其中检测出 43 个与籽粒脱水、15 个与籽粒质量,20 个与脱落酸含量有关的 QTL,揭示了 2 个基因家族(NCED 及 ZEP)与玉米籽粒胚及胚乳中脱落酸的生物合成有关,提出水通道蛋白基因与籽粒脱水速率有关,且这些基因应为协同作用。

向葵(2011)收集了公开发表于 1994—2009 年间 12 篇玉米籽粒含水量 QTL 定位和 2001—2009 年间 12 篇玉米穗粒腐病抗性 QTL 定位的文献,并利用元分析方法最终筛选出 14 个具有两种性状的"一致性"QTL 重叠区域,这些重叠区域主要集中于 4 个染色体(第 2、第 3、第 6 和第 7 染色体)5 个区段,这对于分子标记辅助育种选择低含水量且具有穗粒腐病抗性的品种有一定的指导意义。

四、玉米籽粒灌浆与脱水的关系

(一)灌浆速率与籽粒含水率

鲍继友等(1994)研究表明,夏玉米灌浆速率与籽粒含水率的关系极为密切(相关极显著)。籽粒含水率在 30% ~85% 的变化范围内,含水率每下降一个百分点,掖单 2 号千粒重增加 6.56 g ±0.15 g,掖单 4 号增加 6.28 g ±0.74 g,掖单 12 号增加 5.80 g ±0.63 g。含水率每变化一个单位,同一品种播期间引起千粒重变化的绝对量基本稳定,变异较小,籽粒含水率下降最快期即为灌浆高峰期。籽粒含水率小于 30% ~32% 时,乳线消失,灌浆基本停止。申琳(1998)研究夏玉米籽粒灌浆与籽粒含水率的关系时发现,不同品种不同播期玉米灌浆速率峰值的出现,以及灌浆终止等与籽粒的含水率关系较为稳定。不同品种及同一品种不同播期的灌浆速率与含水率的变化曲线相近,都呈单峰曲线,高峰期含水率为 40% ~80%,几乎都在含水 55% 左右出现峰值。籽粒含水率与灌浆天数呈极显著的直线相关。可以用籽粒含水率测算籽粒发育天数。籽粒含水率将籽粒发育过程分为 3 个阶段。水分上升阶段:含水率 80% ~90%,含水率迅速上升,籽粒体积和鲜重增加很快但干重积累较少,只占最大干重的 6.66%;此阶段主要进行胚的分化,到此阶段结束时,已分化出胚根、胚茎、胚芽;约处在授粉后 10 ~ 15 d,需积温 200 ~ 400 ℃。水分平稳阶段:含水率 40% ~80%。水分下降阶段:含水率 25% ~40%。王振华等(2001)对黑龙江省 38 个玉米自交系生理成熟期及籽粒自然脱水速率的研究表明，中晚熟材料生理成熟期在抽丝后 50 ~ 60 d，此时含水量为 23% ~35%。中早熟材料生理成熟期在抽丝后 45 ~ 50 d，此时含水量在 28% ~35%。吕新等(2005)研究籽粒灌浆速率与籽粒含水百分率、籽粒体积之间关系极为密切，数学模型为二次方程，单峰二次曲线。籽粒含水率在 60% 左右时灌浆速率达最大值，此时籽粒含水量也达到最大值，籽粒含水率在 60% 以上籽粒灌浆速率随着籽粒含水量增加而递减，在 60% 以下时灌浆速率随着含水率增加而增加。

(二)灌浆速率与脱水速率

Kang 和 Zuber(1978)、Kang 等(1986)在研究玉米灌浆期籽粒脱水速率与灌浆速率的关系时指出，灌浆速率增大会加快籽粒脱水速率，从而降低收获时籽粒含水率；灌浆期延长，籽粒脱水速率较慢，收获时籽粒含水量较高，二者呈极显著正相关。Kang 等(1975)研究表明，灌浆速率和籽粒脱水率有显著的相关性，灌浆速率越快，生理成熟后籽粒脱水率就越快，收获时籽粒含水量就越低；灌浆速率慢，灌浆期延长，生理成熟后籽粒脱水速率较慢，收获时籽粒含水量增高。这些研究结果表明，玉米灌浆期特性与籽粒脱水速率有关。

五、籽粒含水率与机械化粒收

(一)籽粒含水量对机械化粒收的影响

玉米收获时籽粒含水量是影响机械收获质量、安全贮藏和经济效益的关键因素，已经成为一个重要的经济性状。李少昆(2017)对 2011—2016 年间 2 450 组样本测试结果表明(图 3 - 16)，收获时玉米籽粒含水率的分布呈正态分布，平均值为 26. 65%，最小值为 11. 30%，最大值为 48. 0%，变异系数为 19. 48%。籽粒水分大于 25% 的样本占 58. 78%，小于等于 20% 的样本仅占 9. 92%。目前，国际上普遍认为，机械粒收最佳籽粒含水率为 18% ~23%(Plett，1994；Chowdhury and Buchele，1978)。当前我国玉米机械粒收时的含水总体偏高。相关分析表明，籽粒破碎率、杂质率、落粒量与含水率之间均呈极显著正相关，其中含水率与破碎率的关系最密切，水分偏高是导致当前我国玉米机械粒收破碎率高的主要原因。

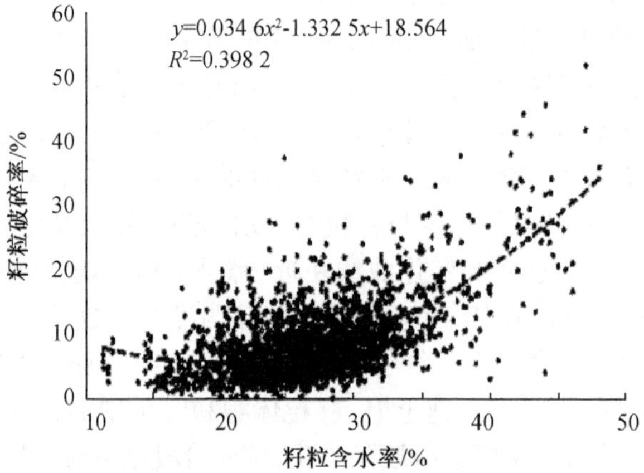

图 3 - 16　玉米籽粒破碎率与含水率之间的关系(2011—2016，n = 2 450)

破碎率与收获时玉米籽粒含水率两者呈二次多项式关系，含水率在 19.26% 时破碎率最低。Paulsen(1983)提出籽粒破碎敏感度与水分含量(M)的关系符合 $B = 171.3\exp(-0.29M)$，通过该公式可估测籽粒破碎率。Hall 和 Johnson(1970)研究认为，籽粒水分在 20% ~23% 时收获破碎率最低。Chowdhury 和 Buchele(1978)研究发现籽粒水分 23% 时机械损伤率最低。Plett(1994)对加拿大 6 个玉米品种研究表明，籽粒破碎率与水分呈显著相关，破碎率最低时的籽粒水分为 16.7% ~22.1%。宋卫堂等(2005)的试验也得到类似结果：当籽粒含水量降至 38.88% 时脱粒，破碎率为 28.88%，降至 30.7% 时破碎率为 11.21%，降至 25.4% 时破碎率为 7.6%，降至 22.8% 时破碎率最低，为 5.07%，但当水分降至 18.5% 时破碎率又上升到 13.31%，降至 11.8% 时，破碎率为 19.19%。由上述国内外研究可知：破碎率与收获时籽粒含水率呈二次多项式关系，含水率为 18% ~23% 时收获籽粒破碎率最低。

（二）籽粒脱水快玉米品种的选择

李淑芳等(2014)进一步研究认为玉米籽粒脱水速率是一个受数量性状基因调控的复杂性状，选育脱水速率快的品种应综合考虑玉米籽粒的发育进程，结合农艺性状、品质性状与籽粒脱水速率的相关性，并注意周围环境问题，兼顾父母本效应。

1. 农艺性状的选择

①苞叶：应选择窄苞叶、长度适中、层数少、面积小的自交系和杂交种。②果穗：应选择穗行数及行粒数相对少、籽粒长度及宽度适中、种皮较薄、穗轴较细、果穗较短、百粒重较高的品种。③株型：应选择株高较低、叶片含水率高、穗位较低、开花期绿叶数少及茎秆含水率低的品种。④籽粒类型：部分科研人员认为偏硬或中间型籽粒含水量高，而另一些科研人员则认为马齿型品种含水量高。

2. 品质性状的选择

为选育收获期低含水率品种，应选育籽粒中淀粉和支链淀粉含量高、脂肪和谷蛋白含量少、籽粒胚占体积小的品种，同时协调好以上五项指标之间的相互关系，不应单一考虑某一指标对生理成熟后籽粒脱水速率的影响，并注重选育低含油量品种。

3. 父母本效应问题

多数科研人员认为杂交种的脱水速率为母本效应，而个别科研人员认为是父本效应，因此在选择育种时，不能只顾母本效应，还应兼顾父本效应问题。

4. 环境及栽培密度问题

栽培密度在一定范围内对籽粒脱水速率不构成影响，而环境温度及相对湿度则对生理成熟后籽粒的脱水速率产生间接影响。

5. 籽粒含水量的测定

测定籽粒含水量的方法主要有直接法和间接法。直接测定种子中的含水量称直接法，目前国际通用的直接法是烘干减重法。根据种子水分的理化特性与水分含量的对应关系，间接测定种子含水量的方法称为间接法(胡晋等，2008)。与直接法相比，间接法具有操作简便、快速，适应强等特点。近年来，快速兴起的探针技术为籽粒含水量的测定提供了方便。向葵(2011)采用探针技术，利用改装的 MT808 探针水分测定仪与传统的烘箱法，对整个果穗、苞叶、籽粒及穗轴的含水量进行了定期测量，结果发现，使用探针技术时，苞叶含水量对籽粒含水量的测量影响不显著。而穗轴含水量则对籽粒含水量的测量存在两种情况：

当籽粒含水量达到某一范围时(20% ~60%),此时穗轴对籽粒含水量的影响相对偏大;当籽粒含水量低于20%或大于60%,穗轴的影响相对较小。北方春玉米收获时籽粒含水量多在20% ~40%,这说明在利用探针技术时,可忽略苞叶的含水量,但不可忽略穗轴含水量对籽粒含水量的测定。

综上所述,玉米籽粒脱水速率是一个受数量性状基因调控的复杂性状。如何选育脱水速率快的品种,应综合考虑玉米籽粒的发育进程,结合农艺性状、品质性状与籽粒脱水速率的相关性,并注意周围环境问题,同时,选择准确、高效、快速的测定方法,掌握最佳测定时期,利用新兴的探针技术,兼顾父母本效应问题;加快数量性状基因定位和有效功能标记开发,对 F_2 代以上群体进行早期选择,最终实现快速培育脱水速率快又高产的杂交种。

第四章　机械化播种

20 世纪 60 年代初期，国外发达国家就开始推广应用玉米精量播种技术。目前，玉米精量播种已经形成相当完善的技术体系。玉米精量播种精确地保证了植株距离均匀、营养面积一致、通风透光条件好，提高了成穗率、千粒重，使群体生产力达到最高水平；节约用种量，不需要田间苗、定苗作业，也避免了间苗伤根缓苗；有利于苗期形成发达健壮的根系，无多余苗争水争肥，同时不破坏除草剂所形成的封闭层，大大提高了除草剂对杂草的抑制效果。本章从选种、种衣剂包埋及设备、精量播种及装备三方面阐述机械化播种。

第一节　选　　种

一、机械化播种模式下玉米种子质量标准

国外发达国家如美国推行的玉米机械化单粒播种作业，要求种子质量好，包括四项指标，即纯度 99%、净度 99%、发芽率 98%、含水量 13% 以下（赵霞等，2012）。我国大田用种的种子标准是纯度≥96%、芽率≥85%、净度≥99%、水分≤13%，种皮无破损；种子最好包衣，在虫害较多的地区可进行药物浸种或者种子与农药混拌，我国质量标准相比国外偏低（孙明涛，2013）。

种子纯度反映了种子本身的实际纯度，建议精量播种的种子纯度指标应不低于 97.0%（孙明涛，2013），方可满足农业生产要求。现阶段实际出售的种子中如果自交粒数和异花粉粒数能控制到 3.0% 即为优良。在适应机械化播种的情况下，种子净度低会造成缺苗断条，从而影响产量。精量播种对种子净度要求更加严格，对精播玉米品种的种子净度指标要求应不低于 99.0%（刘欣，2013）。种子活力弱，发芽速度慢，发芽率偏低，在田间容易形成大小苗甚至出现缺苗的情况，所以对单粒播种的种子发芽率要求应更高，不应低于 93%（车海云等，2012）。在我国东北地区建议精量播种的种子水分应小于等于 13%（李明等，2010）。

二、机械化播种的选种

机械化播种对玉米品种提出了更高的要求。对品种特性而言，一般角质型的种子出苗快，拱土能力强，发芽率、发芽势易保持，而粉质型的种子拱土能力弱，机械化播种容易出现缺苗断垄；母本种籽粒型以偏圆形为佳，更易保证机械化精密播种的实现；另外，品种如果具有耐低温、抗寒能力强的特性，将会大大提高田间的出苗率；有些品种的遗传特性使种子出苗不利，如叶鞘开裂，往往造成田间有效株数的减少。对品种种子质量而言，一般要求种子饱满、大小均匀一致，种子活力强；同时选择合适的杀虫剂和杀菌剂包衣，这也是实现玉米机械化播种的条件之一。在品种的利用上，既要克服品种单一化，又要防止品种的多、乱、杂。

机械化播种的选种原则如下：

(1)选择通过审定的品种。选择覆盖所在区域的国家或省审定的品种，注意品种的适应性、产量、品质、耐旱及抗性(抗病、抗虫、抗逆)等综合性状的选择。

(2)选择生育期适合的品种。根据当地积温、早晚霜和实际种植情况，选择生育期适合的品种(玉米收获时乳线消失、黑层出现)，尽量避免光热资源浪费和成熟度不足等情况的发生。覆膜比露地栽培增加活动积温 250～350 ℃，可选用比当地露地直播生育期长 7～15 d 的品种。机械直接收粒地块应选熟期偏早品种。

(3)选择优质种子。注意查看种子的四项指标(纯度、芽率、净度、水分)是否符合国家标准，注意优先选择发芽势高的种子，单粒点播时要求发芽率更高。

(4)注意品种搭配。在一定种植区域内应考虑不同品种的搭配种植，起到互补作用，提高抵御自然灾害和病虫害的能力，实现高产稳产。

(5)因地选种。降雨与地力条件好的地区或地块，可选耐密高产品种；根据当地气候特点和病虫害流行情况，尽量避开可能存在的品种缺陷；干旱严重地区应适当选用早熟品种；优选在当地已种植并表现优良的品种(李少昆，2011)。

第二节　种衣剂包埋及设备

一、种衣剂的概念及作用原理

(一)种衣剂的概念

种衣剂是一种比较特殊的农药制剂，主要用于种子包衣，具有成膜特性，可在种子表面形成保护膜，这层保护膜具有一定的强度和通透性。种衣剂中的有效成分可以是杀虫剂、杀菌剂、激素和种肥，还包括成膜剂、润湿剂、分散剂、渗透剂等助剂。种衣剂与常规拌种和浸种的最大不同之处在于它能够在种子表面形成固化膜，这层膜叫做种衣。种衣剂具有很多优点，例如有利于播种、防病治虫、药剂持效期长、保护环境、利于种子克服各种不利环境因素，如低温、干旱胁迫等，也可促进作物幼苗生长等，因而在国际上得到广泛应用。我国于 20 世纪 80 年代开始推广应用种衣剂，随着种衣剂被大家逐步认可，种衣剂在我国迅速发展起来。包衣的种子种下后，包覆在种子表面的种衣剂遇水吸胀但不会被溶解，而是在种子表面形成一层膜，伴随着种子的萌动、发芽、成苗，有效成分缓慢有序地释放出来，并被根系吸收，传导到幼苗各部分，使药、肥得到充分利用，增强种子及幼苗对病菌和病虫害的抗性(薛朝阳等，2009)。

(二)种衣剂的作用原理

不同种衣剂的有效成分、助剂和剂型等存在较大的差异，其作用机理也不同。慕康国等(1998)认为种衣剂包衣后会在种子表面形成覆盖率大于 90% 的药膜；播种后，种衣剂遇水会随着种子吸收水分而吸胀，但不易被溶解，且会在种子周围形成物理或化学屏障，消除种子表面与周围土壤中的病菌，同时还可以降低地下害虫的危害。随着种子发芽和植株的生长，种衣剂的活性成分在根系周围缓慢释放，一些具有内吸性的化合物随植物吸收水分内吸传导到植物的不同部位，继续发挥作用。种衣剂中含有的植物生长调节剂可以调控植物的生长，一些植物生长所必需的微量元素也会随着植株生长传递到各个部位，减少一些缺素症的发生。熊远福等（2001）认为种衣剂的成膜剂将一些活性物质固定后均匀地分布在种子表面，形成一层临时无活性的"活性物质库"，播种后种子吸水膨胀，"活性物质库"恢复活性，且活性物质缓慢释放，不会迅速淋溶或聚集而快速发挥活性而对作物产生药害。Glen（1991）把丸化种衣剂分为溶解型和裂解型两种。溶解型遇水会立即溶解，在植物种子的周围分散而发挥作用；裂解型遇水不易被溶解，其通过毛细管作用原理，种子吸水膨胀时，内部压力增加而使种衣裂开，从而为种子萌发提供所需 H_2O 和 O_2。也有研究认为种衣剂是通过其成分中的过氧化物遇水放出氧气，满足种子发芽阶段 O_2 的需求（Kamura，1980）。过氧化物在水田作物种衣剂中优势较强，能为根系提供较多的 O_2；种衣剂中的高吸水剂在种子表面形成一层蓄水层给种子萌发提供所需要的水分（Evans，1985）。随着种衣剂的剂型和成分的多元化，种衣剂的作用机理也越来越复杂，除传统种衣剂的基本机理外，昆虫驱避剂、生物药剂等病虫害防治新模式的引入和生理学、分子生物学和色谱技术的利用，为阐述种衣剂的作用机理提供了新的方法。如王吉强等（2008）通过研究吡虫啉对黄瓜瓜蚜的防治效果和其在植株内的分布，发现吡虫啉包衣种子播种后药剂能够渗透到种子内，随着植物生长而发挥作用。

二、种衣剂的组成与分类

（一）种衣剂的组成

种衣剂主要由活性成分和非活性成分组成。其活性成分包括杀虫剂、杀菌剂、除草剂、植物生长调节剂、微肥和有益微生物等；非活性成分主要是成膜剂及其他功能性助剂（田体伟，2015）。

种衣剂的活性成分是直接对植物和靶标生物发挥作用的成分，如杀虫剂、杀菌剂、植物生长调节剂等。目前，种衣剂中常用的杀虫剂成分主要有克百威、氟虫腈、新烟碱类（吡虫啉、噻虫嗪、噻虫胺、呋虫胺等）和甲基异柳磷等，其中大部分杀虫剂因环境安全性问题，在欧美等发达国家已经限制或禁止使用。杀菌剂的成分主要有戊唑醇、三唑酮、三唑醇、烯唑醇、咯菌腈和福美双等，主要集中于三唑类杀菌剂中，常用植物生长调节剂主要包括生长素类如吲哚－3－乙酸（IAA）、萘乙酸（NAA）和细胞分裂素（CTK）等以及赤霉素类（赤霉素GA3）和生长延缓剂（如矮壮素（CCC）、多效唑（PP333）等）。随着种衣剂的发展，除草剂和有益微生物也被一些学者引入种衣剂及相关的研究中。目前研究的有益微生物包括绿僵菌、木霉菌、固氮菌、根瘤菌和芽孢杆菌等；国外已有将除草剂应用于种子处理的报道，如菲律宾国际水稻研究所将乙草胺与解草啶的混剂和苄嘧磺隆等除草剂成功应用于水稻种衣剂中，取得了满意的结果（Mabbayad，1992）。种衣剂除添加尿素、KH_2PO_4 等常量肥料外，$ZnSO_4$、硼、铁等微量元素也被添加到种衣剂中以减少作物缺素症的发生，利用 $ZnSO_4$ 对玉米包衣增加幼苗的抗性（李欣等，2008）。Wiatrak（2013）对微量元素在种子处理中的应用进行了综述。

非活性成分主要是成膜剂、流动剂及相应的功能助剂，在维持种衣剂的理化性质上发挥重要作用，其组成与种衣剂的质量和效果密切相关。成膜剂是种衣剂中最关键的组分之一，它能够使种衣剂具有较好的成膜性和包衣后的稳定性与均匀性等，保证包衣后的种子不黏结、药剂不脱落、易晾干。熊远福等（2004）将成膜剂分为4类：①淀粉及其衍生物类，如可溶性淀粉、羧甲基淀粉、磷酸化淀粉、氧化淀粉以及接枝淀粉等，其黏性小、成膜性差，主要用于丸化种衣剂；②纤维素及其衍生物类，如乙基纤维素、羟丙基纤维素、羟丙基甲基纤维素等，具有较好的成膜性，并具有一定的保水作用，主要用于丸化和薄膜种衣剂；③高聚物类，如聚乙酸酯、聚丙烯酸酯、聚丙烯酰胺、聚乙烯吡咯烷酮等，其成膜性能好，是目前常用的成膜剂；④其他类，如甲壳素、阿拉伯树胶、海藻酸钠等，其主要来自天然产物，具有较好的安全性。配套助剂包括悬浮剂、乳化剂、分散剂、缓释剂、渗透剂、色料等，丸化种衣剂还含有硅藻土、石膏、滑石粉等，主要起到保护、趋避和药剂缓释等作用（田体伟，2015）。

（二）种衣剂的分类

1. 传统分类法

（1）薄膜种衣剂

薄膜种衣剂基本不改变原始种子的大小和形状，仅在作物种子表面形成一层药膜。这类种衣剂是目前粮食作物生产上应用最广的种衣剂类型。

（2）丸化种衣剂

丸化种衣剂处理后改变了作物种子的大小，主要适用于小粒种子的包衣，一般把种子做成球状或片状，成为丸化种子。

包衣的目的不仅包括病虫害的防治和调节作物生长，更重要的是利于作物播种的精细化、机械化和现代化，但其出苗与未处理种子相比一般稍有延迟（田体伟，2015）。

2. 按农田类型分类

（1）旱田作物种衣剂

主要用于玉米等旱田作物，是现在应用最多的种衣剂类型，一般不宜用于浸种处理。

（2）水田作物种衣剂

在我国主要用于水稻的包衣，包衣后可以浸种，种衣剂在种子表面具有较好的附着性，一般不易脱落，其活性成分在水田内缓释（田体伟，2015）。

3. 按剂型分类

国标 GB－T 19378—2003（农药剂型名称及代码）把种子处理制剂分为种子处理固体制剂和种子处理液体制剂。固体制剂包括干粉剂、可分散粉剂和可溶粉剂；液体制剂分为液剂、乳剂、悬浮剂、悬浮种衣剂和微囊悬浮剂。目前生产中使用的剂型以悬浮种衣剂为主，但存在活性成分含量低、生产和运输成本高等缺点。因此，固体制剂是种衣剂的发展趋势（田体伟，2015）。

4. 按用途分类

（1）物理型

为了便于机械化播种，保证播种均匀度，物理型种衣剂加入大量的填充材料和黏合剂；同时还具有在种子表面产生物理屏障的作用。其主要用于小粒种子的丸化包衣技术（田体伟，2015）。

（2）化学型

其主要含有一些农药（杀虫剂、杀菌剂和除草剂）、肥料、植物生长调节剂和其他的化学制剂（如金属离子）等化学物质。化学种衣剂是目前的主流，其功效因有效成分不同也存在较大的差异；同时因化学种衣剂质量不同、成分不同和配比不合理等因素的影响，易引起一些药害的发生。化学种衣剂按其有效成分的不同又分为杀虫型、防病型、除草型、补充微量元素和调节植物生长型等(田体伟,2015)。

(3)生物型

生物型目前主要是一些微生物或其代谢物、植物提取物等,如绿僵菌、木霉菌、固氮菌、根瘤菌、芽孢杆菌和植物提取物等。与化学型种衣剂相比,其安全性较高,不破坏生态环境,符合人类可持续发展的基本要求,是种衣剂的一个发展趋势。

(4)特异型

因地域和气候条件的不同和一些作物的特异性,研制了抗旱、抗寒和抗盐碱等一些具有特异功能的种衣剂。

(5)综合型

为了更好地利用种子处理技术,往往将不同类型的种衣剂成分结合来达到防治病虫害、调节作物生长等多种目的(田体伟,2015)。

5. 按照种衣剂的作用位置与方式分类

(1)地上部分发挥作用

种衣剂的有效成分具有较好的内吸性,随着作物生长,药剂成分随水分和矿质元素的吸收传递到植株的各个部分发挥作用。如含有吡虫啉、噻虫嗪、克百威、三唑酮和戊唑醇等成分的种衣剂就属于此类型(田体伟,2015)。

(2)地下部分发挥作用

种衣剂主要在地下部分发挥作用,一般情况下药剂的有效成分不易随植株生长传递到作物地上部分。种衣剂在土壤中的作用方式有多种,如对土壤中的病原微生物或害虫产生物理屏障、种衣剂的警戒色、杀死地下害虫和种子表面的病原菌、保水抗旱促进地下部分的生长等(田体伟,2015)。

三、种衣剂的发展趋势

(一)高毒向低毒方向发展

现阶段使用的种衣剂很大一部分都是高毒的,存在着极大的安全隐患,对作物和人畜都会产生不利影响,很多国家已加强对高毒农药的限制,因此以后会朝着高效低毒环保型种衣剂发展(吴学宏等,2003)。

(二)向有效成分高含量、多种剂型发展

目前生产中使用的种衣剂剂型基本上为悬浮型液体,存在很大问题。一方面有效成分含量过低,另一方面剂型较为单一,在运输、储存和使用等方面存在很大的不足。解决这两个问题的有效方法是提高有效成分含量,并且由单一剂型向多种剂型发展,可以发展干粉型、超微粉体型或者是微胶囊干制剂等(吕永来等,2001)。

(三)生物防治剂将大量引入到种衣剂中

大量使用化学农药带来了很多问题,例如对环境造成了污染、对非目标及有益生物产生了毒害作用、提高了有害生物对农药的抗药性等问题,而引入生物防治可避免上述化学农药带来的不利影响。真菌、细菌、放线菌等是现阶段用于生物防治的微生物,伴随着对生物防治的深入研究,生防菌的种类和数量还会不断加大(谭万忠,1992)。虽然生物防治剂

具有化学防治所不具备的很多优点，但是其本身也存在一定的局限性，它的作用谱比较窄，作用效果不会迅速表现出来，因此，为促进生物防治的进展，提出两种解决方法：一种是利用多种菌剂组成多功能生物防治剂；二是将生物防治剂与化学农药或肥料进行复配。

（四）开发具有多种功能的种衣剂

目前常见的种衣剂是具有防治病虫害的种衣剂，但是幼苗除了受病虫危害外还受到杂草危害，因此急切需要开发具有除草功能的种衣剂；伴随着除草剂的研究进展，不但开发出高选择性除草剂，而且除草剂安全剂也已经成功研制出来。

四、玉米常用种衣剂及防治对象

根据田间病虫害常年发生情况，应明确防治对象，有针对性地选择包衣种子。如购买未包衣的种子，可用种衣剂、微肥拌种，但要选择正规厂商生产的种衣剂，根据使用说明进行种子处理，以免造成药害，若对包衣药剂针对性差，可选择药剂拌种（李少昆，2011）。玉米常用种衣剂及防治对象见表 4 – 1。

表 4 – 1　玉米常用种衣剂及防治对象

防治对象	药剂名称
地下害虫（蝼蛄、蛴螬、金针虫、地老虎等）	克百威、丁硫克百威、吡虫啉、高效氯氰菊酯、毒死蜱、氯氰菊酯、顺式氯氰菊酯、甲基异柳磷、辛硫磷
蚜虫、蓟马、灰飞虱、黏虫	克百威、吡虫啉、噻虫嗪、乙酰甲胺磷
苗期病害	福美双、克菌丹、多菌灵、咯菌腈、精甲霜灵、三唑酮
茎腐病	福美双、戊唑醇、三唑酮、甲霜灵、克菌丹、多菌灵、咯菌腈、精甲霜灵

五、种衣剂包埋设备

种子包衣是以种子为载体，以包衣设备为手段，将含有农药、肥料、生长调节剂等有效成分的种衣剂（通常为胶悬液）按一定比例均匀有效地包敷到种子表面的加工处理技术。国内种子包衣设备大多是引进美国、意大利、德国等早期技术研制的，与国外先进水平存在较大差距。采用杠杆翻斗原理控制种药混配的包衣机，其在结构设计、种药供给方式、计量精度控制等方面均存有较大不足，最好的包衣合格率也不足 92%。20 世纪 90 年代初，少数厂家采用定量泵供药、对开门等方式给种进行包衣作业，虽在结构原理上有所改善，但可调控性差、精度低，包衣质量仍不理想（唐军红，2006）。而且国内包衣设备的电控系统简单粗放，无法对种药计量进行精确控制，也不能使各部件协调有序工作，严重制约着种子包衣质量的提高，难以满足现代农业生产对种子包衣质量高标准的要求（赵德春和赵巍，2006）。

第三节　精量播种及装备

一、精量播种技术

（一）精量播种技术概念

玉米机械化精量播种技术是指应用农业机械一次完成开沟、播种、深施肥、覆土、镇压、播种作业的全过程。精量播种技术将单粒种子按照可控的三维空间坐标位置放入种床，即种子在田间具有精确的播深、株距、行距。其工作原理是，按照当地农艺要求，以一定的种量、行距、株距，通过开沟、播种、施肥、覆土和镇压等一系列作业，将作物种子均匀播入到一定深度的土壤中。由于可一次完成多项工序，该技术可以减轻农民劳动强度，大幅度提高作业效率，提高播种质量。同时，该技术可实现玉米标准化种植，有利于后续的机械化田间管理和收获作业，促进了玉米生产全程机械化的发展（刘欣，2013）。

采用传统的播种方式，玉米每亩需要 2.5 ~ 3.0 kg 种子，而精量播种只要 1.5 kg 左右，按照每千克优质玉米种 30 元计，采用精量播种技术每亩地可节省用种费用 30 ~ 45 元，同时免去了人工间苗的费用，节省人工费约 20 元，合计每亩可以节省成本 50 ~ 65 元（温莉萍，2007）。由于精量播种技术可以按照与当地相适应的农艺要求的株距进行单粒点播，因此可最大限度保证出苗一致性、整齐度，使作物植株分布均匀，保证玉米苗良好的通风透光性。除此之外，该项技术使玉米苗充分利用土壤的营养和水分，苗期发育健壮，群体长势均衡，有利于扩大良种覆盖面积，达到提高产量的目的（李洪昌等，2014）。实践证明，一般机械化精密播种生产效率是人工作业的 50 倍，比普通条播玉米增产 6% ~ 25%，每公顷节本增效 750 元以上。

（二）精量播种技术分类

一般的播种方法分为四大类，即撒播、条播、穴（点）播和精量播种。撒播是人工将种子按所需播量直接抛撒于地表并用工具将种子埋在土里的播种方法；条播是按规定的要求将种子播成条状；穴（点）播是按照一定的行距、株距、播深进行定点播种的播种方法。这三种方法都属于传统方法，均以大播种量的方法进行播种。玉米属于典型的中耕作物，如果用传统的大播量方法播种，等大密度的苗长出来后还需要间苗，这是一种去除小苗留下大苗、去除弱苗留下强壮苗的作业手法，幼苗的根系之间缠绕在一起，这种间苗方式很容易对幼苗根系造成严重损伤，不利于幼苗的生长发育。

常用的玉米精播技术有三种：

（1）全株距精密播种，其特点是可做到单粒点播，出苗整齐，一致性好，不需要间苗，适于土壤条件好、种子纯度高、发芽率高、病虫害防治有保证的玉米地块。

（2）半株距或缩距精密播种，按玉米播种要求株距的一半或大于一半进行播种，提早防备因种子质量、虫咬等因素影响播种后出苗不全的问题，如有缺苗，可借用前后种苗补全。其特点是保苗率高，耗用间苗工少，苗势齐整，虽多用一些种子，但可免除农民苗不全的担心。

（3）半精密播种，每穴单、双粒下种量占到播种总量 70% 以上，每穴下籽数 1 ~ 3 粒，以防止单粒播种因种子本身的缺陷及播后虫咬造成的缺苗现象。单位面积的播量同缩小株距播种相近，其特点是可让绝大部分的穴里有一株以上种苗，但存在小苗争肥争水现象，在间苗时费工且易伤害留下的种苗。

二、精量播种设备

精量播种设备是在兼顾多元化的农作物种植要求和机械生产成本的前提下进行生产设计的。精量播种机一般由以下装置组成：开沟装置、施肥装置、播深控制装置、排种器、传动装置、覆土镇压装置和其他辅助部件组成。开沟装置种类较多，对其要求是开沟直、深度一致、掘穴整齐，种子在行内分布均匀，不乱土层。播深控制装置通过限深装置推动一个能随地面起伏仿形的平行四杆机构来实现开沟深度的控制，该装置是保证播种深度一致性的重要设备。传动装置通常由地轮驱动和链条传动组成，它是排种器和施肥器工作的动力来源。随着播种作业效率的提高，传统的传动装置已经不适应高速条件下的作业，地轮打滑和链条跳动都会严重影响排种器工作的稳定性，因此国外先进的精量播种机正逐步采用电机驱动的方式取代传统的地轮驱动，在此基础上，播量实时控制技术、变量播种技术也在逐渐走向成熟。精密排种器是精量播种机的核心部件，其工作性能的好坏直接影响播种精度，因此开发和研制符合农艺要求的新型精密排种器对推动玉米精量播种技术的发展具有重要意义（费学通，2011）。

玉米播种要实现机械化，大多实施玉米精量、半精量播种技术，达到提高工效、节省种子，提高肥效的目的。从目前已通过省部级鉴定和大量推广应用的播种机来看，有谷物播种机、谷物精少量播种机、中耕作物精量播种机、免耕播种机、耕整施肥播种联合作业机、覆膜播种机和施水抗旱播种机等7类播种机。这些播种机的功能各不相同，既有专用播种机，又有播种、中耕、起垄通用机；既有模式化栽培技术专用机，又有传统单双条多种作物通用播种机；既可垄上播种，又可平作播种，还可一边播种一边起垄；大中小各类机型俱全，能与各种功率拖拉机配套。

适用于玉米精量播种机械化技术的机具很多，应根据不同地区、不同种植规模和不同田地情况，因地制宜地选用适合的机具。目前，使用较多的玉米精密播种机分机械式、气力式两种。机械式精密播种机结构简单、价格较低，但播种精度不如气力式精密播种机。气力式精密播种机播种精度高，但结构复杂、价格较高。精密播种机根据配套动力与挂接方式不同设计了不同的规格，农民在购置播种机时，应选择与自己已有动力装备相匹配和挂接方式相同的型号。生产中常用型号有如下2种。①2BQM－2型免耕气吸式播种施肥机。该机为小四轮拖拉机配套，适用于在未经耕翻的原茬地表上直接进行播种作业，可精播玉米、大豆等作物。该机能一次完成破茬、开沟、施肥、播种、镇压及覆土等几道工序，其行距、株距、作业深度、播种量和施肥量均能在较大范围内调整。另外，该机只需要稍加变形，卸下破茬器，就可用于传统翻、耙、压这些地表上的播种作业，达到一机多用。②新型实用的2－BMFS－2型玉米免耕精量播种施肥机。该机具的开沟机动力由发动机传递，采用直刀旋转开沟的方式，与作业地块条件无关；使用皮带轮（或动力输出轴）、齿轮和链条的传递方式，保证开沟精确无误。

使用玉米精量播种机时，应严格按照使用说明书的规定和农艺要求进行调节与操作。播种前应清理机具上各部件的杂物、泥土，各润滑部位应加注润滑油。作业前调整好开沟器、三角皮带松紧度、梁架高度、传动部分、排种粒数、株距、开沟深度、镇压轮、覆土量、施肥量等。玉米精量播种机调整准备完毕后,应先进行试播,待符合播种作业质量要求后,方可投入正常播种作业,否则需进行重新调整。驾驶员和播种作业人员必须经过玉米精量播种机基本知识培训,认真阅读使用说明书,熟悉机具性能、构造及调整和保养方法后方能操作。作业时注意匀速直线行驶,以免重播、漏播,作业行走路线应保证添加种子和机械进出的方便。为防止开沟器堵塞,播种机的升降要在行进中操作。倒退或转弯时,应将播种机提起。如果发现开沟器、镇压轮缠草就要及时清理。播种机使用后应做日常班前、班后保养,每季作业完毕应按使用说明书进行全面保养,整机在休闲季节应入库存放。

三、玉米精量播种机械化技术的优点

(一)节省种子,节能,降低成本

在传统的玉米栽培技术中,亩用种量是2.5~3 kg,每穴播种需要的种子数量在2~4粒左右。如果采用玉米机械化精播的方式进行栽培,则可按亩留苗数进行单粒穴播,这种方式的用种量则在1~1.5 kg,相较于传统的播种方式,玉米精良播种可以使得每亩节省用种量45%~60%,按现种子价格30~40元/千克计算,每亩均可节省50元左右,大大降低了成本,提高了效益(谢斌,2016)。

(二)省时、省事、省工,降低劳动强度,节省务工费

精量播种是建立在机械工作的基础之上的,与传统的播种方式相比,有以下优势:

1. 省工

人力挖穴播种每亩需用工1个,人力施肥每亩需用工0.5个,生长期幼苗间苗每亩需用工0.5个,合计用工2个。使用机械作业,每亩精量播种用时约10 min,且施肥同时完成,幼苗生长期也不需要间苗。与人力播种相比,精量播种每亩可省工1.17个(按价比计算)。

2. 节约成本

机械精量播种每亩需支出作业费100元。目前劳力成本1个工日大约开支120元。根据每亩可省工1.17个计算,与人力播种相比,每亩可省成本140元。同时,使用免耕播种,每亩可节省耕整费用100元,合计每亩可省直接生产成本240元。

3. 省事

机械精量播种、施肥一道工序完成,省去人力多道作业环节。对种植大户,也省去了请工及餐饮招待等烦琐事项。

(三)能够合理播种幼苗,使幼苗达到均、齐、壮的效果

玉米精量播种的方式是按亩留苗数进行单粒穴播,所以既然每穴只有一粒,就能保证单株幼苗得到完全生长,不需要跟其他的幼苗去抢夺营养、阳光、肥料和水分,使每一株苗健康,旺盛成长,达到苗均、苗齐、苗壮。同时玉米精量播种苗期是不间苗,不定苗,根据不同苗种对密度和行距的要求,可进行合理的密植,来增加玉米的产量。

(四)省肥、省药,延长除草剂的药效,达到保护生态的目的

精量播种的施肥方式是在研究了土壤的土质、种类、肥力的基础上,在适应不同的土壤要求上进行一次性深施,以及采取种肥分离的方式,这样可使肥料的利用率大大增加,大约

每亩用肥量可节约 1.5 kg,成本降低了 20 ~ 25 元。因为精量播种的栽培方式减少了田间间苗,所以极好地保护了除草剂的药层,并且同时延长了除草剂的药效,抑制杂草生长效果明显,绿色环保的播种方式,也起到了对生态环境的保护作用。

四、玉米精量播种机械化技术操作规范

(一)土地选择

选择地势较为平坦、土层深厚、土壤松软透气且具有良好的蓄水保肥能力的土地,地块要集中在一起,最好连成一片,充分发挥精量播种机械化技术的优势,统一播种。同时,对土地进行均匀灌溉,保证种子出苗期的土壤水分。

(二)翻耕整地

与其他农作物相比,玉米的根系发达,因此,在播种之前要做好土壤墒情的调整,完成深耕深松工作,为玉米更好地生长发育创造条件。翻耕整地通常都是在秋季进行,做到翻地和耙地相结合。在翻耕中,耕地的深度要达到 23 cm 左右,做到耕深一致、不漏耕、不跑茬。当翻耕之后,不存在立垡、粘条的问题。翻耕之后采用圆盘耙、V 形镇压器、钉齿耙带糖子进行耙压整地,精耕细整,应达到"齐、松、平、墒、净、碎"的要求,使土层形成上虚下实的结构(虚土层厚 8 ~ 10 cm 为宜),以利于蓄水保墒、预防春旱,保证播种质量,提高出苗效果和种苗质量。

(三)种子选择与处理

玉米种子的种类很多,应选用高产稳产品种,可根据土壤状况、水分、肥力、积温以及气候等因素来确定。确定玉米品种后,要对备用的种子进行具体检查,要求种子纯度、净度、含水量、发芽率达到一定的标准。为了提高玉米苗的病虫害抵抗能力,播种时可先进行农药拌种、药液浸种或种子包衣处理。拌种或包衣要严格按照要求进行。

(四)精量播种的环境要求

精量播种的环境要求主要是指对土壤温度、湿度的要求。选择土壤温度和湿度适宜的时期进行播种是保证出苗率和出苗整齐度的重要措施。通常土壤温度为 9 ℃ ~ 12 ℃,含水率为 13% 左右,适宜播种玉米。在这样的土壤环境中,所播种的玉米种子不仅出苗时间短,而且出苗率高,出苗也具有较高的整齐度。

(五)播期和种植密度要求

当土壤温度达到并稳定在 8 ℃ ~ 12 ℃,土壤含水量(0 ~ 10 cm 土层)为 13% 时,方可开始播种。合理的种植密度是获得高产的基础之一。玉米精量播种分为春玉米播种和夏玉米播种。春玉米播种一般播量为 22.5 ~ 30 kg/hm^2(亩保苗 2 500 ~ 3 500 株)。精密播种要求单粒率不低于 90%,空穴率小于 5%,伤种率不超过 1.5%。全株距精密播种重播率应小于 15%,漏播率应小于 8%;半株距精密播种重播率应小于 20%,漏播率应小于 10%。

(六)控制播种深度

为了便于种子发芽,要控制好播种的深度。在播种的同时也可以深施化肥,不同的种

子对播种的深度和化肥的用量也不同。

(七)科学施肥

由于有机肥不仅养分充足,而且可以长时间发挥肥料的效力,不仅可以为玉米直接供应营养,而且还可以增加土壤的养分,有助于促进玉米的生长,所以精量播种宜施有机肥作底肥。底肥要在耕整地前均匀撒施于地表,随着耕地埋入土中。若施用化学肥料做底肥,则通过深施机具将肥料深施于土壤中。常用的深施化肥有两种方法,一是一次性用作底肥深施,二是播种时施足种下肥。种子与化肥之间应该有 5 cm 以上的距离,以免化肥烧坏种子。一次性深施足量化肥可免去中期中耕追肥作业,集中深施可明显提高肥效。深施的化肥要做到氮、磷比例合适,对缺锌的土壤,要在磷酸二铵上喷附硫酸锌,晒干后施用。

(八)病虫害防治

避免播后发生田间虫害和苗期发生病害是保证精量播种机械化技术效用的关键,为此,必须采取有效措施进行病虫害防治。常用的方法是播种前进行农药拌种或浸种处理,也可在播时随种子播下拌药的毒籽或毒土,以诱杀害虫和防止病害发生。

(九)化学除草

如果玉米播后不进行中耕,那么需要在播种后(5 ~7 d)、出苗前对土壤喷施安全、高效、无残留的化学除草剂,进行封闭除草。

第五章　生育期田间管理

玉米的田间管理主要包括苗期间苗、定苗、基肥和追肥的施用、灌水、除草以及病虫害的防治等。目前,玉米田的中耕、追肥、病虫害的防控等均可实现机械化作业。本章从机械化施肥、机械化灌溉、机械化植保技术、生物防治、中耕松土五方面阐述玉米生育期田间管理的机械化。

第一节　机械化施肥

一、机械化施肥概述

化肥机械化深施可以减少化肥的损失和浪费,促使作物的根系发育,增强作物吸收养分、水分和抗旱的能力,有利于植株生长,从而提高作物产量。机械作业能保证种、肥定位隔离,避免烧种现象。机械施肥工效高,劳动强度低,节支效果明显。因此,广泛应用机械化深施肥技术能够提高作物产量,减轻化肥对环境的污染,节本增效显著(赵建勋,2013)。

进行机械化施肥,首先要摸清耕地土壤肥力状况,建立玉米的施肥指标体系和耕地地力信息系统,应用测土配方施肥技术,节约生产成本和资源消耗,提升科学施肥水平,提高肥料利用率。同时,加强施肥机具研发,改进施肥方法,因地制宜推进化肥机械深施,推动施肥技术进步。

采用的机械化施肥方法主要包括基肥深施、种肥同播、一次基施缓控释肥、喷滴灌条件下水肥一体化等(赵建勋,2013)。在机械化施肥深度方面,桑金梅等(2003)研究认为肥料全部做底施,深度为20 cm,玉米增产效果最明显,增产率达到9.7% ~12.1%。机械化深施肥还可提高肥料利用效率。郭建勋(2012)研究认为,玉米化肥机械深施可将化肥利用率提高15% ~20%,同时深施化肥可使肥效时间延长,有助于后期生长,提高作物产量。

二、机械化施肥的主要类型

(一)先撒肥后耕翻或旋耕

先将化肥均匀撒在耕地表面,耕翻后化肥埋入土壤深度大于6 cm,地表无可见的颗粒肥料。旋耕可将肥料施于10 ~15 cm的土壤中。

(二)机械旋耕施肥播种

旋耕施肥播种机械化技术是选用先进、适宜的旋耕施肥播种复式作业机械,一次完成旋耕、施肥、播种、覆土、镇压等作业。该种机型是在谷物条播机上加设肥料箱、排肥装置,即可在播种的同时施肥,化肥深施于种子下方或侧旁5 cm处,种肥隔行分层,保证了种子幼苗生长发育。一台旋播施肥机相当于旋耕机、播种机、免耕播种机等多台农机具的功能,既能一次性联合作业,又能单机分段作业(赵建勋,2013)。

(三)机械播种施肥

种肥深施是在播种的同时将肥料深施,在种、肥间能形成 3~5 cm 的土壤隔离层,既满足作物苗期生长对营养成分的需求,又避免肥种混合而出现烧种、烧苗的现象。常见的机械播种施肥方法有侧位深施种肥、正位深施种肥两种方法。侧位深施种肥是将肥料施于种子的侧下方,玉米种肥施深一般在 5.5 cm,肥带宽度宜在 3 cm 以上,肥条均匀连续,无明显断条和漏施。正位深施种肥是将种肥施于种子的正下方,肥层同种子之间的土壤隔离层在 3 cm 以上,种、肥深浅一致,肥条均匀连续,肥带宽度略大于播种宽度,防止种、肥过近造成烧种烧苗(赵建勋,2013)。

(四)机械化追肥

追肥机具要有良好的行间通过性能,对作物后期生长无明显不利影响。追肥深度应为 6~10 cm。追肥部位应在作物株行两侧的 10~20 cm,肥带宽度大于 3 cm,无明显断条,施肥后覆盖严密。机械化追肥,一是追肥机具要有良好的行间通过性能,具有施肥量调节功能。二是追肥时间适宜。墒情、苗情好的地块,适当晚追;墒情、苗情差的地块,配合灌溉,适当早追。三是施肥量应符合当地农艺要求,追肥深度一般在 6~10 cm;排肥断条率小于 3%,施肥位置准确率≥70%。四是在机械作业时,无明显伤根、伤苗现象,施肥后覆盖且镇压密实(赵建勋,2013)。

(五)微灌、滴灌肥水一体化

在温室或干旱地区可推广滴灌肥水一体化技术,节肥节水效果明显。

(六)机械喷施肥

叶面喷施肥主要采用喷雾器喷施。喷雾器主要有机动喷雾器、手动喷雾器。机动喷雾器施用效率高,喷雾质量好,适应规模化生产。手动喷雾器价格便宜,适应于农户,但是喷雾器施用效率低,不适应于规模化生产。

三、玉米施肥技术

(一)玉米种肥施用技术

玉米种肥是在玉米播种时所施用的肥料,目的是为了供给种子萌发所需要的养分。施用种肥的合理方法是在播种机上装设施肥装置,在播种的同时施用种肥。玉米种肥施用对机具的要求是不仅能较严格地按农艺要求保证肥、种的播量、深度、株距和行距等,满足作物苗期生长对营养成分的需求,而且应避免肥种混合出现的烧种、烧苗现象。按肥料和种子的位置关系,现有的施肥方法及施肥部位主要有以下几种(高焕文,2004)。

1. 种肥混施

肥料与种子在同一输种管播下,施于同一开沟器所开的沟底,施肥后肥料和种子混合在一起。由于种肥混施技术会使玉米种子与肥料直接相接触,影响播种均匀度,容易腐蚀伤害种子,造成缺苗断垄。在大多数地区,种肥混施技术已经被淘汰。

2. 种肥侧位分施

种肥侧位分施是指化肥施于种子侧下方的施肥方式。种子与肥料不相互直接接触，溶解于土壤中的肥料养分易被幼苗侧部根系所吸收。由于所施肥料主要集中在种子一侧，根系两侧的肥效不均，根系易向一侧生长。侧位分施又分为侧位水平分施和侧位深施两种，侧位水平分施是指将化肥施于种子侧面且与种同深；侧位深施则是将化肥施于种子的侧下方。侧位分施时，种肥不同沟，种子深度容易控制，可以保证种子发芽的良好条件，但是采用两个开沟器开两个沟(种沟和肥沟)，不仅增加地表的破碎程度，对土壤扰动大，而且缩小了秸秆通过的空间，增大了堵塞的可能性。

3. 种肥垂直分施

种肥垂直分施是指化肥施在种子正下方的施肥方式。种子与肥料之间间隔有一定厚度的土层，通常下层土壤湿度较大，肥料易溶于土壤，有利于作物根系在耕层中向下均衡生长。垂直分施一次开沟减少了对地表的破坏，播种机在秸秆覆盖地上的通过性得到提高，但需靠深施肥后的自然回土保证肥种间距，自然回土不可能完全一致，播种深度的变异较大。另外，垂直分施时，开沟深度一般要求在 10 cm 左右，将显著增加拖拉机牵引阻力。

(二)玉米一次性施肥技术

玉米一次性施肥技术，是指在玉米的整个生长发育过程中，只施用一次肥料。该技术施用肥料时，是与播种同时进行的，但由于肥料的特殊性，肥料可以为玉米生长的前、中、后期持续提供营养，不需要另外的后期追肥。该技术的出现简化了施肥工作，不仅可以保证玉米苗期用肥，而且减少了施肥量、节约了化肥生产原料、提高了肥料利用率、减少了生态环境污染。但是，玉米一次性施肥技术对肥料的要求比较高，所用肥料品种大多为高氮复混肥或是缓控释肥，肥料价格比普通肥料偏高(李坤等,2017)。

(三)测土配方施肥技术

测土配方施肥技术由土壤肥料检测、施用肥料配制和进行施肥三个环节顺序构成，各个环节紧密结合，缺一不可。测土配方施肥技术虽然可以提高化肥利用率、降低农业生产成本，但由于测土方法的落后降低了施肥作业的时效性且应用面积小，同时同一地块需要配置不同肥料进行施用，导致环节之间的连接较为困难。尤为突出的是，现阶段该技术与机械生产加工水平相脱节，我国还不能生产出与该技术相适应的机具进行玉米田间生产管理作业(李坤等,2017)。

(四)玉米穴施肥技术

玉米穴施肥技术通常与玉米穴播技术同时应用。玉米穴播是指按一定行距和穴距，将种子成穴播种，每穴可播 1 粒或者数粒种子；而玉米穴施肥技术是将化肥呈穴状施入土壤，并且化肥处于穴播种子的侧下方或正下方位置，两者之间有一定的间距。玉米穴施肥技术，既可避免传统的种肥混施时烧种、烂种现象，又可以避免种肥侧位、正位分施时化肥没有针对特定种子而导致肥料浪费、利用率不高的现象，同时它的实现比测土配方施肥技术的实现更为容易。穴施肥时，肥料集中施用，有针对性地在每穴种子旁边施用一定量肥料。穴施肥技术不仅提高了肥料利用率、减少了化肥的使用量，也缓解了因化肥施用不当而引起的农业污染问题。但是，当前我国穴施肥机械中的某些关键技术水平不够高，尤其是穴施肥排肥技术,目前比较成熟的玉米穴施肥机具比较少(李坤等,2017)。

四、玉米施肥的发展趋势

(一)玉米播种施肥机械的研究将与施肥技术的研究相结合

近年来,随着国家农业机械化水平的提高和精准农业的迅速发展,玉米施肥机械的施肥方式将向着穴施肥、变量施肥等方向发展。从农艺上来讲,穴施肥、变量施肥是施肥技术的重要改进和创新,这些技术可以达到节肥和提高肥料利用率的目的。而玉米施肥机械施肥方式的转变,是农机与农艺结合的重要体现。

(二)穴施肥、变量施肥技术及其在玉米施肥机械上的应用将日趋成熟

国内科研人员对穴施肥、变量施肥技术及装备的研究从未间断,目前已出现了适合小面积田块应用的样机产品。这些产品施肥效果较差、性能不稳定,但这是对玉米施肥机的又一次探索创新,随着国家农业机械化水平的提高,这些技术和装备将不断得到完善及推广应用(李坤等,2017)。

(三)玉米播种施肥机械向着大型化、智能化、高自动化水平方向发展

当前我国现有的玉米施肥播种机以中小型为主,自动化水平较低,仅大型国有农场有少量从国外进口的大型、高自动化的玉米播种施肥机。随着城市的发展和人口老龄化问题的日益加剧,土地由农户个体经营转向合作社等集体式经营,同时操作人员对机具舒适性的要求也越来越高,中小型玉米播种施肥机已不能满足机械作业的要求。随着智能化、自动化技术在农业机械化上的应用,玉米播种施肥机也会随之发展(李坤等,2017)。

第二节　机械化灌溉

一、玉米节水灌溉方法

灌溉与植物环境中影响生长发育的很多因素密切相关。在作物生长关键时期,足够的水分供应不仅能优化作物细胞的代谢过程,而且能够加强对作物的施肥效果。节水灌溉的方法主要有以下几种(李强,2017)。

(一)沟灌或隔沟灌

沟灌是沟灌水在玉米间水平沟内流动,靠重力和毛管作用湿润土壤的一项灌溉技术。沟灌不仅能节约用水量,而且还能很好地保持土壤团粒结构,改善土壤的通气情况,促进根系发展,加强作物抗倒伏的能力。隔沟灌可以进一步节约用水量,可结合玉米宽窄行采用隔沟灌水,通过人为控制隔一沟灌一沟,下一次灌溉时只对没有水的沟进行灌溉,使玉米根系水平方向干湿交替。因为玉米的行距比较宽,采用沟灌比较方便。

(二)长畦分段灌溉和小畦田灌溉

长畦分段灌溉是将一条长畦分成多个没有横畦的短畦,利用纵向输入沟或者软管把水

灌入畦田中，然后再依次向短畦内灌水，直到所有的短畦都灌满为止。土地的平整是灌溉技术的关键性因素。这样能使灌水的均匀度有所增加，节水效果非常显著。如果土地不是非常平整的时候，就要采用把大畦田改成小畦田的方式进行灌水。

（三）管道输水灌溉

管道输水灌溉在灌溉过程中既可以减少水分的渗漏也可以减少水分的蒸发。管道包括地下硬塑和地上软塑两种。管道输水具有输水快、省时、省力等优点，更能节省一定的土地利用率。

（四）间歇灌

间歇灌又称波涌灌或涌灌，是由左右转换的间歇阀装置控制水流向两组沟（畦）交替供水的灌溉技术。间歇灌改进了常规连续灌水时的连续过湿现象，具有灌水推进速度快、省水、灌水均匀等优点，尤其适用于玉米沟、沟畦较长的情况，一般可节水10% ~40%。

（五）喷灌

喷灌是指通过喷灌系统，将灌溉水喷射到空中（灌溉水具有一定的压力），形成细小的水滴，进一步洒落到耕地地面上，从而达到灌溉目的的一种灌溉技术。该技术具有三个特点，即输水效率高、改善田间小气候和地形适应性强，尤其适用于透水性强的地区，一般情况下，喷灌可节水20% ~30%。

（六）滴灌

滴灌是利用低压管道系统，将水和养分适时、适量地输送到玉米的根部，灌水均匀度高，对表土结果几乎没有影响，可显著降低植株间的蒸发量。所以，滴灌技术具有非常优越的节水能力，有着使作物增产、提高农产品质量以及改善土壤环境等优点，是目前最节水的灌溉技术。滴灌作为一种新型灌溉技术已经发展了将近一个半世纪了，在以色列和荷兰等严重缺水国家发挥了巨大的节水能力。

（七）膜上灌

膜上灌是通过放苗孔和膜侧旁使地膜输水渗入到玉米的根系。因地膜水流具有阻力小、灌水速度快和深层渗漏少的特点，故节水效果极其显著。目前，膜上灌技术多采用打埂膜上灌，即将70 cm地膜铺于95 cm左右的小畦，膜两侧为土埂，一膜种植两行玉米，畦长80 ~120 cm，膜上灌可节水30% ~50%。

（八）皿灌

皿灌是指将罐口低于田面的陶土罐埋在土中并贮存水量，为防止水分蒸发，用塑料膜扎住，可以向罐中加水，也可以收集降雨。这种灌水方法只对局部土壤起到灌溉作用，去掉了棵间蒸发和深层渗漏的不利影响，节水效果十分显著。

（九）微喷灌

微喷灌是利用折射、旋转或辐射式微型喷头将水均匀地喷洒到作物枝叶等区域的灌水形式,隶属于微灌范畴。微喷灌广泛应用于蔬菜、花卉、果园、药材种植场所,以及扦插育苗、饲养场所等区域的加湿降温。

(十)调亏灌溉

在作物生长发育某些阶段(主要是营养生长阶段)主动施加一定的水分胁迫,促使作物光合产物的分配向人们需要的组织器官倾斜,以提高其经济产量的节水灌溉技术。

二、黑龙江省玉米机械化灌溉现状及存在的问题

根据黑龙江省实际情况,灌溉包括渠道防渗、"坐水种"、微喷灌、滴灌和渗灌等。当前,农村地区在玉米的灌溉播种过程中,对玉米的灌溉大部分还是靠雨水来完成的,这主要是因为农村用水不够方便,一旦遇到旱季,玉米的生长就会受到很大的影响。因此,针对这一问题需要采取相应的措施,对农村配备相应的运水装置和输水装置。尤其是在玉米种子刚刚萌芽的阶段,遇到干旱时能够及时对幼苗进行灌溉,能够保证幼苗的存活率。此外,在缺水的状态下,土壤的水分出现大量缺失现象,对玉米种子出苗会产生很大的影响。因此,在灌溉过程中要合理调整施水量,不仅能够有效减少水资源的浪费,而且大大提高了水资源的综合利用率(刘阳,2013)。黑龙江省的节水灌溉机械也存在一些问题,如喷灌设备品种单一,固定式和移动式喷灌机的喷头、接头形式基本一致,可选择范围小,喷头转动不均匀、易磨损;而微灌机械多引进国外产品,国产的微灌喷头、滴头及滴管带等品种更少,系统成套设备、过滤器、施肥器等关键技术也急需解决,这些问题成为农田灌溉实现机械化的制约因素(鞠金艳,2011)。

第三节 机械化植保技术(包括除草和病虫害)

一、玉米不同发育时期植保技术

(一)玉米播种期的植保

玉米生长的各个阶段都应进行严格的管理和控制,尤其是在播种期种子比较脆弱,存活率较低,应重视增强种子的抗病性,同时提高土壤肥力,为种子创造良好的生长空间。在玉米种子播种以前,需要对播种土地进行全面清理,将杂草拔除,然后施加化肥,特别是氮磷钾肥与其他的复合型肥料,以改善土壤的内部环境,增加土壤的蓄水量和通透性。在玉米播种期,为了进一步优化根际微生物群落,有效改良土壤原有的团粒结构,增强土壤的通透性和肥水的涵养和供给能力,可以亩施复合生物菌粉剂。包衣剂能够在玉米种子表面形成透明薄膜,保护种子不受外界环境的侵蚀,同时还能储存水分,以供种子发芽所需,可以极大地提高种子的发芽率和存活率。种子包衣能杀死种子表面的病菌,提高出苗率,达到苗齐苗壮的目的。有效的种子包衣可以大大减轻因地下害虫咬苗而造成的缺苗断垄现象;有效防治苗期根腐病造成的死苗;减轻蚜虫、灰飞虱等刺吸性害虫传播病毒病;减少苗期的喷雾次数;防治地下害虫、灰飞虱、苗枯病,预防玉米粗缩病,兼治丝黑穗病、蓟马、蚜虫;最后,实现苗齐、苗全、苗壮,预防病虫害,促进根系生长发育,为增产奠定基础(米拉提·巴扎

哈孜,2017)。播种后需要定期喷洒农药,预防玉米病虫害,尽量避免高温和大风天气喷洒农药,防止农药进入口鼻引起中毒。种植初期应增加浇水次数,减少单次浇水量,避免田间地面积水引发玉米带病(罗辉,2016)。

(二)玉米苗期的植保技术

玉米苗期常见的病害有叶斑病、锈病、纹枯病等,虫害有蚜虫、地老虎、玉米螟等,虽然玉米种子具有一定的抗性,但是仍需要采取必要的防护措施,防止玉米得病。杂草 2 ~3 叶期(玉米 3 ~5 叶期)时,农药加水后均匀喷雾;黏虫、稀点雪灯蛾等虫害严重时,用农药喷雾防治;一般情况下,大喇叭口期是病虫和病害的多发时节,但是由于株高行密的原因,很多人忽略甚至根本没有采取任何的防治措施,从而导致玉米的早衰、早死,难以延期收获,影响灌浆、千粒重增加等,导致减产。其中茎基腐、纹枯病等影响叶片、茎节生长和雌穗分化,特别是茎基腐可导致玉米早衰,抗病、抗倒伏性差,减产高达 25%;穗蚜导致雄穗无法展开、散粉,影响授粉结实;红蜘蛛、叶斑病和锈病等,导致叶片干枯,光能利用率低,影响灌浆,植株早死、减产。丝黑穗病导致玉米不能抽雄,一般减产 10% ~30%。此外,这一时期的喷雾可以通过发展高架喷雾机械来实现。如灰飞虱、蚜虫、蓟马、二点委夜蛾、黏虫、甜菜夜蛾等均可采用机械防治。但是,特别需要注意的是,为了能够实现苗期植保技术的机械化操作,最好采用固定的种植行距,通常以 50 ~65 cm 较为适宜(王一鸣等,2014)。在玉米芽苗生长的过程中,需要开展三次中耕作业与两次浅耕作业,以保证土壤当中的微生物得以繁殖与生长,使得土壤与化肥有效融合,进一步推动玉米根系的成长。另外,在玉米栽培耕作的过程中,应确保满足以下几点要求:①将杂草全部拔除,可以通过人工方式,也可以使用机械设备;②合理施用肥料,可以是农家肥,也可以是复合肥料,其中,农家肥含量可以适当地增加,但是复合肥施用量不允许高出 20 kg;③保证灌溉工作的合理性。在玉米栽培过程中,灌溉的次数与水量都必须充分考虑种植地区的气候以及环境,最重要的就是灌溉水量即便不充足也不能过多,以免导致玉米出现烂根的问题(米拉提 · 巴扎哈孜,2017)。

(三)玉米穗粒期的植保技术

如果病虫发生在穗粒期且较为严重时,需要喷洒农药进行全面防治(米拉提 · 巴扎哈孜,2017),可以喷洒矮壮素,防止玉米的倒折或倒伏。此时还应追肥,尤以氮肥为主,将肥料施入穴中,再大范围进行培土(罗辉,2016)。根据田间调查,当玉米螟卵寄生率在 60% 以下时,可不施药,而是利用天敌控制危害。当益害虫比例失调,花叶株率达 10% 时,农药按一定比例施于心叶内(米拉提 · 巴扎哈孜,2017)。

二、玉米植保机械

植保机械包括喷雾机、弥雾机、超低量喷雾机、喷粉机和喷烟机等。目前主要使用背负式手动喷雾器、背负式机动喷雾喷粉机、机载(机引)式喷杆喷雾机。机具的选用,应注意按照作物的种类、品种和地块面积规模以及药剂施用等要求,选择环保、高效、低量、防漂移的植保机械。

(一)无人机的使用

大型田地的病虫害防治受到国内外越来越多的研究机构和公司的关注。在国外,具有代表性的就是雅马哈公司生产的 RMAX VTOL 无人直升机。RMAX VTOL 的双气缸无人直升机具有 3.13 m 的主旋翼,可以携带 28 kg 的负载。此无人直升机可以通过人眼观察并通过远程遥控系统进行飞行动作控制,已在日本和澳大利亚的部分地区被用来进行农药喷洒工作(刘路,2016)。

国内同样有许多植保无人机研发机构,颇具代表性的就是安巧航丰四旋翼植保无人机,该机通过数传电台通信的方式实现视线范围内的遥控喷洒。它由锂电池供能,续航时间为 10 ~ 15 min,农药承载量 10 ~ 20 L(刘路,2016)。

(二)玉米地面植保机械

在地面植保机械中,农药喷洒的机器有许多。西班牙 Almeria 大学针对大棚环境研制的喷雾机器,可通过高压喷雾器实现雾滴在作物冠层中的高渗透率喷雾,并且通过喷嘴和喷管角度以及形状的不同,实现对叶面正反面喷雾沉积的优化,最终实现较均匀的喷雾(Sánchezhermosilla et al. ,2013)。塞维利亚大学针对大面积草坪,通过 GNSS 导航的路径规划实现地面移动平台的自主施药,并且通过与相机信息的整合,实时构建杂草生长地图,从而实现有效精准的喷药作业(Pérez - Ruiz et al. ,2015)。Vondricka 和 Schulze(2008)通过设计一个根据控制信号可以快速、连续改变农药浓度的喷射装置,来实现田间状态的实施检测,并根据检测状况来改变农药的浓度,最终实现响应时间为 160 ms、农药混合浓度为 1% 的注塑组装和混合室的设计。

国外发达国家和地区流行的利用飞机防治病虫害模式,目前还不适合中国国情,原因有如下三点:第一,飞机造价高,成本大;第二,飞机自身的结构对于负载的限制十分明显,额定负载为 20 ~ 30 kg,只能实施 3 亩左右的田地喷药,并且电池的续航时间也很短,综合来看喷雾的效率极低;第三,飞机喷洒农药液滴较大,在植物冠层上的附着度很低,防治效果得不到有效的保证。目前国内外对农林病虫防治采取的手段并不相同,国内普遍采用手持式烟雾机、手动或电动喷雾器(刘路,2016)。

(三)手动喷雾器

手动喷雾器雾滴直径较大,雾滴不具备弥散性,防治效果较差。热烟雾机采用烟雾载药技术原理设计,防效要高于喷雾器 10% ~20% ,对虫害的防治率达到 96% 以上,对病害的防治率达到 70% 以上。手持式热雾机和喷雾器都普遍需要人员亲自负重操作,虽然取得一定的病虫害防治效果,但是对大面积集中爆发的赤霉病等束手无策(刘路,2016)。

人力操作热雾机进行病虫害防治的缺点总结如下:①耗费人力。目前市面上手持式和背负式热雾机满载重达 40 kg,人工无法长时间操作机器。②田地和气候限制。按照国内的玉米生长节气,玉米生长中后期天气较为炎热,部分地区高达 30 ~40 ℃,此时玉米生长高度为 2 ~3 m,人工进入农田作业对身体伤害极大,同时容易中暑,情况严重时会造成操作人员昏迷甚至死亡。③操作人员易中毒。由于热雾机喷雾在田间扩散,人员在未完全保护的情况下,容易吸附农药颗粒,导致中毒。④喷雾效果较差。操作人员对热雾机性能理解的差异性和工作疲劳度等不同,都容易造成对热雾机使用情况的差异,最终无法保证喷雾的效果。

第四节 生物防治

一、生物防治的概念

生物防治是指利用防控目标生物的天敌资源，以一种生物或有机体抑制另一生物或有机体，达到控制目标生物种群数量的防治方法。因其具有对环境无污染、选择性高、安全性强、不易引起害虫抗性、不杀伤天敌等优点，而具有较好的发展潜力（陈学，2010）。生物防治是现在最提倡的防治方法，它主要包括以虫治虫、以鸟治虫和以菌治虫三大类。生物防治玉米螟不仅防效好，生态效益高，而且能保护生物多样性，维持生态环境的平衡。现在我国已发现玉米螟天敌70多种，已大面积推广应用的防治玉米螟的生物制剂主要有赤眼蜂、白僵菌、苏云金杆菌等。

二、生物防治玉米病害

（一）玉米青枯病生物防治

目前已证明对茎腐病有防治作用的生防菌主要有哈氏木霉、Mycoparasite、鞍形小球皮壳菌、粉红黏帚霉菌、粉红单端胞菌、简单节葡孢菌、棘腐霉菌、外担菌、绿木霉、橘黄芽孢杆菌、绿针假单胞菌和多粘类芽孢杆菌等。在我国，对玉米青枯病的生物防治研究不是很多。陈捷等（1994）报道，应用绿木霉和细菌防治由瓜果腐霉和禾谷镰刀菌引起的玉米青枯病，人工接菌条件下对腐霉和镰刀菌的防效分别是58.15%和56.25%，在自然病土中最高防效可达100%。李红磊（2010）报道橘黄芽孢杆菌、绿针假单胞菌和多粘类芽孢杆菌可以抑制病原菌菌丝生长且降低种子带菌率。浸种处理中，橘黄芽孢杆菌G28－6对禾谷镰刀菌的防效达到38%，绿针假单胞菌K3－3对肿囊腐霉的防效达到20.7%，多粘类芽孢杆菌K18－5对禾生腐霉的防效达到23.3%。

（二）玉米大斑病生物防治

相对于其他植物病害，玉米大斑病的生物防治研究起步较晚、报道不是很多，且大多处于实验室阶段。方羽生（2001）采用平板对峙法筛选到1株对玉米大斑有较强拮抗作用的放线菌，其抑制圈直径为17.00 mm；田小卫（2004）等采用抑制菌丝生长速率法、抑制孢子萌发法、管碟法筛选到1株对玉米大斑有较强拮抗作用的放线菌，发酵液浓度为2 000 mg/L时，对玉米大斑病菌的菌丝生长的抑制作用达100%，EC50为240.13 mg/L对玉米大斑病菌的孢子萌发抑制率为85.6%；焦少娟（2008）等采用皿内对峙法初筛和无菌发酵液复筛，筛选到1株对玉米大斑病具有较强抑制作用的放线菌（JSJ12908），其发酵液在600 μg/mL浓度下，对玉米大斑的孢子萌发抑制率为92.8%；鹿秀云（2006）等采用平板对峙、温室盆栽、田间小区实验筛选到一株对玉米大斑病具有较好拮抗作用的细菌，温室盆栽试验显示其对玉米大斑病的防治效果达到83.30%，田间小区试验结果表明对玉米大斑病的防治效果达到43.56%。

(三)玉米小斑病生物防治

现在的生防菌主要以细菌、放线菌为主。研究表明枯草芽孢杆菌 J6 对玉米小斑病有较好的防效(陈赟娟和程昆华,2014)。温室盆栽实验表明,枯草芽孢杆菌 ST－87－14 对玉米小斑病的防治效果达到 83.3%,田间小区实验表明对玉米小斑病的防治效果达到 48.16%(鹿秀云,2006)。

三、生物防治玉米虫害

(一)利用赤眼蜂防治玉米螟

利用赤眼蜂防治玉米螟是目前生产实际中应用面积最大、防效较好的天敌防治技术之一。该方法不仅可提高玉米产量,降低生产成本,改善玉米品质,而且对环境安全,可维护生态平衡,是实现玉米生产健康发展的有效生物措施之一。赤眼蜂是寄生在玉米螟卵内的寄生蜂,它是由赤眼蜂雌蜂将卵产在玉米螟卵内,在玉米螟的卵内的蜂卵不久孵化为幼虫,以玉米螟卵内的营养物质为食源进行取食。由于赤眼蜂的幼虫发育与玉米螟卵的发育是相互制约的,因此玉米螟卵被赤眼蜂产卵寄生后,玉米螟卵黄受到破坏感染变质,同时缺乏营养,使玉米螟卵胚胎停止发育,导致玉米螟在卵期死亡,不能孵化出幼虫。相反赤眼蜂幼虫取食玉米螟的卵液,并在其卵内快速生长、发育直至成蜂后破壳羽化、交配,并继续寻找新的卵块作为寄主进行寄生、繁殖。如此循环不断,可将玉米螟消灭在卵阶段,达到控制玉米螟的效果(赵秀梅等,2010)。

赵秀梅等(2010)研究指出,田间使用赤眼蜂不仅能有效防治玉米螟而且收益巨大,产出投入比高达 20.5。杨长成等(2011)发现,田块大面积释放赤眼蜂不仅能够有效防治当代玉米螟,一代放蜂的持续效果对二代玉米螟的防效也可达 40% 以上。世界上最早大面积成功应用赤眼蜂进行害虫生物防治始于 20 世纪 70 年代,主要是应用广赤眼蜂和甘蓝夜蛾赤眼蜂防治欧洲玉米螟。我国赤眼蜂研制始于 20 世纪 30 年代,祝汝佐等首次发现赤眼蜂,随后国内昆虫学者对其生物学及生态学特性进行了详细的研究,对其玉米螟防治的研究则始于 20 世纪 60 年代,20 世纪 70 年代开始大面积推广应用。赤眼蜂种类繁多,目前我国已报道的赤眼蜂就有 200 余种,其中松毛虫赤眼蜂、玉米螟赤眼蜂、螟黄赤眼蜂等均可寄生玉米螟卵块。我国东北地区,主要以松毛虫赤眼蜂进行玉米螟防治,王连霞(2013)对松毛虫赤眼蜂、玉米螟赤眼蜂及螟黄赤眼蜂的玉米螟防治效果比较试验表明松毛虫赤眼蜂是玉米螟的最佳防治蜂种,并且松毛虫赤眼蜂工厂化繁育简单、成本低,目前已在我国东北等地广泛推广使用。

(二)利用白僵菌防治玉米螟

白僵菌属于广谱性的昆虫病原真菌,可以寄生到 700 多种有害昆虫体内,被寄生的害虫感染致病死亡率较高。白僵菌具有环境适应能力强,侵染发病率高,寄主广,易量产,防治成本低,对人畜无毒等优点,在农林害虫防治工作中成效均较显著(刘智辉,2005)。白僵菌除依靠毒素致寄主昆虫死亡外,还能使寄主脱水损伤寄主组织,所以被白僵菌致死的昆虫呈僵硬状(Hamill,1969)。利用白僵菌防治玉米螟的主要原因是白僵菌不仅制作简单、可大量生产、防治成本低,而且白僵菌可循环侵染玉米螟幼虫,喷施后白僵菌以玉米螟幼虫为寄主,在其寄主死亡后仍能继续侵染其他幼虫。同时第二年喷洒过白僵菌的玉米田,仍会发现有布满白僵菌孢子的僵虫存在。所以连年或间歇性喷洒白僵菌,使白僵菌在田间的数量增加,提高白僵菌的田间寄生率,有效达到防治玉米螟的目的(王喜印等,2009)。利用白僵菌可以有效杀死越冬代玉米螟成虫,降低越冬虫孔基数,降低田间玉米植株被害率70%左右。王喜印等(2009)研究表明在玉米叶末期投放白僵菌颗粒剂对玉米螟的平均防效在85%~95%。白僵菌环境适应能力强,可通过白僵菌的连年使用,增加其田间种群数量,提高自然寄生率,能起到更好的防治效果(黄国成,2009)。

(三)利用苏云金杆菌防治玉米螟

苏云金杆菌产生的蛋白晶体只有经昆虫消化道碱性环境才能激活蛋白毒性,对人畜无毒,所以被制成生物制剂得到广泛应用。朴永范等(1987)研究表明,使用苏云金杆菌颗粒剂防治玉米螺,平均防效在80%以上。

(四)玉米蚜虫生物防治

玉米田存在大量天敌,包括瓢虫、草蛉、食蚜蝇、小花蝽、蜘蛛及蚜霉菌等。许多学者就天敌对玉米蚜的控制作用在室内条件下进行了研究,对玉米蚜有较高的控制潜能。保护和释放这类天敌,可有效地控制蚜虫。国内外很多学者对天敌人工饲养及天敌释放方面进行了大量的研究。徐伟松等(2007)则用浸叶法测定了淡紫拟青霉和拟青霉萃取物对蚜虫的防治效果,发现田间小区试验处理7 d后,其防治效果分别为81.82%和81.70%,相当于1.3%鱼藤氰乳油500倍的防效。此外,还有研究利用一些植物源农药来防治蚜虫,季香云等(2009)就用辣椒、马钱子、曼陀罗、烟碱4种植物提取液对玉米蚜的防治作用进行了研究,结果发现:辣椒和马钱子提取物以8:2体积配比组合对玉米蚜防治效果最好,大田试验结果显示药后7 d,防治效果达到70.6%。周文杰(2010)研究发现,黄顶菊提取物对玉米蚜具有一定的拒食触杀作用。乔淑芬等(2010)研究了白蘚根、茎和叶水蒸气蒸馏液对玉米蚜生物活性的影响,结果表明:白蘚根的水蒸气蒸馏液对玉米蚜具有触杀和拒食作用,叶的水蒸气蒸馏液只有拒食作用,茎的水蒸气蒸馏液对玉米蚜无效果。

第五节　中耕松土

一、中耕深松的特点及农艺学基础

玉米机械化中耕具有疏松土壤、减少地表蒸发、蓄水保墒和促进根系发育的作用,有助于改善玉米幼苗生长环节,促进苗期根系生长,改善玉米根部土壤微环境,具有很好的壮苗作用,可增加玉米单产,同时具有除草的作用(李轶楠,2013)。中耕深松的核心是分次局部深松、间隔深松、虚实并存、用养结合与耕种结合、耕管结合(赵玮,2015)。

(一)深松降低了土壤容重,增大了孔隙度

深松的松土作用因土壤的类型而异,深松可增大土壤孔隙度5%~10%。深松耕法松土作用的持续时间在黑钙土上为2年,白浆土与盐碱土均为1年。

（二）协调土壤的三相比例

土壤由固体、液体、气体三种成分组成，即所谓土壤的“三相”，它们是相互联系和相互制约的，深松能协调土壤三相的比例关系，因而能协调土壤中水、肥、气、热四种要素。一般深松耕法如在黑钙土、白浆土与草甸土上可使固相减少 5% ~10%，深松可使固相减少 1% ~3%，深松后下雨可使液相增加 2% 左右，可使气相增加 5% ~15%。

（三）促进土层内热量变化，有利于作物生长

耕层的热量来源于太阳光辐射，要提高地温就得增加土壤的热容量和降低土壤的散热性，即降低其导热系数。所谓热容量就是单位体积的物质温度增高 1 ℃所需的热量。导热系数就是物体传热的性能。深松耕法是调节土壤“三相”比例的重要手段。一般深松后，耕层土壤的固相很少，气相增加，因而吸热多，增温快，空气导热系数较小、散热慢、保温好。深松区比对照区的地温可高出 0.5 ~1.0 ℃。由于土壤“三相”中水分的热容量最大，对土壤的温度影响也大，故土壤水分少时土壤就容易增温。

（四）中耕深松促进用地养地结合

深松耕法创造了“虚实并存”的耕层结构，虚部为垄沟与深松过的垄体下部或垄台中心部位通气透水、放寒增温；而实部如垄台或垄台的两侧未松过土的部位及垄台底，通气透水性差、地温较低。

（五）“虚实并存”使耕层兼备蓄水与供水功能

虚部容量较小，大孔隙较多，便于蓄积多余的大气降水；实部容重较大，大孔隙较少，小孔隙较多，土壤较密接，便于毛细管输送水分。再加上垄沟便于排水，就使得耕层具有抗旱抗涝的能力，保证了稳产。

二、玉米中耕机械

国外很多欧美发达国家使用的中耕植保机械比较先进，通常是自走式喷杆喷雾机具，有的甚至直接用小型飞机做中耕植保。日本在旱田作物行间旋转中耕松土机具的研制方面有很大发展，使用上有明显的增长。特别是具有中间传动方式的旋转刀轴，探讨链箱下无漏耕机构方面，出现了许多方案，但至今仍紧限于手扶拖拉机配套用于未耕地的单组旋耕机上使用。美国在 20 世纪 70 年代，广泛推广保护性耕作下的浅松作业，到目前为止，已经研发了一套较为成熟的旱作保护性耕作下的浅松作业机械。在表土处理方面主要有铲式松土和地表耙式平整等方法。澳大利亚于 20 世纪 70 年代，就开始着手研究保护性中耕技术及机具，到 20 世纪 90 年代才形成较完整的保护性机具技术系统，并取得了很大的成绩。表土耕作机械是覆盖耕作机械和少耕机械的一部分，主要通过凿型铲和翼型铲来疏松土壤。相关实验研究表明，表土耕作机械松土作业能够有效地改善土壤结构，使有益生物如蚯蚓等明显增多。巴西从 20 世纪 70 年代初首先在大型农场进行实践研究保护性耕作，最后广泛应用于小农场，应用面积逐年增加（赵玮，2015）。

国内旱地保护性耕作条件下的表土耕作技术及机具发展时间相对较短，在引进国外机具的同时，也在不断自主研究开发各种表土耕作机械。国内常见的表土耕作机械主要以连

云港旋耕机集团公司和南昌旋耕机厂研制的旋耕机为主。试验研究表明:旋耕后土壤失墒较大,容易板结,破坏了土壤的团粒结构,且容易杀伤土壤中有益生物蚯蚓等,长期使用会造成土壤的物理化学特性变差,对土壤中水分的控制能力下降。由于一部分土地进行浅旋后由于耙耱工作没有及时跟进,造成土壤翘空不实,影响了作物根系的长发育,且播种深度不易掌握,从而影响播种质量(张欣,2014)。旋转锄式中耕浅松机主要用于作物幼苗期苗间的松土。在作物苗期中耕机组进行高速作业时,为了保护幼苗不被土块埋覆,这种旋转锄一般都备有各种类型的护苗器附件,根据作物种类和生长期选用。目前,我国的浅松机具主要有大箭铲、小箭铲及弹簧铲式这三种浅松机。大箭铲式松土机在实地作业后,由于耕作作业的特殊性,部分土壤和土壤表面的秸秆会发生横向位移,从而导致地表面秸秆覆盖率偏低。而铲式浅松机具,当在土壤紧实度较高的黏质土壤作业时,机具牵引阻力过大,松土后常会产生较大的土块,且离松土铲越远的地方松土效果越差,细碎土和土块大小极不匀,影响播种作业和作物的出苗(赵玮,2015)。

第六章　机械化采收

机械化收获是玉米生产全程机械化中最关键的一环。玉米机械化收获技术是在玉米成熟时，根据其种植方式、农艺要求，用机械完成对玉米的茎秆切割、摘穗、剥皮、脱粒、秸秆处理等生产环节的作业技术。联合收割作业机械化程度高，可以大幅度提高劳动生产效率，减轻劳动强度，减少收获损失，能及时收获和清理田地，因此得到快速发展。本章将从粒收、穗收、种子生产机械化三方面阐述玉米机械化采收。

第一节　粒　　收

农业机械化的快速发展，使得玉米收获正由传统人工收获向现代化玉米机械化收获方式转变。“粒收”与“穗收”相比，减少了单独的脱粒作业环节，简化了生产工艺，提高了生产效率，每 667 m^2 可减少作业成本 100 元左右，同时可实现秸秆粉碎还田，增肥地力，提高产量，经济效益明显，并且避免了果穗在拉运、晾晒、存储、脱粒过程中的损失和霉变问题。玉米机械化粒收尤其适用于土地规模化经营。

玉米机械化粒收的总体要求：收获机械要有联合作业功能，即一次性完成玉米摘穗、秸秆粉碎、果穗初剥皮、脱粒、清选等多项收获作业；对高含水量的籽粒进行快速烘干，使之达到适宜储存标准或继续进行深加工。在机收籽粒的同时，还应具备处理秸秆的能力，如粉碎直接还田、打包供作燃料、加工黄贮饲料等，既帮助农民获得多重收益，又有利于解决粮食污染和环保问题（佟屏亚，2015）。

一、玉米机械化粒收的主要限制因素及存在问题

玉米机械化粒收要求玉米籽粒含水率在 25% 以下，同时，收获的籽粒经过烘干可以直接安全储藏，集玉米摘穗、剥皮、脱粒和秸秆还田于一体，将农民从繁重的玉米生产中解放出来，是我国玉米机械化收获发展的趋势。玉米机械化粒收固然有着很大的优势，但受玉米品种、收获机具、烘干等后续配套条件及对机械收获籽粒技术认知的限制，玉米机械化粒收仍有许多限制因素（郭栋，2016）。

（一）玉米品种不适宜机械化粒收

1. 品种抗倒伏（折）性不好

受传统的育种目标和种质创新方向的影响，过去的中大穗型品种选育工作导致品种的耐密性不好，穗位较高，而且存在倒伏倒折的风险，这些因素都大大限制了机械化收获的发展。

2. 品种的籽粒含水率较高

受种质资源和育种目标的限制，目前许多品种发育期偏长，收获时籽粒含水率高，达 30% ~40%，脱水速度慢。根据对现有玉米品种进行籽粒联合机收试验测试得出，玉米籽粒含水率在 32% ~36% 时籽粒破碎率高达 18% ~24%，远远高于玉米联合收获机籽粒破碎

率1%的要求。破碎率高造成一定收获损失，也使玉米品相不好，影响出售和收益。

3. 不合理的玉米株型结构

当前较多品种属中大穗型品种，植株高大繁茂，穗位不整齐，苞叶过紧等都不利于机械化收获，更不适合机械化粒收。

（二）适合我国现状的机械化收获设备性能还不成熟

多数玉米机械化收获籽粒的设备体积大，对玉米含水量、种植行距要求苛刻，目前播种机械还没有统一的标准。玉米籽粒收获机尚处于试验改进阶段，还不成熟，使用中还存在不少问题。互换割台式玉米籽粒收获机是按小麦收割机设计的，割台连接部分强度不够，全喂入玉米割台负荷量大，容易造成割台桥接部位断裂，甚至整机变形。产品本身还存在不少设计和制造方面的缺陷，主要表现在籽粒破碎率、籽粒损失率和果穗损失率都较高，作业性能不够稳定。在收获过程中，由于机器机身长，转弯不灵活，导致作业效率低（龚秋菊和朱记伟，2015；郭栋，2016）。

（三）没有配套的烘干设备

即便籽粒实现了田间收获，从目前品种的含水量来看，如果没有配套的烘干设备，大量的玉米堆积在一起，会迅速霉变，将无法进行安全储藏，会造成很大的经济损失。因此，没有烘干设备相配套，玉米籽粒联合收获机械化技术的推广会有很大难度（龚秋菊和朱记伟，2015；郭栋，2016）。

二、发展玉米机械化粒收的建议

玉米机械化粒收技术的示范推广尚处于初始阶段，还存在不少问题，与之配套的玉米种植体系和粮食烘干设备尚需完善。对于发展玉米机械化粒收提出以下建议（郭栋，2016）。

（一）进行机具选型和品种选定

对目前的全喂入式及半喂入式玉米籽粒收获机进行试验，初步选定机型；对初选玉米品种进行机收试验，选出优质、高产、早熟、后期脱水快、坚秆硬轴易籽粒机收的玉米品种。

（二）加强完整技术体系的试验示范

选定2～3个示范点，把玉米机械化粒收技术作为一个完整的技术体系，从选种、种植、管理到收获和烘干作为一个整体，拟定技术规范和机器操作规程，进行试验示范，通过试验对技术规范进一步补充完善，通过示范宣传玉米机械化粒收技术，促进该项技术的推广。

（三）争取财政支持

争取各级财政部门继续把玉米机械化粒收技术作为农机示范推广项目立项，建议加大对玉米机械化粒收和粮食烘干设备的补贴力度。

（四）强化农机农艺融合配套

玉米机械化粒收设备的设计收获行距，应与玉米种植行距相配套，以提高收获机的适应性,减少收获损失。

(五)促进技术研发创新

对玉米生产中发现的玉米机械化粒收设备存在的问题,及时向生产企业反馈,使其不断对产品进行改进、完善和提高;向有关部门建议支持企业对玉米机械化粒收设备的研发创新,促进玉米机械化粒收技术水平的不断提升。

三、玉米粒收机械

美国、德国等农机企业生产的在大功率联合收获机换装上与之配套的玉米摘穗割台,并通过调节脱粒滚筒的转速和脱粒间隙来收获玉米籽粒,该种玉米收获机可以实现玉米摘穗、脱粒和秸秆粉碎还田等作业。美国 John Deere 公司生产的 C230 联合收割机,采用切流式脱粒滚筒加板齿式纵向双轴流分离滚筒结构,增强机器的脱粒、分离性能,降低谷物的破碎率,具有较高的性能价格比。同时该机械还是种子收获的理想机型,割幅有 4.57 m 和 5.34 m 两种,其收获性能在国内外均处于领先水平(相茂国,2014)。

近年来,随着合作社和家庭农场等新型农业经营主体的出现,以及玉米育种技术和谷物烘干技术的快速发展,我国部分地区已经开始出现玉米籽粒收获机,同时,我国也已经开始了玉米籽粒直收技术研究。曲宏杰(2013)利用 5TY - 32 - 85 型玉米脱粒机对郑单 958、先玉 335 和登海 701 三种玉米进行脱粒试验,试验得出,籽粒破碎率最低的最佳籽粒含水率为 18%。范国昌等(2002)试验分析了摘穗板的形式、拉茎辊转速、籽粒含水率、机具前进速度等因素对玉米籽粒破碎和损失率的影响,结果表明玉米籽粒破碎率受含水率的影响最大。周旭等(2005)研究了圆柱和圆锥两种脱粒滚筒对玉米的脱粒试验,结果表明圆锥形脱粒滚筒较理想,玉米穗边脱粒,边旋转,同样的滚筒转速,圆锥滚筒喂入口处的脱粒线速度较低,瞬间冲击力较小,有利于减少籽粒的损伤,随后的发芽试验也证明了这一点。周海玲等(2012)利用万能拉压试验机对两品种玉米果穗上单个籽粒进行静载脱粒试验,分析了玉米品种、加载方向等试验因素对玉米籽粒与玉米芯间连接的刚度系数、断裂力和断裂位移的影响。高连兴等(2011)分析了不同含水率下玉米种子籽粒破损强度、果柄强度和脱粒作用力等情况。

四、玉米机械化粒收配套烘干设备

采取籽粒收获方式必须妥善解决玉米籽粒收获后的脱水问题。随着农村城镇化的快速发展,专用晾晒场所越来越少。从产业发展来看,应尽快加大仓储(钢板仓)与烘干(籽粒烘干塔)设施建设,达到配套应用,使玉米籽粒最快达到售、储标准要求。粮食干燥机械化技术是以机械为主要手段,采用相应的工艺和技术措施,人为地控制温度、湿度等因素,在不损害粮食品质的前提下,降低粮食含水率,使其达到国家安全贮存标准的干燥技术。其除了能有效地防止连绵阴雨等灾害性天气所造成的损失外,还具有其他明显的优势:一是减轻劳动强度,改善劳动条件,提高劳动生产率,为实现农业产业化、集约化、现代化提供有效手段;二是提高了粮食品质、耐贮性和加工性;三是可以防止自然干燥对粮食造成的污染,杜绝农民因占用公路晾晒粮食而造成的交通伤亡事故(李孝明,2016)。

第二节 穗　　收

一、玉米穗收机械分类及特点

目前,我国的玉米穗收机械按照动力配置方式的差异,可分为自走式玉米收获机、背负式玉米收获机、小麦收获机换装玉米割台式玉米收获机和牵引式玉米收获机四大类。

(一)自走式玉米收获机

自走式玉米收获机具有自行升道的功能,而且生产效率非常高。自走式玉米收获机的发动机功率一般为 44 ~ 110 kW,可以适应的玉米收获行距为 600 ~ 700 mm,割台的类型有采用辊式摘穗机构,也有的采用板式摘穗机构。目前我国收获工艺最完善的玉米联合收获机当属中国农机院研制的“八五”重点项目 4YZ - 2 机型,这个机型可同时完成多行玉米的摘穗、稻秆粉碎处理作业、果穗集箱,甚至有的机具还可剥皮,并抛送至青饲挂车或抛撒田间的功能。其特点是多行自行式玉米收获机作业效率高,相比之下,也有不足,比如价格较贵、故障率高且利用率低。其主要原因是由于自走式玉米收获机所需功率大,并且系统完善,配置也非常齐备,导致造价昂贵;一般来说背负式和牵引式机型的售价在 3 万 ~5 万元,如果是自走式的机型平均售价要大于 10 万元(周继鲲,2014)。

(二)背负式玉米收获机

背负式玉米收获机具有与 36.8 ~48 kW 的大中型轮式拖拉机配套的功能,可以把作业部件安装在该型号的拖拉机的机身上。背负式玉米收获机的特点是机组紧凑、移动灵活并且不需要开道。背负式玉米收获机价格相对适中,并且效率高,结构简单,使用起来很方便,正慢慢地被大多数农民机手所接受。背负式玉米收获机的主机与拖拉机紧密连接在一起,紧凑的结构使得行走很方便,尤其是转弯非常灵活。因为在拖拉机的前方放置玉米割台,并且玉米收获机的收割幅宽要远远大于拖拉机宽度,使得农机手视线没有被遮挡,进而提高了操作时的安全性。这种机型主要是利用一体的拖拉机动力,不仅很好地提高了拖拉机的利用率,还减少了收获机的成本。但是操纵性较差、拆装困难而且还会受到各种拖拉机型号和种类的限制(周继鲲,2014)。

(三)小麦收获机换装玉米割台式玉米收获机

送类机具通过互换小麦、玉米割台,可以收割小麦和玉米,换上玉米割台,可以实现玉米的摘穗、果穗输送、集箱和茎秆粉碎还田等工序,并且可以把茎秆切段青化或粉碎还田,给果穗剥皮,达到一机多用的目的。使用该机具视野开阔,容易操作,效益较高,适合在一年两熟的地区使用种植小麦和玉米。其特点是在稻麦联合收获机原有功能的基础上增加了玉米收获的功能,价格便宜。目前,国内生产的玉米割台大部分会与佳木斯 - 3060、新疆 - 2 及东风 - 2 等型号的小麦联合收获机配套使用(周继鲲,2014)。

(四)牵引式玉米收获机

该机型玉米收获机与拖拉机配套使用,适用于大面积地块作业。代表机型为 4YW - 2,

是由中国农机院和黑龙江省赵光机械厂合作研发的，并且是我国唯一长期坚持生产的一款玉米收获机机型。它可与 55 kW 的拖拉机配套使用，同样具有剥皮、摘穗、秸秆粉碎还田、果穗装车和收集功能。其特点是整体容易配置、挂接起来方便并且制造的成本很低廉。牵引式玉米收获机的主机由牵引架与动力单点铰接，挂接非常方便，在整体设计上不需要考虑与拖拉机配置问题，各部件之间易于布置，结构紧凑、合理，同时也缩减了制造成本，但是也存在收获机转弯半径大且作业前需要开道的不足。牵引式玉米收获机由拖拉机牵引主机，有时还要挂接拖车，整个机组长达 10 m，田间道路大多狭窄不平，移动起来不方便（周继鲲，2014）。

二、国内外玉米穗收机械化现状

（一）国外玉米穗收机械化现状

1921 年，澳大利亚昆士兰文巴的艾伦（George Haud）制造了全世界第一台玉米联合收获机，随后经过不断地改进，该机型在一些经济发达国家中渐渐开始被生产和使用（耿端阳等，2012；郝付平和陈志，2007；侯海涛，2006）。目前在美国、德国、乌克兰、俄罗斯等西方国家，玉米收获（包括籽粒和秸秆青贮）已基本实现了全部机械化作业。美国是玉米收获实现机械化作业最早的国家，早在 1959 年玉米收获就已经全部实现了机械化作业，并且在 20 世纪 80 年代，又从机械化向自动化转变（聂影，2010）。美国及加拿大地区的玉米基本上是一年只种植一次，接受的阳光充足，收获时玉米籽粒的含水率较低，加之近年来谷物烘干设备的大量采用和玉米割台的迅速推广，采用谷物联合收获机更换专用的玉米割台，通过调节脱粒滚筒的转速和脱粒间隙进行收获，可一次完成玉米摘穗、脱粒、清选等作业。所以大多数国家采用玉米摘穗并直接脱粒的收获方式，如美国的 case 公司、John Deere 公司、道依茨公司，德国的 Mnegle 公司等的玉米联合收获机，多在小麦联合收获机上换装玉米割台，并且通过调节脱粒间隙和脱粒滚筒的转速进行玉米的联合收获（郝付平和陈志，2007）。而以乌克兰、俄罗斯以及东欧为首的一些国家和地区，收获时玉米籽粒的含水量高，采用直接脱粒时极容易造成破粒，因此这些国家和地区大多采用茎穗兼收的方式，如乌克兰赫尔松康拜因联合收获机制造公司生产的 kcky－6 型玉米收获机，就是利用专用的玉米联合收获机来对玉米果穗进行收获，实现玉米摘穗、果穗剥皮与青贮的联合作业（侯海涛，2006）。

近年来随着科技的飞跃，国外的玉米收获机正朝着大型化、高适应性、智能化、通用性、专业化和人性化方向发展，John Deere 公司生产的大型谷物联合收获机配备了 1293 型玉米割台，一次可收获玉米 12 行，割台总宽度达 8 m，生产效率高，适合大农场和大地块作业；法国布光公司生产的 2 行、4 行、6 行玉米整穗收获机械，可以对鲜食玉米进行收获，收获质量好，生产率较高；另外 Pixall 公司、Oxbo 国际公司和 John Deere 公司等生产的智能联合收割机页都配备产量检测器，可在玉米收获后绘制出农场各个区域产量的直方图（郝付平和陈志，2007）。John Deere 公司开发的行走感应系统，可通过传感器实时测量玉米的种植位置并反馈给联合收获机自动调整行距，保证联合收获机对玉米植株的精确对行；CLAAS 公司在玉米收获机上安装了电子控制单元，可实现玉米收获机在夜间或大雾中精确制导。

（二）国内玉米穗收机械化现状

我国早期的玉米收获主要由人工完成，劳动强度大，收获时间长。人工摘穗后将玉米秸秆割倒，果穗运输到场院里，进行人工剥皮、晒干（贮存）然后进行人工或者机械脱粒，秸秆由人工打捆、机械运输。我国玉米收获机械的研制起步较晚，20 世纪 50 年代后才开始进行引进和研制（耿端阳等，2012）。20 世纪 60 年代初期，我国进行了玉米收获机械技术的引进吸收和理论研究王作，但没有完成定型生产。1967 年，中国农机院研制了 YS－3 型牵引式玉米收获机，可进行摘穗、果穗集箱联合作业（刘水长等，2008）。1971 年，全国农业机械化工作会议后，我国玉米收获机械开始了第一个发展时期，玉米机械化收获掀起了一次高潮，经历了从引进、使用、仿制和改进国外样机到基础理论研究和自行设计两个阶段，并取得了很好的成果（耿端阳等，2012；张喜瑞和董佑福，2006）。1979 年，中国农机院与黑龙江省农机所、赵光机械厂联合研制了 4YL－2 型和 4YW－2 型牵引式玉米收获机，是我国玉米收获机最早的定型产品（刘水长等，2008）。进入 20 世纪 80 年代后，农村生产组织方式的改革使得玉米生产规模减小，玉米生产机械化的发展一度受到限制（张喜瑞和董佑福，2006）。20 世纪 90 年代以后到 21 世纪初期，我国大力鼓励和发展玉米收获机械，研制出了各种结构形式的玉米收获机械，主要有单行玉米收获机、多行自走式玉米收获机、悬挂式或牵引式玉米收获机、穗茎兼收型玉米收获机以及青贮型玉米收获机（张道林等，2010），基本上实现了玉米摘穗、剥皮、秸秆还田和青贮等功能。为适应我国玉米种植行距不统一的问题，我国还研制出了不对行收获型玉米收获机，如山东理工大学与福田雷沃国际重工股份有限公司共同研制的 4YZ－4A 型拨禾指式玉米收获机，提高了玉米收获机对行距的适应性。

近些年，随着玉米收获机械化内在的迫切需求和国家政策外在的大力扶持，我国从事玉米联合收获机研发与生产单位已有上百家，生产的机型涵盖多种收获工艺，涌现出了福田雷沃、洛阳中收、亨运通等一批知名民族企业，基本满足了我国玉米机械化作业需求。环境和现状等因素的影响使我国玉米机械化收获形成了有别于国外的特点，如研发了玉米籽粒回收装置、悬挂式玉米收获机、两行自走式玉米收获机、不分行玉米割台等。2006 年前我国玉米机收率一直低于 5%，2000 年我国玉米机收水平仅为 1.69%，2007 年为 7.54%，2007 年是玉米机收水平提高幅度首次超过 2.9% 的年份（杨杰，2011）。随着《农业机械化促进法》的颁布以及国家各项购置农机补贴等一系列惠农政策的实施，我国玉米收获机械化取得了飞跃式发展。据中国农机工业协会统计，2012 年玉米收获机出现了爆发式增长，2012 年中国新增玉米收获机 5.26 万台（崔昕，2012）。在 2012 年时，我国玉米机收作业面积已达 2.12 亿亩，玉米机收率首次达到 40%，比 2011 年提高 6.5 个百分点。我国玉米机收率已连续 4 年增幅超过 6 个百分点，呈现出快速发展态势，我国已经迈入了玉米机械化发展的中级阶段。

第三节　种子生产机械化

一、国内外玉米种子生产现状

国内外玉米种子生产现状如下。一是在亲本繁育方面发达国家一般采用三级种子程序，利用农业机械进行田间操作；我国还是采用提纯复壮法，人工作业，劳动强度大。二是发达国家制种规模比较大，都是现代化的大农场，机械化程度高；而我国是千家万户制种模式，规模小而分散，组织困难，农业机械化和制种标准化难以实施。三是发达国家种子生产技术先进,机械化程度比较高,播种、去雄、收获、烘干、加工一条龙作业;而我国技术落后,机械化程度低,基本是人工作业,收获后一般靠自然晾晒,受自然影响大。四是发达国家隔离区划分比较合理,隔离技术先进,采用父本保护行技术;而我国采用的是300 m空间隔离,成本高,土地浪费,并且很难落实到位(成运伟,2016)。

制种生产是种子生产的基本环节。中国制种生产机械化整体水平较低,精量播种机、玉米去雄机、玉米果穗剥皮机、种子收获机等专用机械缺乏,部分环节严重依赖人工作业,存在农机农艺融合不够、作业效率不高、作业效果不佳等问题,增加了种子生产成本、削弱了种业发展基础、阻碍了种业现代化进程。近年来,国家大力推进现代种业制种基地建设,制种基地布局逐步向优势区域集中,种子生产集中度不断增强,西北地区杂交玉米制种面积约占全国玉米制种面积的70%。

二、制种产业发展趋势

(一)规模化生产

产业化的基础是规模化,而规模化的基础是土地经营权的流转。因此,种子生产的规模化是建立在集约化生产基础上的,提高制种装备水平,实现种子生产全程机械化在一家一户分散制种的规模上是难以实现的。建立种子生产专业合作社,促进农村土地流转,使分散的土地集中连片,实现土地的集约化种子生产,农业机械和田间标准化作业才能实施,才能提高种子生产质量和稳定产量,提高种子生产的抗自然风险的能力(成运伟,2016)。

(二)机械化生产

种子生产的机械化,是建立在种子生产规模化基础上的。在玉米种子生产中引进先进农机设备,实施玉米制种机械化是未来发展趋势。实施机械化种子生产,第一可实现田间的标准化作业,有利于建立标准化的作业流程和标准,保证种子生产质量。第二可实现播种、去雄、收获的机械化作业,提高劳动效率,降低成本,提高制种产业化水平。第三能有效提高玉米制种的产出效率。一是采取机播技术,不仅省工,而且由于机播将种子直接送到湿土层,出苗齐全。采用机播玉米制种,需亲本种子45 kg/hm^2,而人工播种则需75 kg/hm^2,节种30 kg/hm^2。同时由于机播可保全苗,省去了人工播种田缺断垄补种的开支。二是采取机械覆膜技术、节本增效。地膜覆盖是一项重要的增产技术,尤其在西北地区用于玉米制种,增产的效果更为可观。地膜覆盖制种与一般制种相比,可增产30%以上。三是采用机械化去雄技术,可降低劳动强度,提高工作效率。1台去雄机日去雄面积可达20.0~23.3 hm^2。四是采取机械化植保技术,机防与人工防治相比,效率可以提高10倍,防治效果提高15.8%~20.6%,且可防止农药中毒现象的发生,提高种子的产量和品质(成运伟,2016)。

(三)专业化生产

种子生产专业化是农业生产发展的客观要求,是实现规模化、产业化的重要途径。一是种子生产专业化有利于充分利用各地区、各生产单位的自然条件和经济条件,扬长避短,发挥优势,提高经济效益。实现种子生产的专业化,可以充分发挥各地区、各企业的自然条件优势和经济优势,做到以同样的人力、物力和财力,获得最大的经济效果。二是种子生产专业化有利于技术改造，促进农业机械化。“小而散”的种子生产，制种田分散、规模小，要充分发挥机械的优越性是不可能的。实现种子生产专业化可以促进土地的流转和集中，扩大生产规模，农业机械可以有效地应用于种子生产，提高种子机械的使用效率，为经济有效地实现种子生产机械化创造条件。三是种子生产专业化有利于采用先进的农业科学技术，提高农民的技术熟练程度和科学技术水平，从而提高劳动生产率。四是种子生产专业化有利于农业生产结构的合理化。“小而散”的生产结构是一种封闭式的自然经济结构。实现种子生产的专业化，各地区各企业都成了社会生产的有机整体的组成部分，之间形成了一种相互依存、相互促进的关系。所以，种子生产专业化既可以发挥局部优势，又可以加强各地区、各企业在经济上的联系，使生产结构趋于合理，从而提高农业经济系统的功能和效率（成运伟，2016）。

三、玉米制种机械化去雄关键技术与装置

为达到优质合格的杂交种纯度标准，所有母本行的雄穗必须在散粉或抽丝前去掉，应遵循及时、彻底、干净的原则。根据国家相关标准规定，在整个去雄过程中检查累计散粉株率超过1%时，制种田报废。机械去雄方法适合母本穗上叶片较多、穗位较低的品种，一般在母本雄穗露出顶叶 1/3 时开始作业，带叶数以不超过 2 片为宜，最多不超过 3 片，机械抽雄后及时进行人工复查，去净未抽雄母本的雄穗及残梗（张顺东，2014）。

（一）国外机械化去雄关键技术与装置

1. 去雄技术

国外发达国家对机械化制种玉米去雄关键技术研究较早，按去雄方式进行分类主要有切割式和抽取式两种。切割式去雄技术是利用刀具（刀片）的旋转切割作用将玉米雄穗及附带茎叶切除，实现制种玉米去雄的机械化作业；抽取式去雄技术是利用滚轮（带）的转动将玉米雄穗及附带茎叶从玉米植株中分离出来。

（1）切割式去雄技术

Gildersleeve（1973）发明了一种夹持切割去雄装置，该装置主要由机架、液压马达、传动软轴、传动链、定刀片、夹持轮、拉力弹簧、分禾器和导禾板等组成，其中两个夹持轮成 V 形布置。Grandinetti（1990）发明了一种气流辅助玉米去雄机具，该机具主要由机架、传动轴、桨轮、立板、分禾器、导管及喷嘴、弓形垫板等组成，其中桨轮桨叶采用橡胶襟翼，桨轮置于两块立板中间。

（2）抽取式去雄技术

Spry（1970）发明了一种带式抽取去雄装置，该装置主要由机架、液压马达、皮叶辊、弹性带、压紧轮、分禾器等组成。其中压叶辊外形为锥形，压叶辊相向向下转动，两条弹性带反向转动，弹性带前端低后端高。Kenneth P. Cler 等（1991）发明了一种玉米去雄部件，该部件主要由机架、固定架、液压马达、主动轴、从动轴、滚轮、分禾器等组成，其中主动轴与从动轴平行并且向固定架的后下方倾斜，两对滚轮安装于轴的末端，两轴所在的平面相对机架向外、向下倾斜。

2. 植株高度识别技术

Woodruff（1980）发明了一种去雄设备深度（高度）调节控制系统和方法。该系统主要由机架、摆臂、传感棒、微动开关组成，其中在摆臂上安装有数根传感棒，摆臂转动时可触碰微

动开关。Ferhat Kurtulmus(2014)运用计算机视觉和支持向量机检测玉米雄穗的去除位置,控制算法中应用了大量的形态辨别方法,形状和纹理特征的应用减少了误判率,在合并多个相同的雄穗目标时采用分层聚类方法。

3. 机械化去雄装置

在农业发达国家,玉米去雄机已被广泛应用,典型的机具有美国 Hagie 公司 204SP、美国 Oxbo 公司 TS2、美国 Big John 公司 PDF7WD 和法国 Bourgion 公司 2204 和 BD84 系列等。

通过对国外去雄机及相关技术的分析可以得出:目前玉米去雄机种类较多,技术成熟,作业效率高,适应性强,可以代替人工;切割式去雄机构主要存在雄穗去除后被撒在玉米行间,极易发生挂在植株上的缺陷;现有去雄机主要采用抽取式去雄机构,说明抽取式去雄机构能够满足当前大多数玉米种植模式和品种的去雄作业农艺要求;国外相关研究人员在考虑机械化去雄的同时,也在探索减少玉米叶片损失的方法;国外玉米去雄机在植株高度识别传感技术方面多采用结构简单、精度相对高的光电传感元件;国外玉米去雄整机和去雄部件都采用液压传动,便于工况调节和布置。

(二)国内机械化去雄关键技术与装置

1. 去雄技术

(1)切割式去雄技术

新疆农业科学院机械装备研究所李亚雄等研制了一种切雄装置(卢勇涛等,2010)。该部件主要由机架、液压马达、刀架及护板、割刀、分禾器等组成,其中割刀为锐角形的双面刀片,数量为 2 ~4 只,均布在刀架上。

(2)抽取式去雄技术

新疆农业科学院机械装备研究所李亚雄等研制了一种抽雄装置(卢勇涛等,2010)。该部件主要由固定架、液压马达、主动轴、从动轴、抽雄轮、分禾器等组成,其中,抽雄轮旋转平面基本与地面垂直。

2. 植株高度识别技术

唐文冰等(2010)采用机器视觉技术,设计并搭建了基于双目立体视觉的识别定位玉米雄穗的系统。该系统主要由两台 CMOS 彩色摄像机、H 脚架、镜头、转换盒以及移动笔记本电脑等组成。系统基于颜色特征进行特征提取,分析比较基于区域和基于特征的图像匹配算法,采用基于特征匹配来计算深度信息,最终得到玉米雄穗的三维位置。顾建成等(2012)发明了一种高灵敏度玉米去雄机,该玉米去雄机包含测量玉米高度的高灵敏度红外检测(由多组红外对管姐成)装置,红外对管形成一个感应面。当去雄机前进时,玉米顶端会将红外对管发射端与接收端之间的红外光阻挡,控制机构根据高度信号调整去雄装置的高度,从而准确地确定去雄位置。毛恩荣等(2014)研制了一种玉米去雄机作业响应参数实时调节控制系统。该系统主要包括控制单元、玉米高度传感器、车速传感器和去雄机构等。其中,高度巧感器采用一对 42GRU－9200TTL 型光电传感器,通过玉米遮挡上下光电传感器产生的开关信号来判断玉米雄穗的高度;控制单元采用 ATMEL 单片机作为处理器。经去雄试验,安装此系统的去雄机去雄率为 96.16%(薛涛等,2015)。

3. 机械化制种玉米去雄装备

(1)引进制种玉米去雄装备

新疆兵团第四师六十六团和黑龙江省宁安农场分别于 2006 年、2007 年引进法国

BOURGOIN 公司 2204 型玉米抽雄机(王涛等,2015)。新疆博州地区 2011 年引进美国 Big John 公司 PDF752D 型 8 行玉米去雄机(孔繁宇,2013)。新疆昌农种业有限责任公司 2012 年引进美国 Hagie 公司 204SP 型去雄机(马巨发,2012)。

(2)自主研发制种玉米去雄装备

酒泉奥凯种子机械股份有限公司与中国农业大学于 2014 年联合研制了 OK 104 - 3CX 型自走式玉米抽雄机(朱明,2015)。中国农业机械化科学研究院下属现代农装科技股份有限公司于 2014 年开发了 QD - 14 型玉米去雄机。

第七章　整地机械化

农业机械化是发展现代农业的一项重要措施。随着农业机械的发展,机械替代了人力和畜力,极大地减轻了农民的劳动强度,有效增加了单产与总产,提高了农业劳动生产率,降低了农产品成本,对提高资源利用率、抗御自然灾害、推广现代农业技术、促进集约型农业发展、推进农业现代化,具有重要的地位和作用。玉米收获后,根部和秸秆留在土壤中,对后茬作物的生产会产生一定的影响,因此,玉米收获后的机械化耕整地技术显得尤为重要。

机械耕整地作用是扣埋作物残茬、消灭虫害草害、疏松土壤、提高地温、蓄水保墒、保证玉米苗全、苗齐、苗壮。耕整地机械化包括耕地机械化和整地机械化(薛纬奇,2016)。机械耕整作业方式有翻地、耙地、镇压和起垄作业,以拖拉机为主要动力,配农业机具对土壤进行加工。

我国东北地区玉米的耕作模式受到自然条件、科学技术水平和观念改变的影响,经历了传统的畜力机具耕作到实现耕整地机械化作业的历程。20 世纪 50 年代是传统轮作阶段,利用畜力机具,根据前茬作物决定下茬的耕作方法。20 世纪 50 年代中后期推广机播地和机械起垄等作业,平作或者平作后起垄的耕作模式;20 世纪 60 年代采用机翻、机播、镇压中耕起垄的耕作模式;20 世纪 70 年代到 80 年代采用大型动力机械化轮翻、机械深耕、轮翻、平播结合重镇压、起垄或原垄除茬后机播、平播后起垄的耕作方式;20 世纪 80 年代中后期推广采用少耕法、旋耕灭茬播种、灭茬起垄垄播、留茬深松耕作法、地膜覆盖耕作栽种法等玉米耕作方法;20 世纪 90 年代推广轮耕法、灭茬、破旧垄合新垄。2000 年后由于长期连续种植高产作物,导致土壤肥力下降、耕层变薄、犁底层变硬、水土流失严重以及水资源短缺等问题,开始研究示范保护性耕法(刘武仁等,2007)。

第一节　秸秆处理

提高农作物秸秆的综合利用,是发展高产、优质、高效农业和帮助农民致富的迫切需要和重要途径。农作物秸秆资源的利用涉及整个农业生态系统中的土壤肥力、环境安全以及农村能源的有效利用问题,引起世界各国的普遍关注,成为发展可持续经济的重要方面。因此,开发利用秸秆,已经成为一个刻不容缓的问题,已经成为农业生产资源开发的新焦点。秸秆资源数量巨大,开发价值大,开发利用前景十分可观(李艳,2007)。

一、秸秆还田

随着我国玉米种植面积的快速增加,每年产生大量的玉米秸秆,而玉米秸秆还田是解决秸秆剩余的有效途径之一。玉米秸秆还田主要有两种方式,即直接还田和间接还田,其中直接还田包括翻耕还田和覆盖还田,间接还田包括过腹还田和沤肥还田(李少昆等,2011)。

目前,生产上应用的玉米联合收割机多数都带有秸秆粉碎抛撒装置,可以实现收获的同时完成秸秆处理,减少机械作业次数和成本。联合收割机上安装的茎秆切碎装置是实现秸秆粉碎和抛撒作业的关键。茎秆切碎装置由一组切刀和喂入轮组成,或由旋转滚筒加定刀片组成。秸秆被喂入时,靠喂入轮和刀片的转动切碎秸秆,随后由排草风扇、扇形导流板、动力传递机构等装置将粉碎的秸秆均匀抛撒。粉碎和抛撒作业均要达到农艺要求,才能进一步开展耕整地和播种工作。为不影响下茬作物生产,要求秸秆粉碎、抛撒均匀,粉碎后秸秆长度小于 10 cm,根茬高度为 10 ~ 15 cm(龚振平和杨悦乾,2012;李少昆等,2011)。

在不能实现机械收获或联合收获机不能达到秸秆粉碎抛撒要求时,可采用秸秆粉碎还田机械将摘穗后的玉米秸秆就地粉碎,均匀抛撒在地表,实现覆盖还田。秆粉碎还田机的主要组成部件包括刀轴、刀座和刀片等组成的切碎装置。刀座焊接在刀头上,动力经传动变速装置传递给刀轴,带动刀片高速旋转,完成秸秆粉碎作业。为不影响下茬作物生产,要求秸秆切碎合格率要达到国家标准,粉碎后秸秆长度小于 10 cm;秸秆粉碎率大于 85%;根茬高度为 10 ~ 15 cm;作业时道具不入土,减少对土壤的扰动;秸秆抛撒均匀(龚振平和杨悦乾,2012;李少昆等,2011)。

二、饲料加工

据统计,我国人均肉类、奶类消费量分别为发达国家平均数的 65% 和 5%。随着人口增加和人民生活水平的提高,我国将长期面对饲料粮短缺的问题,为了我国的粮食安全和生态安全,必须广辟饲料(草)来源。

粗蛋白、脂肪、中性洗涤纤维和酸性洗涤纤维含量是衡量饲草营养的重要指标,而玉米秸秆中就含有较为丰富的粗蛋白、脂肪、中性洗涤纤维和酸性洗涤纤维等营养成分,对于牲畜而言,2 kg 左右的玉米秸秆的营养含量相当于 1 kg 的玉米籽粒。青贮饲料中的有益菌、蛋白质、糖分和粗纤维的软化功能都比较好,有助于提高肉牛对各种微量元素的吸收,提高肉牛的生长速度和肉的品质。因此将秸秆加工成牲畜饲料,不仅解决了秸秆焚烧、丢弃等问题,而且降低了牲畜的饲养成本,提高了经济效益,并且可以使秸秆过腹还田,实现资源的可持续利用(韩绪明等,2018)。

玉米秸秆收获后可以作为养畜饲料直接饲喂,也可经过加工处理后饲喂。秸秆的饲料化加工方法较多,主要有秸秆的青贮、氨化、微生物发酵贮存,加工成草粉,揉搓、压饼等。机械化技术及相关机具的研究、开发和应用,促进了机械化秸秆青贮、秸秆饲料的加工和利用。把玉米秸秆转化成商品饲料,既提高了秸秆综合利用水平,又提高了玉米生产的附加值,农民种植玉米的综合效益增加的同时还有利于促进畜牧业的发展。

计算表明:1 t 秸秆可满足 2 ~ 3 只羊全年的饲草需求,分别相当于青藏高原区 3 hm^2 草地、西北干旱区 2.4 hm^2 草地和黄土高原区 1.33 hm^2 草地的牧草可采食量。2008 年,我国秸秆饲用量 1.77 亿 t,按照饲料单位折算,相当于 5 350 万 t 玉米的净能量,约为我国现实玉米总产量的 1/3(毕于运,2010),已利用秸秆养殖量近 4 亿只羊单位,约占全国草食畜养殖总量的 1/3。如果我国能有一半的秸秆用于养畜,在现实养殖水平下可养畜 7 亿只养单位以上,相当于我国现实草食畜养殖总量的 60%,可节约饲料粮 1 亿 t。据农业部畜牧司资料:截至 2008 年底,全国已建成 8 个国家级秸秆养畜示范区,604 个国家级养畜示范县,占全国县级行政单元总数的 21.13%。

通过发展玉米秸秆饲料加工企业,将废弃的玉米秸秆生产成青贮饲料,畜牧养殖户用玉米秸秆生产的青贮饲料可节省饲料费用,形成一条既经济又实用的“循环链”,高效利用秸秆资源可以有效地促进优化畜牧业结构的节粮工程。

三、原料利用

玉米秸秆属于可再生资源，可以作为原材料，经过加工利用变废为宝。我国秸秆资源丰富，具有较大的新型能源化开发潜力。据初步测算，如果我国现有秸秆的1/3用于新能源开发，可全部替代现有秸秆的直接燃烧。秸秆新型能源化开发利用是可再生能源发展的重要组成部分。

（一）燃料

干燥的玉米秸秆具有较高的热值，1 kg干玉米秸秆通过燃烧散发的热量相当于0.5 kg～0.7 kg的标准煤，可作为燃料。玉米秸秆燃料热值高、燃烧好、成本低、使用方便。20世纪70年代初期，农作物秸秆是农村生活燃料的主要来源，我国农村生活能源的70%依靠生物能，其中一半是农作物秸秆。据不完全统计，秸秆总量的30%被用作燃料。20世纪70年代初期，全国普遍缺烧3～4个月，农村能源问题被提到了议事日程。从20世纪80年代初开始的全国省柴节煤技术推广开始，70%的农户用上了干净高效的省柴灶和节煤炉，节约了大量秸秆，有效缓解了生活能源的紧张状况，直接用作燃料的玉米秸秆逐渐减少，伴随玉米种植面积的不断增加，玉米秸秆剩余现象日益突出（相俊红，2005）。目前，我国科技、农业和环保部门正在推广秸秆气化技术，为秸秆利用开辟了一条新路，在山东、河南、黑龙江、安徽、四川、天津等省市均有利用，2001年全国已使用的秸秆气化机组达388套以上。2003年，全国建设秸秆气化集中供气488处。

（二）工业原料

随着我国科技水平的不断提高，秸秆作为重要的生产原料的用途越来越广泛，已广泛地应用于造纸、板材加工、木塑产品、编织等行业。

工业造纸利用玉米秸秆中所含的纤维素、半纤维素及木质素，是纯天然的造纸原料。玉米秸皮中的纤维素含量高达44.6%，对提高纸张的强度及纸浆率效果明显；玉米秸瓤中所含的半纤维素及木质素，有利于打浆及蒸煮漂白，增强纸浆的吸水性，从而提高纸张的质量（陈洪雷和王岱，2009）。此外，一些研究机构利用玉米秸秆的可降解性，将其用于生产缓冲包装材料，具有体积小、质量小和可压缩等特点，且可在自然环境中降解，是一种环保的工业基础原料（高林等，2015）。据测算，如果我国将10%的秸秆投入造纸业，可节约原木1亿～1.2亿 m^3，相当于目前全国木材年产量的1.5～2倍（中华人民共和国国家统计局编，《中国统计年鉴2009》）。

玉米穗包叶等可用作草编业的原料。将秸秆挤压成形，然后炭化，其含碳量达50%～84.45%，发热量可达20 934～32 611 kJ/kg，可替代冶金、有色金属等工业及民用所需的木炭。用秸秆制成的纸质地膜，透气性好，降解后还可作为有机肥料，避免了塑料地膜对土壤的污染（相俊红，2005）。以玉米秸秆为原材料，根据加工技术原理，利用高压模压机械设备，将秸秆与树脂混合物加压成形，制成各种密度的纤维板材制品，具有广泛的应用范围。秸秆板材制品具有强度高、耐腐蚀、防火阻燃、不变形、不开裂、美观大方及价格低廉等特点，对于减少木材消耗，增加秸秆附加值都具有十分重要的意义。

玉米秸秆中的可降解生物基聚合物和可再生物质，可以制造生产生物基复合材料，成为资源可持续发展利用的重要原材料。这种生物基复合材料有潜力与石油基产品竞争,最大的优势在于它们可以生物降解、可堆肥和可回收,并可减少温室气体排放,而且丰富的资源和潜力使生物基复合材料拥有广阔的市场前景。目前,生物基复合材料已经从汽车行业获得了巨大的应用突破(Nagarajan et al. ,2013)。汽车材质的选择会影响燃油经济性和使用寿命,而生物基复合材料可以依靠自身密度小、可降解等特点作为汽车部件,提高汽车性能,并以此来减少对石油资源的依赖,促进资源的可持续利用(韩绪明等,2018)。

(三)食用菌基料

玉米秸秆中含有丰富的纤维素和木质素等,是栽培食用菌的适宜材料。玉米秸秆作为基料栽培食用菌,可以解决培养基材料短缺的问题,增加食用菌生产原料的来源。而且,生产鲜菇后剩余的蘑菇糠是一种带菇香味的富含营养的菌体蛋白饲料,也可作为优质有机肥还田。该项技术的应用推广,既可以提高玉米秸秆的利用效率,又可以减少焚烧,增加农民收益,已经成为不少地区农民增收致富的重要途径。

实践证明,1 亩地的菇棚每年可消耗 30 ~ 40 亩耕地所产生的秸秆。2005 年,山东省食用菌总产量达 130 万 t,总产值 60 亿元,出口额 1.2 亿美元,消耗农作物秸秆、农产品下脚料、废弃枝条和木屑等农业废料 221.3 万 t,涌现出一批年总产值超过 2 亿元的食用菌主产县,建成了 20 多家国家级、省级大型食用菌龙头加工企业,增加了农民收入,带领农民致富。安徽省 2009 年全省食用菌栽培面积达到 1 370 万 m^2,消耗作物秸秆 60 万 t,总产 1.6 亿 kg,产值 3.7 亿元。据估算,目前全国食用菌种植年消耗秸秆量在 1 300 万 t 左右(毕于运,2010)。

第二节　翻地耙地

翻地耙地主要采用铧式犁、钉齿耙、圆盘耙、镇压器等配套组合进行的作业方式。合理耕作可以起到疏松土壤,改善土壤团粒结构,提高土壤肥力,蓄水保墒,消灭杂草及减轻病虫害的作用,为种子发芽及生长发育提供一个良好的耕层结构(薛纬奇,2016)。

一、翻耕

翻耕是农业生产上普遍采用的一种耕作方式,具有疏松土壤、改善耕层物理性状、提高土壤肥力的作用。

翻耕主要是利用铧式犁将根茬翻到土壤下面,机具主要有牵引犁和悬挂犁两种。先由犁铧平切土垡,再沿铧壁将土垡抬起上升,进而随铧壁形状使垡片逐渐破碎翻转抛到右侧犁沟中去。翻耕对土壤的作用:一是翻土,可将原耕层上层土翻入夹层,下层土翻到上层;二是松土,使原来较紧实的耕层翻松;三是碎土,犁壁有一曲面,犁前进的动力使垡片在曲面上破碎,进而改善结构,松碎成团聚体状态。翻耕对作物秸秆、根茬、绿肥的翻压效果非常好,但是翻耕后留下疏松、裸露的表层,会加剧土壤水分的蒸发,对干旱、半干旱地区的防土壤风蚀不利(龚振平和杨悦乾,2012)。

在干旱、半干旱风蚀地区,秸秆还田要慎用翻耕措施。常旭虹等(2005)在内蒙古地区开展不同留茬高度对地表风速的影响及留茬、旋耕和翻耕处理对土壤风蚀影响的比较研究,结果表明,留茬可明显减弱地表风速,越靠近地面对风速的减弱程度越大,进而减弱了对土壤的风蚀程度。

翻耕作业一般深 20 ~ 22 cm，耕幅误差不超过 10 cm（伯庆英和周美华，2009）。翻地作业要求翻后土要完全翻转，不重不漏耕幅一致，覆盖严密。为减少水土流失，建立合理耕层结构，每隔 3 ~ 4 年翻一次，其他年份可采取深松耙茬或旋耕灭茬联合整地作业（岳文龙，2013）。

二、耙地

耙地属于表土耕作措施，又称次级耕作措施，是在基本耕作措施基础上采用的入土较浅，作用强度较小，旨在破碎土块、平整土地、消灭杂草，为作物创造良好的播种出苗和生长发育条件的一种土壤耕作措施，表土耕作深度一般不超过 10 cm（龚振平和杨悦乾，2012）。

耙地是在犁耕或深松后对表层碎土、松土、整平加工过程。耙地作用是将土垡切碎、耙平，改善耕层结构和地表状态，保蓄地下水分和秋冬降水，预防春旱，通过镇压使土壤进一步压实，更好地保持水分并使土壤更细碎。耙地作业一般分两次进行，收获完进行翻地耙地作业，第二年开春播种时，再进行一次耙地，第二次和第一次采用对角耙地方式，耙后土壤细碎，地面平坦，耕茬均匀细碎（任德元，2017）。

可选用圆盘耙或弹齿耙进行操作，适宜秸秆覆盖的地表处理。其作用主要是将粉碎后的秸秆混入土中，防止在冬季休闲期大风将粉碎后的秸秆刮走或聚堆，有利于秸秆覆盖状态的保持，并且有利于平整地表、灭除杂草。经耙地处理后，地表土壤松动，地表平整。高焕文和李问盈（2004）研究表明，玉米秸秆粉碎条件下，耙地一次降低秸秆覆盖度 15% ~ 24%。耙地处理对小麦秸秆覆盖地的作用与玉米秸秆基本相同。

三、耕整地的农艺要求及作业方法

（一）农艺要求

耕整地后要充分覆盖地表残茬、杂草和肥料，地表平整、土层送碎，满足播种作业要求；耕深均匀一致，沟底平整；不重耕，不漏耕，地表整齐，垄沟少而小。

1. 旋耕与深耕隔年轮换

机械深耕具有打破犁底层，加厚土壤耕层，改善土壤理化性状，促进土壤微生物活动和养分转化分解等作用。所以旋耕一般要与深耕隔年或 2 年轮换，以解决旋耕整地耕层浅、有机肥施用困难等问题。

2. 旋耕与细耙相结合

深耕后的田块要结合施肥进行浅耕或者旋耕，耕深一般在 15 ~ 20 cm，旋耕次数 2 次以上。采用重耙耙透，形成上虚下实的土壤结构，以解决土壤过于疏松的问题。

结合深耕，增施有机肥可以增加土壤有机质含量，改善生产条件，培肥地力，提高土壤质量。

（二）耕整地的作业方法

东北春玉米耕整地方式多为起垄种植，秋整地后即可进行打垄，或春季顶浆打垄，主要有以下几种方式（李少昆等，2011）。

1. 秋翻地起垄

耕深 35 cm，做到无漏耕、无立垡；及时起垄或夹肥起垄，耕后及时耙压。

2. 秋翻春起垄

早春耕层化冻约 14 cm 时及时耙耢，起垄镇压，严防跑墒。

3. 深松起垄

先松原垄沟，再破原垄台合成新垄，及时镇压。

4. 顶浆起垄

早春化冻约 14 cm 时进行操作。

5. 耙茬起垄

先灭茬深松垄台，然后扶原垄镇压。

6. 保护性耕作

自 20 世纪 90 年代以来，随着现代农业技术的发展和进步，保护性耕作的研究与试验示范工作发展明显加快。在西北的干旱地区，以秸秆的地表覆盖和少免耕为主要特征的保护性耕作技术得到了广泛的应用与推广；在华北的灌溉两熟农业区，夏玉米免耕覆盖耕作技术及小麦秸秆还田技术得到了一定的发展；在东北地区，高留茬覆盖技术和玉米少耕垄作技术得到小规模的应用示范；在南方的双季稻及稻麦两熟区，同样也进行了以免耕覆盖轻简型栽培技术为主要特征的保护性耕作试验示范工作。进入新世纪，保护性耕作技术的研究及示范推广得到了政府的高度重视。2013 年我国保护性耕作的面积超过了 1.1 亿亩，占全国粮食耕作面积(16.79 亿亩)的 6.5% 左右，较 2009 年的 3 000 余万亩增长了 266%，也意味着保护性耕作面积年均增长达到了近 30%，发展极为迅速(林伟,2015)。

近年来，保护性耕作越来越受到重视，主要以少耕、免耕、保水耕作等为主的保护性耕作方法和联合耕作机械化旱作技术(李少昆等,2011)。

(1)少耕。减少土壤耕作次数和强度，如田间局部耕作、以耙代耕、以旋耕代翻耕、耕耙结合、免中耕等，大大减少了机具进地作业次数。

(2)免耕。利用免耕播种机在作物残茬地直接进行播种，或对作物秸秆和残茬进行处理后直接播种的一种耕作方法。少耕、免耕通常与深松和化学除草相结合，以达到保护性耕作的目的和效果。

(3)联合耕作。一次进地完成深松、施肥、灭茬、覆盖、起垄、播种、施药等项作业的耕作方法，可以大大提高作业机具的利用率，将机组进地次数降低到最低限度。

采用大功率拖拉机实现松耙联合作业，质量好，速度快，是未来发展的趋势。黑龙江垦区秋季采取大型机械复式作业，深松、耙茬、碎土一次完成，需用大功率的拖拉机，才能达到作业标准。

第三节 灭茬旋耕

一、灭茬旋耕的作用

(一)灭茬

灭茬是指采用机械作业，将作物根茬切碎、消灭掉。其作用是提高播种机的通过性和播种质量，根茬破碎后，可充分利用根茬自身的无机养分和有机养料，具有增加土壤有机质，改善土壤理化性质，增加土壤团粒结构的作用，以达到培肥地力、增长增收的目的。

1. 提高播种机的通过性和播种质量

玉米根茬茎秆直径2.2~2.6 cm,留茬高度约10 cm,主根下沉深度5~6 cm,各层次生根和根须在地表下呈灯笼状分布,聚积土壤成团,最大横截面的直径约20~25 cm。根茬位于耕作层中,旋耕碎土作业时,根茬难以切断,而且易缠绕旋耕机刀轴,影响机械工作性能;播种作业时,开沟器遇根茬易堵塞,严重时甚至无法正常作业。因此,对玉米根茬切碎处理后,可打破根须与土壤凝聚的大土块,利于播种作业。

2. 松动土壤、蓄水保墒

根茬切碎的同时,地表下8~10 cm内的土壤会在一定程度上得到松动,既能增加土壤的通透性,又利于提高地温。而且,土壤中的毛细管被切断,可以减少土壤中水分的蒸发,有利于蓄水保墒和种子出苗保苗情况。

3. 增加土壤有机质,改善土壤团粒结构

玉米根茬的有机质含量高达75%~85%,营养物质丰富,其中含氮0.75%、磷0.6%、钾0.9%。根茬粉碎处理后均匀混入土壤中,增加土壤有机质含量,提高土壤微生物的活性,有利于提高肥料利用率。根茬在土壤中熟化腐解,形成腐殖质,一种很好的土壤胶黏剂,从而改善土壤团粒结构,改善土壤的水、肥、气状况(龚振平和杨悦乾,2012)。

(二)旋耕

旋耕是利用旋耕机进行作业,集犁、耙、平三次作业于一体,既能松土又能碎土,地面平整。旋耕多用于农田土壤含水量高的地区,一次作业就可以进行播种,省时省工,节约成本。旋耕机按其机械耕作性能,耕深可达16~18 cm,但实际应用时耕深常常只能达到10~12 cm。可见,若多年连续只进行旋耕作业,容易造成耕层变浅,土壤理化性质变差的结果,因此建议采取旋耕与翻耕交替的方式(张丽光,2013)。

二、灭茬旋耕农机类型

传统的旋耕、灭茬是由两种机型来完成的,这样既增加了作业成本又增加了农民的负担,因此科研人员开展了大量新型联合作业机械的研制工作,对于减轻农民负担,利于使用和维修,并提高农机具利用率都具有重要的意义。

灭茬旋耕机破土能力强,作业效果好,机械效率高。灭茬旋耕机由灭茬机、旋耕机、深松铲和起垄犁四部分组成。在灭茬旋耕作业时可以一次完成3~4个工序,即旋耕、灭茬、深松和起垄,所以也称为耕整地联合作业机。灭茬旋耕机还可以自行加装深松部件,在土壤质地不好的地块作业时,不仅能起到松土作业,还能避免犁底层的形成,有利于增加土壤蓄水能力,增加离层厚度。灭茬旋耕机作业,适用于垄上播种(伍月红等,2012)。灭茬旋耕机优点是节约劳动成本、燃油成本,经济性好并且作业效果好、作业质量高。

(一)灭茬机

灭茬机是一种对玉米根茬进行收割的机器,具有结构新颖、简单实用等特点,故属于一种集经济性与实用性为一体的新型打茬机。其包括和驱动机体相连接的机架、设在机架上的传动链轮、设在机架前端的切割箱体及设在切割箱体下端的地轮等,在切割箱体内设有和传动链轮相连接的传动轴及设置在传动轴上的动片,在切割箱体的后侧设有定片,在传动轴下端设有底切和触地弯,能把秸秆随地抓起送入切割箱体,在切割箱体的后侧设有旋耕,使地里的割茬、杂草全部清除,便于机耕(徐伟,2016)。

甩刀式碎土灭茬机整机结构与一般水平横轴式旋耕机相似,只是工作部件是甩刀而不是刀齿,甩刀用活动铰链与转轴联结。甩刀式碎土灭茬机甩刀逆滚动方向回转,将茎秆切断后拾起后抛,并利用高速旋转时的惯性力来打碎根茬、硬土块或草皮层(李艳,2007)。

(二)灭茬旋耕联合整地机

灭茬旋耕联合整地机是在20世纪90年代,根据农艺需求和节约能源的需要,在灭茬机和旋耕机的基础上,逐渐产生发展起来的新型土壤耕作机具。灭茬旋耕联合整地机属于农业机械中土壤耕作机具。机具一次下地能完成灭茬、旋耕、深松、起垄、施肥等几项作业,机具具有实用性强、应用范围广、切土效果好、碎土能力强等显著特点,在各种土壤条件下一次作业可达到待播状态,节省了土地耕作的成本,降低了作业费用,又减少了机车对土壤的压实和破坏,是现在土壤耕作机械中首选机型之一。目前,灭茬旋耕联合整地机在我国的应用十分广泛(刘海峰等,2009)。

灭茬旋耕联合整地机旋耕部分主要由旋耕刀、刀轴、刀座、传动部分和罩壳等组成。旋耕机固定在机架上,利用高速旋转的刀片对土壤进行耕作。拖拉机的动力由动力输出轴经万向传动轴传给主变速箱,再经输出轴传递给侧边变速箱,最后由侧边变速箱驱动旋耕刀轴变速箱工作;旋耕刀轴接受动力后,刀片由上向下切削作物秸秆和土壤,并抛向后方,抛起的秸秆和土壤碰到挡泥盖板后受到阻挡而降低速度,掉落在地面,达到灭茬及松碎土壤的目的。

旋耕机刀片是旋耕机的主要工作部件,为了适应不同的技术要求及土壤状况,目前常用的刀片有弯形刀片、凿形刀片和直角刀片3种形式:

(1)弯形刀片工作时,靠近回转轴的侧切刃先与土壤接触进行切削,最后由正切刃切削,把未被侧刃切断的土块、草茎压向未耕地,以坚硬的未耕地为支撑由正面刃进行切割,将草茎切断。对不能切断的草茎其曲线刃口可将其推向切削刃的端部而脱落。这种刀片不易缠草,对土壤的适应性好。

(2)凿形刀片工作时,对土壤进行正面切削,切土块的两侧因撕裂而与土壤分离。凿形刀片入土性能好,消耗功率较小,但耕作时易缠草,适用于较疏松的土壤。

(3)直角刀片工作时,刀片正面刃口先接触土壤,然后侧面刃进行切削并逐渐接近刀片根部,因此易产生缠草现象。这种刀片刚性好、碎土能力强,适于旱地耕作。

根据上述三种刀片的特点,结合黑龙江省的土壤状况,主要选用弯刀作为旋耕机的工作部件(于海明等,2008)。

(三)多用途灭茬旋耕机

多用途灭茬旋耕机能使旋耕机力轴正反旋转,实现灭茬、秸秆还田、埋青、旋拼、免耕作业一次完成。该机型由中间传动箱、传动轴、万向节、悬挂架、左右主梁、侧边传动箱、旋拼刀轴、分土栅、施板、镇压轮等组成。其特点是:

(1)传动轴两端均有花键,改变小锥齿轮安装位置即可实现旋耕刀轴换向,具有结构简单、换向可靠的优点。

(2)改变旋耕刀轴轴端法兰与侧边传动箱短轴法兰的连接,即可改变旋耕刀轴上所有刀片的旋切方向,具有使用方便,省时省力的优点。

(3)旋耕刀轴正向旋转可进行旋耕、免耕作业,反向旋转可进行灭茬、秸秆还田、埋青作业,不增加刀轴,制造成本低(曹焕元,1997)。

(四)秸秆还田旋耕机

秸秆还田旋耕机也是秸秆还田机械的一种,是根据秸秆配套使用的农业机械。与一般的旋耕机结构基本相同,采用反转旋转,即刀轴的旋转方向与作业机行走轮旋转方向相反,工作时旋耕刀从土壤底部开始向土壤表面逆向切土,机组负荷较均匀,无漏耕现象。作业后地表平整,碎土率高,一次可完成灭茬、秸秆还田、埋青、旋耕碎土、掩埋以及覆盖等作业,作业质量满足要求。

第四节 深 松

一、深松的作用

土壤深松技术是随着少耕、免耕法而发展起来的一种替代传统耕作——犁翻的土壤耕作方法,是保护性耕作中疏松土壤的重要耕作手段。长期旋耕作业造成的坚硬犁底层阻碍了耕作层与心土层之间水、肥、气、热的连通性,降低了土壤的通透能力,降雨径流现象十分突出,土壤蓄水保墒能力明显不足;导致作物根系难以穿透犁底层,根系发展没有空间,分布浅散,吸收营养范围减少,抗灾能力弱以及易引起倒伏、早衰等,以致影响产量。深松耕作技术是在只松土,不翻土,不打乱土层结构与表面覆盖物的条件下,打破犁底层,疏松土壤,提高土壤的通水、透气性能,增强土壤蓄水保墒、防旱耐寒能力,较好地防止水土流失,对排碱除涝也有着显著作用;同时,有利于农作物根系深扎,吸收水分与养分,从而达到农作物高产、低耗、环保的目的(张丽光,2013)。

(一)打破犁底层,形成良好的耕层结构

多年翻耕会形成坚硬的犁底层,而犁底层会妨碍雨水入渗和作物根系向下生长,坚硬的犁底层成为耕作层与非耕作层之间水、肥、气、热等交流的屏障,严重阻碍了土壤功能的充分发挥。通过深松,深松铲从犁底层下部通过,可将原有犁底层打破,进而加深耕层。因此,深松能够保持地面残茬覆盖,防止风蚀,减少土壤水分蒸发;疏松土壤,改善土壤结构,降低土壤容重,增加土壤孔隙度和土壤水分库容,协调土壤固、液、气三相,使土壤的水、肥、气、热 4 大要素实现良性循环,创造不同于传统耕法的"表土过虚、底土过实"结构,形成松紧适宜、通透性较好的耕层构造(龚振平和杨悦乾,2012;张丽光,2013;王亮等,2015)。

(二)增强土壤蓄水保墒能力

深松打破犁底层,加深耕层,形成了"虚实并存"的耕层构造,使土壤透水速度加快,并且深松后土壤得到疏松,增大了土壤的粗糙度,有利于减少降雨径流,从而提高土壤蓄水能力,增加土壤水库容,提高自然降水和灌溉水的利用率。"上虚下实"的土壤构造使得干旱时,地下水通过毛细管作用被作物根系吸收,缓解旱情;降水充沛时,又通过毛细管使富余

的水分迅速下渗，减少径流，从而减少水、土、肥的流失，有利于水土保持，增强耕地抗水蚀能力（张丽光，2013）。

沈昌蒲（1978）研究发现，测定 2 min 后深松部位的透水量比对照多 0.2 mm，6 min 后多 7.2 mm，10 min 后多 14 mm，说明深松部位因打破犁底层，水分渗透量增加；深松贮存雨水的深度可达 110 cm，而对照区为 60 cm；在灌水 100 mm 的情况下，垄沟深松比对照耕层多贮 8.2 mm，30 cm 以下多贮 51 mm。张丽光（2013）研究表明，通过深松打破犁底层，与常规模式相比，可显著降低玉米苗期、小喇叭口期、抽雄期、成熟期 10～40 cm 土层的土壤容重，各时期土壤容重分别降低 11.30%～12.13%，9.06%～10.53%，7.05%～9.87% 和 6.62%～9.48%；各时期播种行 0～70 cm 土层土壤含水量分别提高 2.09%～6.95%，4.53%～6.53%，3.12%～4.22% 和 4.74%～5.68%。

（三）有效疏松土壤，培肥地力

机械进地作业和长期免耕都会导致土壤紧实、变硬，容重增加，影响作物根系发育及对水分和养分的吸收，会导致产量下降，因此需要通过深松来疏松土壤，提高水分利用率和产量（何进等，2006）。

深松后的耕层构造可使作物根系密集，并自由地向实或松的部位伸展，从而增加作物根量，并且各层土壤中根量分布都有明显的下移趋势（宋日等，2000）。根系残体增多，为微生物生存提供了条件，实部耕层具有厌气性土壤环境，腐殖化合成活动相对加强，有机质含量提高，起到了培肥养地作用。深松也有利于土壤的气体交换，促进好氧性微生物的活化与矿物质分解，提高土壤中速效养分的供应量，有利于培肥地力（高焕文和李问盈，2004）。

（四）促进根系发育，提高产量

采用深松打破犁底层，可明显改善根系生长的生态条件，促进根系生长。齐华等（2012）的研究表明，深松处理的根系不仅能更好地向深层土壤生长，并且向两侧扩展的范围变大，20～50 cm 土层的根干质量、根长密度和根系体积均明显高于对照；而位于耕层以下土层中的根量对于吸收和利用下层土壤中养分、水分起着重要的作用（戴俊英等，1988），到生育后期能够为地上部分提供充足的营养物质与水分，进而可提高玉米产量。

二、深松作业的相关要求

（一）深松机具

鉴于深松技术的上述特点，该技术已广泛应用于玉米、大豆、小麦、棉花、甘蔗、烟草等作物的生产中。机械化深松根据作业性质又可分为局部深松和全面深松两种。全面深松是用深松铲全面松土，这种方式适用于配合农田基本建设，改造耕层浅的土壤，以松土打破犁底层为目的。局部深松则是用杆齿、铧或凿形铲进行松土与不松土相间隔的局部松土（王亮等，2015）。因此，可根据作物的不同，深松机具的选择也存在一定的差异，可根据当地的具体条件和作物特点选择合适的机具。

发达国家自20世纪30年代开始研究并使用深松耕作技术，取得了很好的效果，积累了丰富的实践经验。目前，美国、西欧等国家与地区对深松机具的研究已经相当完善，并根据不同的需要研制出多种深松机具，形成了系列，其松土方式主要有挤压松土和震动松土两种形式（李洪文等，2000）。深松机具一般与大功率拖拉机相配套，其特点是深松深度大、作业速度快、质量好，适用于全面深松（刘欣等，2011）。此外，为了适应联合作业的要求，也研制出多种深松联合作业机。

我国对深松机械技术重要性的认识较晚，从20世纪60年代初才开始进行相关的研究，通过大量的研究工作及对国外成果的改善，促进了我国农业生产的发展。黑龙江省在20世纪60年代就开始了深松机理的研究，并在20世纪70代形成“深松耕作法”（王俊发等，2001），到目前为止已投入了实际生产应用，并取得了很好的效果。随着深松在农业上的广泛应用，我国深松机具的需求量也相应增加。目前，我国农业生产中所用的深松机具包括单柱式（包括凿式和铲式）和倒梯形全方位式等，还有一些深松机具属于复合式机具，如1GLF－180型复式整地机、1GSZ－210型旋耕深松机等。各种深松机都可用于秸秆还田的深松作业，但是需要考虑深松机具在田间的通过率。

（二）深松深度

杨有志（1978）研究认为，在30 cm土层内随着耕层加深产量呈上升趋势，耕深超过30 cm时增产效果不显著，耕深超过40 cm时，甚至会出现减产的现象。深松作业的耗功大小与深度密切相关，可在深松前进行测定，小型拖拉机作业，耕层深度不超过20 cm，深松25 cm即可，如果为了大幅度提高产量或较黏重土壤可深松30～35 cm。

张丽光（2013）研发了灭茬旋耕深松全层施肥精播机，深松刀入土25 cm，打破犁底层，其松土范围是以铲尖为顶点向两侧上方延伸的扇面。离松土沟越近，土壤松动效果越好，土壤细碎，密度小；距离松土沟较远的地方，松土效果差，土块大，有些地方仅有裂纹，土壤无明显松动，密度较大（赵金，2012）。这样，便在松土断面内形成一个“上虚下实、左右虚实相间”的土体构造。采取间隔深松的方式，间隔深松的距离同作物行距，而且，土地表层多为松土，而下层多为实土，即土块表层的平均土壤密度要远远小于深松深度内下层的土壤密度。

（三）深松时间

深松后要蓄纳更多水分的条件是要与降水时间和降水量相结合，因此，深松作业时间一般安排在雨季前进行。东北垄作一年一熟区，如玉米，苗期垄作深松效果最好，因为深松后正值雨季来临，可充分接纳降水；华北一年两熟区，深松作业安排在小麦收获后玉米播种前进行，一是可以接纳随之而来的降水，二时因为采用间隔深松作业（龚振平和杨悦乾，2012）。

（四）深松间隔年限

关于深松持效时间及间隔年限的问题，目前尚无统一的标准。一般实施保护性耕作的第一年深松一次即可，推广实施中多为2～3年深松一次。何进等（2006）研究认为，每4年对土壤深松一次可以解决土壤变硬的问题。一般北方地区由于冻融交替可以使土壤疏松，深松年限可以延长一些；南方地区没有冻融交替，而且降水多，土壤易紧实，深松年限可以适当缩短。也可以根据测定土壤容重来确定是否需要深松。李潮海和周顺利(1994)、李潮海等(2005)研究认为，当土壤容重为 1.30 g/cm^3 左右时，最有利于玉米苗期的地上部干重的增加，深层土壤容重对玉米根系生长有极大的影响，随着土壤容重的增加，不同层次玉米的根数急剧减少，根系不能穿透容重为 1.60 g/cm^3 的土层。

（五）深松作业对土壤水分的要求

深松作业对土壤水分有严格的要求，土壤含水量过大或过小，深松作业质量均较差，如出现大的深松沟、土块等。一般认为适宜深松的土壤水分为 15% ~22%（龚振平和杨悦乾，2012）。

第八章　特用玉米机械化生产

特用玉米是根据不同需要培育出的适合特殊用途的优质玉米品种，具有专用性、优质性、高效性等特点，在国内外具有广阔的市场前景。特用玉米主要分为8大类型，其中就包括鲜食玉米（糯玉米和甜玉米）、爆裂玉米和青贮玉米。特用玉米不仅可以用作粮食，同时也可当作水果、蔬菜供人们食用或作为工业原料进行加工。

第一节　鲜食玉米

鲜食玉米是指在乳熟期像水果、蔬菜一样收获果穗，直接食用或用于加工的玉米类型，主要包括甜玉米、糯玉米和笋玉米。因其营养丰富、口感好、老少皆宜，深受消费者的青睐，在国内外市场十分畅销。目前，鲜食型玉米及其产业化已经引起我国各级政府的重视，挖掘遗传潜力、拓展利用领域、开发新型产品成为各级政府、各科研部门和相关企业的重要课题，并成为一些地方和企业新的经济增长点（张英等，2007）。

一、糯玉米

（一）糯玉米的发展现状

糯玉米又称蜡质玉米、黏玉米，是玉米传入我国后在种植过程中，经过基因突变和选育产生的一种新类型，受隐性糯质基因控制，由编码颗粒凝结型淀粉合成酶的基因突变而来，该基因活性被抑制不能合成直链淀粉，即表现为糯质（赵久然等，2016）。

与普通玉米相比，糯玉米籽粒胚乳淀粉几乎全为支链淀粉，而且其所含蛋白质、赖氨酸、水溶性多糖等营养物质均相对较高，软糯适口、风味独特，主要用于鲜食和加工，秸秆可作优质青贮饲料。

随着我国经济的快速发展和人民生活水平的提高，糯玉米生产日益受到人们的重视，呈现跨越式发展的良好势头，在我国具有巨大的发展潜力（赵久然等，2016）。尤其是黑龙江省作为我国的农业大省，面临种植结构调整，鲜食型糯玉米的发展将为农业结构调整提供非常好的发展思路和方向。

国外糯玉米的研究以美国为代表，目前，美国有多家种子公司从事糯玉米种子的推广和销售工作，美国糯玉米种植面积超过400万亩（赵久然等，2016；刘萍，2007）。然而，美国糯玉米的用途以淀粉加工和饲料为主，基本不作为鲜穗和速冻加工等产品消费，其中，70%以上用于加工淀粉，可以作为增稠剂、乳化剂、黏着剂、悬浮剂而广泛用于香肠、罐头、凉菜、速冻食品等；将近30%的糯玉米用作动物饲料，为牛、羊等牲畜提供饲料，是上等的青贮原料，美国牲畜饲养场和奶牛场都在用糯玉米代替普通玉米作为生产饲料（张英等，2007）。

近年来，我国鲜食糯玉米面积逐年增加，2017年已达到1 800万亩，尤其是黑龙江省进入鲜食玉米快速发展阶段，并已制订了长期发展计划。黑龙江省鲜食玉米种植面积呈逐年上升趋势。2014年黑龙江省鲜食玉米种植面积27.8万亩，2016年鲜食玉米种植面积46.4

万亩,比 2014 年增加 66.9%,2017 年种植面积达到了 127 万亩,预计 2020 年全省鲜食玉米种植面积将达到 200 万亩,将建设 10 个面积 10 万亩以上的优质鲜食玉米生产基地。这些也得益于我国鲜食糯玉米育种工作所取得的成绩。

进入 21 世纪以来,我国糯玉米品种的选育和产业都得到快速发展,大量优良糯玉米品种投入市场。2000—2014 年,我国审定糯玉米品种 432 个,其中通过国家审定的糯玉米新品种 69 个,为我国糯玉米产业的发展提供了品种保障。随着市场需求的不断增加,我国糯玉米品种审定数量仍呈上升态势,品种类型、用途等多样性将持续增加。

鲜食糯玉米的用途决定了其特殊的育种、栽培以及品种评价目标。作为蔬菜或水果鲜食,鲜食品质成为决定品种优劣、经济价值高低的最重要因素。糯玉米鲜食品质包括果穗与籽粒外观品质、品尝品质、营养品质、储藏加工品质、卫生品质、贮运品质等(刘萍,2007)。另外,鲜果穗除了直接上市之外,还用于食品加工,不仅要求籽粒营养丰富,鲜食口感好,而且还要求出籽率高等。

因此,品种数量的增加在丰富选择性的同时,根据糯玉米的特性和品质形成特点,还要充分考虑到品种在不同地区的配套栽培技术及机械化的问题。机械化栽培技术主要包括机械化耕整地技术、机械播种施肥技术、机械除草施药技术和机械化收获技术等。通过此技术的应用,可促进鲜食玉米产业向规模化、集约化、标准化、无害化方向发展(李波等,2018)。

(二)糯玉米栽培技术

1. 选地与隔离

(1)选地:选择地势平坦,肥力较高,有排灌条件的地块。禁止前茬用过咪唑乙烟酸、氯嘧磺隆、氟磺胺草醚等长残留除草剂,以免发生药害。

(2)整地:大机械整地,以春、秋灭茬,深松旋耕,重耙一次性作业,深松深度 32 cm,旋耕深度 15 cm,耙茬深度 14 ~ 16 cm,起 65 cm 小垄或 110 cm 大垄,达到待播标准。

(3)隔离(距离隔离或时间隔离):种植糯玉米必须与其他玉米间隔种植,否则容易造成窜粉,外来花粉当代显性,影响果穗外观及口感。平原地区要间隔 400 m 以上,丘陵漫岗,四周有道路林带地区,间隔 200 m 以上;也可以采取错期播种错开花期方法,相邻玉米花期要错开 20 d 以上。

2. 整地

机械化深耕细整地,可以改善土壤理化性状,提高蓄水保肥能力,是保证玉米苗全、苗齐、苗壮的基础。

机械化耕整地技术主要采用耕整地联合作业机来完成,这种机具已经被广泛使用。以旋转刀片为主要工作部件的耕作机具,破土能力强,耕后地面平坦,可一次完成根茬粉碎、耕耙碎土、深松和起垄作业。联合作业机作业要求是根茬粉碎长度应小于 8 cm,合格率应大于 86%,旋耕深度一般为 15 ~ 18 cm,深松深度应在 25 cm 以上,起垄作业时垄高应大于 18 cm,垄向要直,垄距要保持一致,以保证机械化播种质量。

3. 种子选择

因地制宜选用品质优、产量高、抗逆性好、抗病性强并通过国家或省级审定的糯玉米品种。

4. 播种

（1）种子处理：播种前要进行种子晾晒，约 2～3 d，除去杂粒、秕粒、病粒、草籽等杂物。种衣剂能有效防治多种土传病害及地下害虫，种衣剂应在播种两周前拌好备用。

（2）播种密度：早熟品种收获 3 300～3 500 株/亩，中晚熟品种收获 3000～3300 株/亩。大垄双行种植密度要适当增加密度。为保苗，最好每穴两粒，芽率高于 96% 的种子可单粒点播。

（3）播种时期：糯玉米普遍芽势弱，耐低温能力差，在 5～10 cm 土壤温度稳定 10～12 ℃、含水量 20% 左右时播种。根据品种熟期和上市加工时间可以错期播种。精密播种理论上要求每穴下种量为一粒，但由于播种机性能、质量及种子形状的差异，无法绝对达到这一要求。精密播种作业标准：单粒率≥85%，空穴率＜5%，碎种率≤1.5%。

（4）播种深度：由于糯玉米芽势弱、芽鞘短、不耐低温，播深不能过深，种子播在耕层土壤中的位置要保证在镇压后种子至地表的距离为 3～4 cm，误差不能大于 1 cm；播种深浅要一致，落粒均匀，确保一次苗齐、苗匀、苗壮；株距均匀，行距一致，这些都是高成穗率的基础。

5. 施肥

（1）底肥：施用无害化处理农家肥 20 t/hm^2，结合整地撒施。磷酸二铵 150～200 kg/hm^2，尿素 150～200 kg/hm^2，硫酸钾 100～150 kg/hm^2。施在种子侧下方 5～10 cm 处，并尽可能分层施肥，提高肥料的利用率。也可以用含硫酸钾的玉米专用肥，含量达到 45% 的专用肥施肥总量要达到 600～650 kg/hm^2。

（2）追肥：7～8 叶期追尿素 150～200 kg/hm^2，追肥位置在植株侧 5 cm，深度为 7～8 cm。追肥能保证后期不脱肥，保证果穗大、饱满。

（3）重视施用叶面肥：在玉米抽雄前结合防治玉米螟可选择肥效好的叶面肥进行喷洒，最好施用 2～3 遍叶面肥以补充玉米需肥盛期土壤供肥不足的问题，防止脱肥秃尖。

6. 化学除草

用药配方可采用 38% 阿特拉津（莠去津）悬浮剂 1 500～2 000 mL/hm^2 ＋90% 乙草胺乳油 1 700～2 000 mL/hm^2，或 96% 金都尔 1 800～2 100 mL/hm^2 ＋38% 阿特拉津（莠去津）悬浮剂 2 000～2 500 mL/hm^2。

茎叶处理选用 30% 苞卫（苯唑草酮）悬浮剂，在杂草 2～5 叶期，杂草出齐时喷药。每亩用 5 mL 苞卫＋9 mL 专用助剂＋70 g 90% 莠去津水分散粒剂，兑水 15～20 千克/亩。

7. 田间管理

（1）及时去除多余雌穗

去除多余果穗时，可将穗柄向下折断即可，不要拽掉果穗，以免伤害叶片。而晚熟品种双穗成穗率较高，在密度低时可考虑保留上部两穗。

（2）防病、防虫

① 大小斑病防治：可采用 50% 多菌灵可湿性粉剂 500 倍液，50% 退菌特可湿性粉剂 800 倍液，65% 代森锌可湿性粉剂 1 000 倍液等，在抽雄前喷药，隔 7～10 d 再喷一次。

② 防治玉米螟。

a. 当玉米螟灯诱成虫为始盛期且化蛹率达到 13%～15% 时，后推 10 d 为第 1 次放蜂最佳时间。第 1 次放蜂一般为每年的 7 月 7 日左右。亩放量 3 万头，分两次投放，第 1 次放蜂 20 000 头/亩，第 2 次放蜂 10 000 头/亩，两次放蜂间隔 1 周。选 1 株生长健壮的植株，在植株中部的1个叶片主脉背部一侧用牙签或大头针等将蜂卡别牢,蜂卡方向向下,此法适合大面积防治。

b. 每公顷用每克含100亿以上孢子的Bt乳剂3000 mL,按药、水、干细沙比率为0.4:1:10配成颗粒剂,于玉米心叶抽出末期撒入。

c. 可用氯氰菊酯300倍液在1龄幼虫期时均匀喷洒。

8. 及时采收

糯玉米最适采收期鲜穗品质应为外观新鲜清洁、具有本品种应有特征,过早采收糯性不够,过迟采收缺少鲜香甜味。糯玉米一般采收在乳熟末期,授粉后22~25 d,手握有紧实感,果穗中籽粒浆液近似黏糊状;采收后在8 h内加工,最好在4 h内蒸煮加工,否则,果穗脱水后,适口性变差,可以带苞叶采收,以利贮运以延长保鲜期。

糯玉米机械化收获的农业技术要求是摘收玉米果穗时应尽量减少损失和损伤,落穗率不大于3%、果穗破损率小于4%,留茬要整齐,留茬高度在10 cm以下,秸秆粉碎长度小于10 cm,漏切率小于3%;机器的使用可靠性大于90%,采用机械化收获每亩可节省人工费80元。

二、甜玉米

(一)甜玉米的发展现状

甜玉米起源于美洲大陆,是玉米属的一个亚种,由隐性的胚乳突变基因控制。根据基因型的不同,甜玉米可分为普通甜玉米、超甜玉米和加强甜玉米三种主要类型。

甜玉米乳熟期的籽粒营养非常丰富,用途和食用方法与蔬菜类似,可蒸煮后直接食用,素有“水果之王”“蔬菜之王”等美誉。甜玉米含有较高的技术含量和遗传附加值,可加工制成各种风味罐头,加工后的产值可增加300%~400%,而且不受地域和季节限制,可以周年供应,又被称为“遗传增值玉米”(Han et al.,2002)。甜玉米除糖分含量高之外,多种营养成分均高于普通玉米,具有很高的营养品质和经济价值。甜玉米还含有30%以上的蛋白质及多种维生素和矿物质,18种氨基酸,其中赖氨酸含量是普通玉米的2倍,鲜嫩多汁(赵益强等,2005;张英等,2007)。甜玉米中的亚油酸等成分,有降低人体血液中胆固醇和软化血管、防治冠心病的作用。甜玉米由于采摘时间早,采收后茎叶营养丰富,还可作为畜牧饲养业优质饲料,饲喂奶牛的产奶量可提高10%以上(赵益强等,2005)。

1999年,全世界甜玉米种植面积超过67万hm^2,2001年约为100万hm^2,2002年为114万hm^2左右,目前已超过150万hm^2。其主要产地为美国、加拿大、欧洲、泰国、中国、日本(刘萍,2007)。中国甜玉米发展很快,目前约600万亩,种植面积仅次于美国。

欧美发达国家甜玉米产业起步早,在美国、加拿大、日本等发达国家和地区,甜玉米加工产品早已成为大众化的日常消费蔬菜。美国是全球最大的甜玉米生产国和消费国(2006年人均消费甜玉米11.7 kg,其中鲜甜玉米3.87 kg,冷冻甜玉米4.18 kg,罐头甜玉米3.73 kg),甜玉米总产值排在鲜售类蔬菜第4位,加工类第2位,是最重要的果蔬作物之一(赵久然等,2016)。在日本,近30年甜玉米消费量增加了30倍,北海道已成为世界著名的甜玉米生产基地,近10年来欧洲的鲜食玉米消费增加了近10倍(吕凤金等,2005)。其他主要生产国或出口国包括美洲的墨西哥、秘鲁、加拿大等;欧盟的法国、西班牙、匈牙利、意大利等;非洲的南非、尼日利亚等;亚洲的印尼、泰国等。

我国甜玉米食品生产起步较晚,但发展较快。20 世纪 80 年代中期开始进行甜玉米罐头加工,但加工产品较少,甜玉米罐头年产量仅 3 000 t,加工地主要集中于上海、大连等沿海城市。甜玉米食品,特别是甜玉米罐头和速冻鲜果穗等产品生产和出口已经成为创汇的主要渠道(赵益强等,2005)。广东省是我国甜玉米生产大省,甜玉米产品的 70% 用于出口(滕宏飞和狄广霞,2007),而长江三角洲的大城市郊区鲜食型玉米的发展也很快,种植面积不断扩大。

甜玉米最早在美国发现并开发种植,1844 年第一个甜玉米品种被正式命名为 Darlings Early,1899 年,在美国种子公司至少提供了 63 个甜玉米品种。我国甜玉米育种研究虽然在 20 世纪 50 年代就已起步,1968 年北京农业大学首次育成名为"北京白砂糖"的甜玉米品种,但后来因各种原因而使育种工作中断,直到 20 世纪 80 年代,甜玉米育种才得到加强。21 世纪以来,甜玉米品种、数量及质量大幅度提高,产业得到快速发展。国外主要甜玉米育种单位主要是先正达公司,国内主要甜玉米育种单位包括广东农科院、北京市农林科学院玉米中心、中国农业大学、山西农科院等(赵久然等,2016)。

甜玉米的鲜食品质包括果穗与籽粒外观品质、品尝品质、营养品质、储藏加工品质、卫生品质、贮运品质等(刘萍,2007)。要根据甜玉米的特性和品质形成特点,充分考虑不同品种的配套栽培技术及机械化的问题。

(二)甜玉米栽培技术

甜玉米栽培技术与糯玉米栽培技术基本一致,但是由于甜玉米芽势要弱于糯玉米,因此可以适当加大每穴播种量,以保全苗。

三、笋玉米

(一)笋玉米的发展现状

笋玉米也称珍珠笋,是指以采收幼嫩果穗为目的的特用玉米类型,幼穗长 7 ~ 10 cm,粗 1.0 ~ 1.5 cm。玉米笋是新兴的高档名贵蔬菜,味道清甜,低热量、高纤维、无胆固醇,富含氨基酸、糖、维生素、磷脂和矿质元素,是理想的保健食品。笋玉米既可鲜食,也可用于制作罐头、爆炒鲜笋、煲汤、调拌沙拉、腌制泡菜等,在国际市场上十分畅销,在我国福建、广东、山东、山西、河北等地区已大面积种植(韩伟等,2017)。

笋玉米主要分为 3 类:一是专用型笋玉米,即一株多穗的专用笋玉米品种,当花丝吐出达 1 ~ 2 cm 长时,采摘果穗做玉米蔬菜;二是粮笋兼用型笋玉米,即多穗型的普通玉米品种,将每株能正常成熟的果穗留作生产籽粒,不能正常成熟果穗作玉米笋;三是甜笋兼用型笋玉米,在甜玉米中,每株上正常发育大穗作甜玉米,不能正常发育的幼嫩果穗用作玉米笋(张金牛,2017)。

目前,在世界范围内笋玉米的生产和消费发展迅速,尤其是在亚洲和南美地区,笋玉米的食品开发已经成为新的热点(刘民,2010)。笋玉米的经济效益较高,在我国具有良好的发展前景。目前,制约国内笋玉米生产发展的主要因素是国内笋玉米品种少、产量低、品质较差、抗逆性差,而从国外进口的品种又存在适应性差的问题,亟待选育出适应本土生产的笋玉米新品种,满足我国日益增长的笋玉米加工及鲜食市场的需求(田在军等,2016)。目前我国已育出几个专用型笋用玉米品种,包括鲁笋玉 1 号、甜笋 101、冀特 1 号、冀特 3 号、石多3号、晋甜1号、普甜1号和超甜43等，笋玉米的选育和应用现已成为一种玉米产业（张庆娜等，2016）。

（二）笋玉米栽培技术

1. 整地

笋玉米发芽能力弱，对整地质量要求较高，应选择土壤肥沃、不板结、保水保肥性能好、易于排灌的沙壤土地块种植，要求精细整地，土壤足墒、深耕、细耙，土壤田间持水量应在70%左右。

2. 播种

选用耐密植、笋行细长、产量高、品质好的品种。为了延长采收期和保证加工厂原料供应，可以采用地膜覆盖、营养钵育苗、分期播种、不同品种搭配等措施。

一般地温稳定在10 ℃时即可播种，甜笋型要求地温稳定在12 ℃时播种，地膜覆盖可提早5～10 d，土温稳定在8 ℃以上可进行播种，最迟播期要保证采笋时的温度不低于18 ℃。

笋玉米的种植密度应根据品种特点、地力水平和种植目的来确定。紧凑型品种宜密植，平展型品种宜稀植，肥田宜密植，瘦田宜稀植。由于笋玉米在授粉前收获，不存在秃尖等问题，所以生产上种植专用型笋玉米一般采用适宜密度的上限，这样可增加有效笋株，增加第1、2笋的比例，在此基础上加强管理，提高整齐度，从而提高笋玉米的质量。而兼用型笋玉米的种植密度应稀，以保证结实率。

3. 水肥管理

笋玉米施肥以农家肥为主，化肥为辅。玉米笋生长势强，植株健壮高大，喜肥水，要施足基肥，播种前施用有机肥37 500～45 000 kg/hm^2，磷酸二铵600～750 kg/hm^2，尿素90～105 kg/hm^2。

笋玉米生长周期短，需及早追肥。在拔节期追施尿素300～450 kg/hm^2，追肥应距植株10～15 cm，深施10 cm以下。

苗期土壤田间持水量应控制在60%～70%，拔节期是笋玉米的需水临界期，这时若土壤水分不足要及时灌溉浇水，以保证笋玉米的产量和质量。

4. 病虫害防治

玉米笋对大、小斑病和病毒病有较强的抗性。但是由于笋玉米味甜，植株娇嫩，对质量要求也比较严格，所以田间管理要严防害虫危害。除了在苗期要注意防治地下害虫外，在穗期还要防治玉米螟，一般在小喇叭口至大喇叭口期，采用低毒农药或生物防治方法（可参照糯玉米赤眼蜂防治方法）及时防治。

5. 及时去雄

在雄穗抽出之前或没有完全抽出时应及时摘掉，防止笋玉米受精导致穗轴老化影响品质，并有利于节省养分，增加透光，促进光合作用。此时期约在播种后60 d左右，一般在晴天上午10时至下午3时前进行去雄。专用笋玉米去雄宜在雄穗刚露出未散粉时进行，而兼用型笋玉米去雄宜在散粉3～5 d后，以保证第1穗授粉结实良好。

6. 及时采收

笋玉米的食用部分为玉米的雌穗轴及其上面的小花，采摘时期过早，笋小白嫩、含水量多、风味淡、产量低、加工时易变色；采收过迟，笋体过大、过粗、外形不佳、穗轴老化、口感变硬。

最适宜的采笋期是雌穗吐丝但尚未受粉时。一般在第1果穗花丝刚刚抽出苞叶时开始采笋,以后每隔1~2 d采一次笋,7~10 d内全部采完。

采笋必须及时。采笋时,用一只手抓紧果穗的剑叶或苞叶,向侧向(与叶片伸出方向垂直)稍加用力,即可把完整的笋采下来,尽量不要弄断叶片或伤及茎秆,以免影响植株正常生长和下部果穗的发育。

每天上午采摘,收获的笋及时处理,当天销售或加工。采摘后的笋玉米茎叶可作饲料用。

第二节 爆裂玉米

一、爆裂玉米的发展现状

爆裂玉米是玉米的九大类型之一,原产于秘鲁一带,栽培最早发源于美国,是玉米种的一个亚种,是用于制作爆玉米花的专用玉米(张金牛,2017;Jugenheimer,1976)。按照籽粒类型,可将其分为珍珠型和米粒型两类,珍珠型籽粒短圆,米粒型籽粒窄长。美国以10 g玉米的籽粒数作为标准将爆裂玉米花分为3种类型:52~67粒为大粒型,68~75粒为中粒型,76~105粒为小粒型。

爆裂玉米籽粒几乎全由角质胚乳所组成,具有高温膨胀破裂的特性,其爆裂能力受角质胚乳的相对比例控制(张金牛,2017;Lu et al.,2003)。与普通玉米相比,爆裂玉米生育期稍短,植株矮小,叶片平展,株型多为松散型,对病害的抗性较弱,双穗率较高,抗旱性较好(史振声等,2003)。爆裂玉米籽粒富含蛋白质、淀粉、纤维素、无机盐和多种维生素等营养成分,爆出的玉米花花大、色泽好、松脆、有香味、营养丰富、容易消化,是一种多纤维、低热量的碳水化合物食品,是一种老少皆宜的低能量的休闲食品(包和平等,2011)。

美国爆裂玉米形成规模化生产已有多年的历史。1880年之前,爆裂玉米仅仅作为标本或者装饰植物在家庭庭院中有零星的种植,人们并没有注意到爆裂玉米的实用价值和生产价值。1880年后,美国开始爆裂玉米的商业化生产。1912年美国爆裂玉米的种植面积已经初具规模,其种植区域主要集中在得克萨斯州、明尼苏达州等。经过几十年不懈的努力,20世纪90年代爆裂玉米在美国得到了很好的发展,并成了家喻户晓的休闲食品(杨宏伟,2016)。

起初美国商业生产中爆裂玉米的膨爆倍数和适口性等品质性状较差。第一个应用较广泛种植的爆裂玉米杂交种是在1940年由堪萨斯州和印第安纳州的农业试验站育成的,这个品种在美国爆裂玉米的商业生产中应用了近10年(杨宏伟,2016)。从此,爆裂玉米的种植面积和范围逐年递增,据统计,1971年美国的爆裂玉米的播种面积就达到了6 946 hm^2,20世纪80年代末美国爆裂玉米的种植面积达75 518 hm^2,20世纪90年代美国的爆裂玉米播种面积达46.6万hm^2,其分布遍布密苏里州、印第安纳州等十几个州,近几年爆裂玉米的年播种面积已经提高到了70万hm^2。爆裂玉米的主要销售品是微波爆米花、家庭型爆米花和时鲜型爆米花等,其在美国的年产值达到了20亿美元以上。随着爆裂玉米新品种的不断问世,人们对于爆裂玉米的市场需要以及国际化贸易水平的不断提高,爆裂玉米的播种面积和产量还有继续提高的可能和趋势(杨宏伟,2016)。

我国爆裂玉米育种工作起步较晚,由于加工、市场及种植效益等各方面因素的影响,我国爆裂玉米的研究还有待进一步深入(韩伟等,2017)。爆裂玉米20世纪80年代传入中国,1980年我国开展的全国玉米地方品种资源收集工作中共搜集爆裂玉米品种100余个,这是我国爆裂玉米重要的选系资源。直至20世纪90年代,我国第一家加工玉米花的企业才问世,我国才选育出了自己的爆裂玉米品种,并且进行了部分推广种植。进入21世纪,我国又相继选育出一系列优秀品种。

到目前为止,我国的科研单位经过不懈的努力,已培育出鲁爆玉1号、黄玫瑰、黄玫瑰2号、黄金花、成都806、吉爆902、垦爆1号、太爆1号、石爆2号、石爆3号、沈爆1号、沈爆2号、沈爆3号、豫爆2号、津爆1号、科爆201、沪爆1号等优秀品种(楼辰军等,2000;史振声,1992)。

随着我国经济的快速发展,人民生活水平的不断提高,玉米多元化生产也得到了发展,健康营养的零食逐渐成为生活中的一部分,因此爆米花这种天然、健康的食品市场潜力是相当大的。我国爆裂玉米产业相对于西方发达国家起步较晚,品种配套栽培技术研究比较薄弱,所以有针对性地进行爆裂玉米栽培配套措施的研究具有十分重要的意义。

二、爆裂玉米栽培技术

(一)选地和整地

爆裂玉米的耐药性较差,要选择没有农药残留的地块。爆裂玉米籽粒较小,出苗较弱,对整地质量要求较高,土地耕翻后要精细整地,耙平耙匀。

(二)选择适宜品种

爆裂玉米应选择爆花率不低于95%、膨爆倍数不低于25倍、抗逆好、产量高、适应当地生态条件的品种。

大粒型品种单花体积高,适合深加工,商业上比较接受大粒型;中粒型品种较多;小粒型品种膨爆倍数好但产量低。

(三)严格隔离

平原地区要间隔400 m以上,丘陵漫岗、四周有道路林带地区应间隔200 m以上;也可以采取错期播种错开花期方法,错期播种为春播要求40 d以上,夏播错期30 d以上。

(四)播种

爆裂玉米籽粒小,芽势弱,对播种质量要求较高。爆裂玉米因遗传因素及不良环境条件的影响,会产生雌雄花脱节现象,雌穗遇不良的自然条件,吐丝时间要比雄穗抽雄晚20 d左右,为保证爆裂玉米的正常授粉结实,提高籽粒产量,种植过程中可采用分期播种的方式,即在同一地块先播下80%种子,其余20%可在15 d后再播1次,以此协调花期。

(五)施肥

爆裂玉米生育期较长,对养分需求量高,要重视基肥的施用,以有机肥为主,配合速效磷、钾肥和氮肥,定苗后,拔节期和大喇叭口期应及时追肥。

(六)杂草防治

玉米出苗前,可采用土壤处理进行化学除草;苗后可采用茎叶处理进行化学除草;并结合中耕和追肥,机械防除杂草。

(七)虫害防治

爆裂玉米主要害虫有玉米螟、大螟、蚜虫、地老虎等,应及早采用低毒高效农药和天敌生物进行防治。

(八)适时采收

爆裂玉米最佳采收期比普通玉米略迟,当苞叶干枯松散,籽粒变硬发亮时,即为完熟期,可进行收获。摘回果穗后,晾晒至籽粒含水量在 14% ~18% 时脱粒。

第三节 青贮玉米

一、青贮玉米的发展现状

青贮玉米是指用特定的饲料型玉米种子种植出的玉米,即将果穗和茎叶均作为青贮饲用的玉米品种。将收获的玉米用青贮收获机切碎并发酵,用于牛羊等草食牲畜的饲喂饲料。青贮玉米按植株类型可单秆和分枝两类,按用途可分为青贮专用型和粮饲兼用型(苏俊,2011;赵久然等,2008)。

青贮玉米不仅是粮食作物、经济作物,更是一种优质的饲料作物。青贮玉米和常规玉米相比,青贮玉米长势好,会比常规玉米高,可以达到 4 m 左右,生物学产量高,而且含有丰富的营养成分。青贮玉米的秸秆中糖分、胡萝卜素、维生素 B1 和维生素 B2 含量高,是理想的饲料。青贮玉米的最佳收获时期一般在籽粒的乳熟末期到蜡熟前期的时间段,这时的水分含量为 65% ~70%,有利于乳酸菌的发酵,作为青贮饲料营养价值高(吴相辰,2016;罗寨玲,2014)。

绝大多数的国家牛、羊等草食牲畜的主要粗饲料大都为青贮饲料。在美国等美洲国家,或者荷兰、英国等欧洲国家的青贮饲料产量都增长较快,一些发达国家改变了饲料的配料比例,还有一些发达国家为了增加产量而增加了青贮玉米的播种面积(吴相辰,2016)。近几十年来,青贮玉米在欧美等农牧发达国家广泛种植,种植面积占玉米种植总面积的 30% ~40%。如近几年美国青贮玉米种植面积约 29.3 万 hm^2,意大利约 30 万 hm^2,法国青贮玉米种植面积超过 144 万 hm^2,加拿大青贮玉米种植面积达到 190 万 hm^2(苏俊,2011)。2016 年,德国种植青贮玉米 3 200 万亩,欧洲 9 200 多万亩,德国、欧洲青贮玉米种植面积占各玉米种植总面积的占比分别为 83.7% 和 42%(丁光省,2018)。

自 20 世纪 90 年代以来,育种专家们利用欧洲硬粒型和美国玉米带马齿群体杂交,用爆裂型胚乳玉米与其他亚种杂交的有效性创造了青贮玉米杂种的优势模式。甜玉米、爆裂玉米、优质蛋白玉米、糯玉米、高油玉米、矮生玉米及大刍草等种质都曾作为青贮玉米的种质资源进行过研究(苏俊,2011)。

我国青贮玉米正处于发展初期,国家农业结构调整的相关政策为发展青贮玉米提供了良好的机遇,将加大财政支持力度,将“粮改饲”试点范围扩大到了整个“镰刀弯”地区和黄淮海玉米主产区,试点县从 30 个增加到 100 个(韩伟等,2017)。2016 年,我国青贮玉米种植面积约 1 560 万亩,2017 年新增青贮玉米及粮改饲面积 1 000 多万亩,其中青贮玉米新增 600 多万亩,2017 年我国青贮玉米种植面积约 2 200 万亩,占玉米种植总面积的 4.0%(丁光省,2018),预计到 2020 年,我国青贮玉米面积种植将达到 2 500 万亩以上(韩伟等,2017)。21 世纪,我国畜牧业进入快速发展时期,预计我国青贮玉米种植面积在 2030 年可发展到 1 亿亩,占玉米种植总面积的 20%(丁光省,2018)。我国青贮玉米种植面积和占比,与美国、法国、德国等国家相比还存在很大的差距以及巨大的发展空间,市场前景广阔,将对促进畜牧业生产起到积极的推动作用,同时产生良好的经济效益和社会效益。

20 世纪 80 年代前我国没有青贮玉米品种,生产上大都用籽粒品种作为青贮玉米,自 20 世纪 80—90 年代以来,审定了 168 个青贮玉米品种,其中国审品种 30 个,省审品种 138 个,为我国青贮玉米不同时期的发展提供了品种保障,将对促进畜牧养殖业发展发挥重要的作用(丁光省,2018)。

青贮玉米作为玉米的一个类型,常规玉米的机械化栽培技术和田间管理措施等能够满足青贮玉米的要求,因此,研究青贮玉米的机械化收获是我国急需解决的问题。青饲玉米机械化收获技术就是利用青饲收获机械将青饲玉米切碎、挤压和揉搓后装入密闭的容器内,在厌氧条件下,靠乳酸发酵而制成可长期保存的饲料。在发达国家,玉米秸秆青饲收获机械已经有将近一百年的发展历史,种类齐全,配套性能高,可实现玉米青贮饲料收获的全程机械化。我国玉米秸秆青饲收获机械的真正起步是在 2000 年左右,目前玉米秸秆收获机械化程度还较低(罗寨玲,2014)。

二、青贮玉米栽培技术

(一)整地

青贮玉米植株高大,根系发达,需要较高的水肥条件,选择在土层深厚,土壤疏松,透气性好且具有保水保肥性能的土地种植。整地后,地表平整,碎土效果好,无漏耕现象,耕深稳定,翻耕深度 25 ~ 30 cm。

(二)播种

青贮玉米应选择耐密植、高产稳产、抗逆性强、适应性好的青贮玉米品种。当 5 ~ 10 cm 土壤温度稳定在 10 ~ 12 ℃时播种。播种前进行种衣剂拌种,可有效防治病虫害,促进玉米生长发育和产量形成。

青贮玉米应根据品种特性、气候条件和土壤条件等确定播种密度,一般比粮用玉米增加 1/3 或更多。

(三)水肥管理

青贮玉米需要氮、磷、钾量较粒用玉米要高,应重视肥料的施用。播前结合整地,可施用有机肥 1 500 ~ 2 250 kg/hm^2,种肥施磷酸二铵 150 ~ 225 kg/hm^2,尿素 225 ~ 375 kg/hm^2,硫酸钾 100 ~ 150 kg/hm^2,结合中耕及时追肥,追施尿素 150 ~ 300 kg/hm^2。

在有灌溉条件的地块应结合气候、土壤水分状况和玉米田间长势,及时灌溉,在拔节至开花期田间持水量最好保持在70%左右。

（四）病虫草害防治

采用播后苗前土壤处理和茎叶处理防除田间杂草，结合中耕机械除草。

种衣剂拌种可以防治土传病害和地下害虫等，在生育期内要及时做好主要病虫害的防治工作。

（五）适时收获

籽粒乳熟末期至腊熟前期，乳线消失一半时，为青贮玉米的最佳收获时间，玉米植株的含水量在65% ~70%，籽粒含水量在61% ~68%，此时收获的青贮玉米营养价值最高。收获时间直接影响营养品质，收获过晚，生长期过长，水分含量过低，不利于充分发酵，粗纤维含量多，木质化程度高，适口性差，饲用性价值降低；收获过早，水分含量高，产量低，营养含量较低。

由于雨水会影响青贮饲料的品质，可选择晴朗的天气进行收获作业，尽可能躲开雨天。青贮玉米收获后，应尽快完成青贮过程，不能放置时间过长，避免因降雨或本身发酵而造成营养物质的流失，在积温较低的地区，在降霜前完成收获作业，避免霜冻后玉米叶片枯黄，影响青贮效果。

在作业指标上，大型养殖场要求青贮（窖贮）切割长度普遍在0.95 ~1.9 cm，高密度裹包青贮切割长度应控制在0.8 ~1.5 cm，籽粒破碎率要求在95%以上。

第九章　全程机械化玉米栽培案例

在农业现代化进程中“增机、减人”的趋势不可逆转，对农机装备和农机作业的需求将呈现出刚性增长态势。纵观世界各国玉米生产的发展形势，未来玉米的生产必然向机械化程度较高的集约化和规模化方向发展（宫秀杰等，2010）。机械化模式不是简单地从现行生产模式中将未实现机械化作业的环节采用机械化的方式，而是要结合各作业环节的作业目的，分析确定全程机械化生产工艺路线和具体的工艺方案，从而更好地实现全程机械化的目标。

玉米生产的全程机械化，要全面考虑农业机械的作业过程，在包括耕整地、种植、收获这三方面主要作业中所实现的机械化的基础上，增加包括作物追肥、除草、植保机械化环节，同时扩展到作物产后烘干机械化的发展模式，同时着力解决选择式机械化所造成各个作业环节之间的矛盾，并尽可能简化农作物生产作业环节（杨巍，2014）。

当前，我国农业机械化正处在一个加快发展的历史时期，是难得的发展机遇期。2015年，我国农机总动力达到 11.17 亿 kW，全国农业耕种收综合机械化水平达 63.82%（曹卫华等，2014）。玉米生产机械化有了好的发展环境和条件，作业环节中耕整地与种植等问题基本得到解决，机收也在加快突破发展，社会化作业服务市场不断扩大，玉米生产机械化不断加速发展。2008—2015 年期间我国玉米耕种收机械化率均发展迅速，综合机械化率由 2008 年的 51.78% 增长到了 2015 年的 81.21%；机耕率由 2008 年的 73.03% 增长到了 2015 年的 89.92%；机播率由 2008 年的 64.62% 增长到了 2015 年的 86.62%；机收率由 2008 年的 10.61% 增长到了 2015 年的 64.18%。

在我国种植玉米的三大区域中，北方玉米种植区目前机耕、机播率最高，均基本上实现了耕种机械化，机收率为 74.32%，仍需加强；黄淮海玉米种植区的机播率为 92.53%，低于北方春玉米区，机收率达到 75.57%，在三个区域中发展最快，水平领先；南方丘陵玉米区的玉米机械化生产尤其是播种与收获处在刚开始发展阶段（张丽娜，2017）。

第一节　机械化栽培操作流程

一、新疆建设兵团机械化栽培模式

新疆生产建设兵团农四师 61 团位于伊犁河谷西北部、霍尔果斯河东岸。全团耕地面积 6 700 hm^2，其综合机械化程度达 85%，机收率为 100%。其机械化程度具有代表性，现将其作业模式介绍如下（刘俊瑞和赵忠诚，2001）。

（一）玉米全程机械化作业工艺方案

玉米全程机械化作业工艺方案如图 9－1 所示。

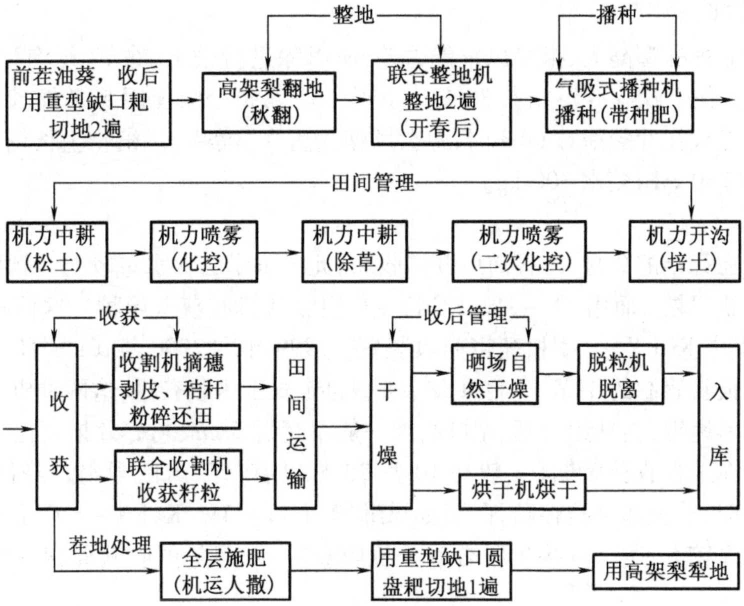

图 9－1　玉米全程机械化作业工艺方案

（二）农机具装备情况

（1）履带式拖拉机以东方红－1002、德特－75 和东方红－802 型机为主，共计 38 台。

（2）轮式拖拉机以铁牛－55 型机为主，共计 5 0 台。

（3）1LZ－4600 型联合整地机 11 台。

（4）2BQ－6 型气吸式播种、中耕、施肥通用机 40 台（与铁牛－55 型拖拉机配套使用）。

（5）自制 3WX－1500 型悬挂式喷雾机 20 台（与铁牛－55 型拖拉机配套使用）。

（6）4Y－2W 型牵引式玉米收获机 22 台（与履带式机车配套使用）。

（7）KCKY－6 型自走式玉米收获机 2 台（乌克兰生产）。

（8）CASE－1640 型联合收获机（带玉米割台）2 台，E－514 型联合收割机（带滚筒减速器）5 台。

（9）5HTL－6 型谷物烘干机 2 台。

（三）生产过程

1. 整地

通常采取“玉米—小麦—复播油葵—玉米”的轮作方式。复播的油葵一般在每年 10 月下旬即可收获完毕，然后用缺口圆盘耙耙地 2 遍（可切碎油葵秸秆），随后用高架犁翻地，来年开春后，用联合整地机整地 2 遍。

2. 播种

播种前 15 d 用种衣剂包衣处理。当地表以下 5 cm 厚的土壤地温稳定在 12 ℃以上时开始播种，播种量为 24～27 kg/hm^2，播种深度 4～6 cm，行距和交接行行距均为 70 cm，每公顷带种肥 225 kg，保留 7.5 万株左右。

3. 田间管理

由于选用品种株型高大，抵御风灾能力差，所以除进行松土、除草、开沟和追肥外，还要进行2次化控。第一次在叶龄指数30%时(6叶1心)，每公顷使用50%矮壮素300 mL，兑水300 kg。第二次在叶龄指数60%时，每公顷使用玉米“高密植”植物生长调节剂300 mL，加40%乙烯利750 mL，兑水300 kg。

4. 收获

玉米一般在每年的9月15日前后开始收获，此时玉米的含水量较大，因烘干能力有限，一般不直接收获籽粒，而用4Y－2W、KCKY－6型收获机收获玉米穗。这两种机型都带秸秆粉碎装置，其中KCKY－6型机还带回收装置。1999年和2000年，61团还使用了中国收获机械总公司最新研制的4YZ－3和4YZ－4型自走式玉米收获机，这两种机型的秸秆粉碎装置都带有仿形地辊，秸秆粉碎后茬口高度一般不超过5 cm，粉碎效果要比4Y－2W型玉米收获机好。在玉米收获后期(一般在10月20日以后)，玉米的含水量降低到了20%以下，此时玉米穗几乎全部倒挂在秸秆上，如果继续用4Y－2W、KCKY－6型玉米收获机摘穗剥皮则籽粒损失较大，所以直接用联合收获机收获籽粒，每年的收获面积一般占总面积的10%，约200 hm^2。

5. 茬地处理

在翻玉米茬地前，要先用重型缺口圆盘耙把茬地“切”1遍。这样做有两方面的好处：一方面可以切断部分横向放置的秸秆，减少堵犁的次数；另一方面，耙片的翻土作用可以使地表的秸秆被浅埋，提高灭茬率。翻地时要“顺犁”，即与耙地时的行走方向一致，这样可以提高犁的通过性，如果在犁上装配圆犁刀，则使用效果更好。

二、长春市玉米全程机械化生产模式

吉林省长春市对传统玉米全程机械化体系进行了技术改造，通过组装集成先进、适用的机械化技术，从耕作技术体系改革着手，确定以保护性耕作为核心的玉米全程机械化工艺方案，研究提出了以保护性耕作为特征的3种长春市玉米全程机械化生产技术体系模式及其机械化生产工艺方案，并积极进行推广示范，(迟春田等，2011)。

(一)技术特点

1. 改垄种植为平地种植

宽窄行种植是将传统的60 cm垄距种植改为80 cm、60 cm宽窄行平作种植。而“8020”平作种植是将60 cm垄距改为80 cm行距、20 cm株距的平作种植，休耕带和生长带隔年交替进行轮换种植。

2. 改整地后播种为不整地直接免耕播种

这两种种植模式从第2年开始都不用整地可直接免耕播种。这样既节省作业费用、节省能源，同时又能减少春季沙尘、保护环境，更能起到抗旱保墒作用。

3. 改浅耕地为苗期一次深松

一般在每年的6月末7月初，小苗长到80 cm左右时，对休耕带进行深松，深松深度一般在35 cm左右，以打破犁底层为基准。

4. 改根茬粉碎还田为高留茬自然腐烂还田

秋天收割时高留茬，留茬高度为30～40 cm，春天靠高留茬防风固土，夏季靠自然腐烂还田,这样既减少了作业环节,节省了能源,又能增加土壤中有机质含量,培肥地力。

(二)工艺流程

1. 整地

第一年作业时,由于前茬作物是垄作,需利用大型拖拉机实行平作、不起垄。

2. 整地后镇压

在整地后表层土壤1 cm左右出现干土层时,使用大型拖拉机前带木耢子、后带双列V形镇压器作业,确保耕层上实下松,表土细碎疏松。

3. 播种

播种前对种子进行等离子处理。第1年播种在地块的一侧并依次进行,宽行休耕带留足80 cm,窄行生和带满足40 cm宽度,而“8020”种植模式则使用免耕播种机对休耕带直接免耕播种。

4. 播后镇压

第1年由于无根茬存在,可以用平常使用的成组的V形镇压器进行镇压,第2年免耕播种后镇压,由于有高留茬,需使用改制的新型苗带镇压器镇压。

5. 药剂灭草

使用中型拖拉机配套喷杆式大型喷药机作业,喷雾要均匀,喷水量要足。

6. 机械深松

在每年的6月末、7月初配合机械追肥,对宽窄行作业的宽行和“8020”的宽行进行深松。宽窄行一次深松2行,“8020”一次深松3行。

三、哈尔滨市玉米全程机械化高产栽培技术模式

通过对玉米品种的筛选、机械化技术、耕作栽培技术、高效定量深施肥技术、病虫草害综合防治技术等进行综合组装配套集成,在哈尔滨市形成以下玉米全程机械化高产耕作栽培技术模式(宫秀杰等,2010)。

(一)品种筛选

根据品种的耐密性、株高、穗位、抗性、熟期、产量等性状,选用鑫鑫1号(鑫鑫007)、鑫鑫2号(鑫鑫009)、京单28等品种。种子质量要达到纯度99.9%、净度99.9%、发芽率100%、发芽势99%、均匀度整齐一致,保证播种精度。

(二)整地

采用24马力拖拉机于秋季收获后进行旋耕灭茬、深松、起垄、镇压一次作业,深松深度25 cm以上。

(三)播种

每年于4月27—30日进行播种,种植密度在67 500~69 000株/hm^2,行距65 cm,株距22.2~22.7 cm,播种量30.0~37.5 kg/hm^2,播深5 cm,选用防治地下害虫和丝黑穗病的种衣剂包衣。采用精量点播方式,即播种、施肥、滤水、覆土、镇压一次作业。

（四）施肥

有机肥 3 000 kg/hm² 作底肥；磷酸二铵（含 N 18%、$P_2O_5$46%）165 kg/hm²、氯化钾（含 K_2O 40%）165 kg/hm²、硫酸锌 15 kg/hm² 作种肥；尿素（含 N 46%）390 kg/hm² 作追肥。

（五）封闭除草

播种 4～5 d 后，用乙草胺进行化学机械封闭除草。

（六）中耕

在 6 叶期进行第 1 次中耕，深松放寒，起张口垄增加土壤库容，8～10 叶期配合追肥进行第 2 次中耕封垄。

（七）玉米螟防治

采用赤眼蜂防治玉米螟时，在黑龙江省南部地区 7 月中下旬放卡，北部地区 8 月下旬放卡，在哈尔滨地区 8 月 5 日左右放卡，放卡 45 块/hm²，放蜂量在 15 000～30 000 只/hm²。

（八）收获

在玉米水分降到 24%～26%时（10 月 15～10 月 20 日）进行机械收获。

四、东北寒地作物秸秆还田机械化栽培模式

东北寒地包括黑龙江、吉林、辽宁和内蒙古东部地区。该区域特点是气温低、无霜期短，春天风大、干旱。该区域一年一熟，采用垄作耕法。在秸秆还田条件下，秸秆覆盖量越大，保水、保肥、培肥的效果越好，但缺点是春季地温回升慢，对于东北降水量较大的地区，玉米秸秆全量粉碎覆盖还田影响玉米提早播种和苗期生长。根据该区域垄作特点，可将秸秆粉碎得细一些，春季秸秆绝大部分留在垄沟中，对垄顶（玉米播种带）的土壤温度影响较小（龚振平和杨悦乾，2012）。

（一）工艺流程与种植方式

1. 工艺流程

秋季机械收获、秸秆粉碎抛撒→春季原垄免耕播种或灭茬播种玉米→苗期垄沟深松→化学除草与机械除草结合→中耕起垄培土 1～2 次秋季机械收获粉碎秸秆。

2. 种植方式

种植方式采用均匀垄作玉米，垄距 60～70 cm，垄高 14～18 cm。垄作适合东北地区的气候特点，一般春雨少需要防旱，夏季雨水集中需要防涝。秸秆覆盖可以防止土壤水分蒸发，雨季时利用垄沟排水或从中耕的垄沟松土贮于深土层中，使垄体土壤水分不过多。垄作按 60～70 cm 垄距计算，可比平作增加 33% 表面积，并延长了太阳直射时间，可接受更多的太阳辐射，因此白天温度上升快、温度高；夜间散热快，温度低，昼夜温差大有利于玉米生长。

（二）玉米收获与秸秆处理

1. 玉米收获

采用联合收获机收获，可采用带秸秆粉碎装置的联合收获机一次性完成玉米摘穗和秸秆粉碎，减少一次秸秆粉碎作业，减少压实和作业成本。

2. 秸秆粉碎

玉米收获时未能进行秸秆粉碎的，可以在 3 月份及时进行秸秆粉碎作业，秸秆粉碎作业不宜进行得过晚，否则会造成机车压地严重。要求粉碎后的秸秆长度小于 10 cm，秸秆粉碎率大于 90%，粉碎后的秸秆应均匀抛撒覆盖地表，根茬高度小于 10 cm。

（三）玉米播种

1. 播种时期

春玉米适当早播是增产关键措施之一，播种太早地温偏低，种子在土壤中停留时间太长，易粉种和感染丝黑穗病，不利于保全苗和壮苗；播种太晚，浪费积温，不利于高产。东北地区在土壤表层 5 ~ 10 cm 处温度稳定在 7 ~ 8 ℃开始播种为好，秸秆还田地块低温回升慢，较不还田地块晚播 2 ~ 3 d 为宜。一般东北地区玉米播种时间为 4 月份、5 月份，其中黑龙江省 4 月末至 5 月上旬完成玉米播种作业。

2. 种子处理

将精选出的种子用玉米种衣剂包衣处理，可综合防治玉米苗期病虫危害、抗旱、防寒，确保一次播种保全苗，促进发育，培育壮苗，提高产量、改善品质等作用，一般可增产 10% 左右。秸秆覆盖还田地块，由于土壤水分高而温度偏低，因此采用种衣剂包衣是非常重要的。而且秸秆还田免耕播种地块老鼠分布偏多，种衣剂包衣可以减轻老鼠挖掘采食玉米种子。

3. 播种方法

秸秆粉碎处理较差的地块，可以在播种前用灭茬机灭掉前茬玉米根茬，提高播种质量。选用免耕播种机进行播种，以提高播种质量。覆土深度为 5 ~ 7 cm。

（四）合理密植

密度对玉米产量影响较大，不同玉米品种对种植密度有不同的要求，主要取决于品种的株型和对肥水的需求特性，土壤条件对种植密度也有一定影响。喜肥水的玉米品种需要较大的单株营养面积，一般利于稀植。耐贫瘠的品种对肥水条件和单株营养面积的要求低，一般利于密植。土壤和肥水条件好的地块可适当密植，反之则适当稀植。一般选择耐密植品种密度以 7 万 ~ 8 万株/公顷为宜，常规品种密度 5 万株/公顷左右为宜。

（五）合理施肥

1. 施肥部位

由于在玉米秸秆还田条件下，采用少免耕技术，底肥和种肥与播种同时施入，肥量大而集中，种子与化肥间要有一定的土层隔离，防止烧苗，施肥部位在种子下方或侧下方 5 ~ 7 cm。

2. 施肥量

由于玉米秸秆是覆盖还田，对土壤温度和水分影响较大，而对当季土壤养分影响较小，按传统施肥量即可。

播种时肥料用量为：磷酸氢二铵 150 ~ 300 kg/hm²，硫酸钾 75 ~ 150 kg/hm²，，尿素 70 ~ 120 kg/hm²；也可以使用复合肥，但要注意其有效成分的含量和比例。偏碱性的土壤易缺锌，应增施硫酸锌 10 ~ 20 kg/hm²。

追肥以氮肥为主，尿素 225 ~ 450 kg/hm²，根据品种的熟期和用肥量的不同分次施入。早熟品种或用肥量较少的可在拔节期一次追入，晚熟品种或用肥量较多的可在拔节期和孕穗期分两次追入，也可以在拔节期、孕穗期和抽丝期分三次施入。不管几次追肥，第一次都是最重要的，用肥量应占全部追肥量的 50% ~ 75%。氮肥容易挥发，应在垄的侧面开沟深施，并要及时覆土或蹚地。

（六）中耕管理

1. 垄沟深松

垄沟深松在苗期进行，提高土壤的蓄水能力。深松部位土壤疏松，有利于水分渗入，而且深松后正值雨季来临，可以多蓄积雨水，增强抗旱能力。免耕播种土壤偏紧实，通过深松可以有效地疏松土壤。

2. 深松时间及深度

东北地区由南向北，一般是 5 月末至 6 月中旬进行苗期垄沟深松。深度自垄沟计算 20 ~ 30 cm 即可，过深动土量大，易导致玉米伤根，同时产生垡条较大，影响深松质量。

由于玉米实施秸秆覆盖还田，影响深松作业，要选择通过性强的深松机作业。如东北农业大学针对秸秆覆盖还田而设计的双梁深松机，在机架总成的前横梁和后横梁上分别固装圆盘开沟总成和深松铲总成，其圆盘开沟总成的圆盘开沟刃线与深松铲总成的纵向中心线重合，深松铲总成的深松最低点位于圆盘开沟总成的开沟最低点下方，明显增强了通过性能。

3. 中耕培土

在垄沟深松后 7 ~ 10 d 进行第一次中耕，再隔 7 ~ 10 d 进行第二次中耕，应与追肥结合进行。

（七）化学除草

在玉米播种后出苗前，以土壤封闭剂进行土壤处理，在玉米 3 叶期，采用茎叶处理剂进行喷雾处理控制草害。由于秸秆覆盖对喷施的农药有一定的截留，影响土壤处理剂喷施到土壤表层的数量，用药量可选择施药上限。免耕播种时杂草出苗较早，可以利用玉米与杂草的出苗时间差，土壤处理剂可以混配 2,4 – D 提高对已出杂草的防除效果。

第二节　投入产出核算

研究发现，国家或地区的农业生产总收入和农民纯收入与农业机械化应用水平呈正相关关系，农业机械化的发展对农民收入有重要的影响。

一、机械化生产对人工成本的影响分析

根据《2015 年全国农产品成本收益资料汇编》数据，比较分析 2014 年中国和美国的稻

谷、小麦、玉米、大豆、花生和棉花六大农产品的生产成本发现，我国亩均生产成本、每 50 kg 生产成本、亩均劳动力成本及生产成本中劳动力成本占比等均高于美国。其中，在亩均生产成本中，小麦和棉花均是美国的 3 倍多；在每 50 公斤的生产成本中，玉米和大豆是美国的 2 倍多；亩均劳动成本中，稻谷和花生是美国的 7 倍，大豆是美国的 10 倍，玉米和小麦分别是美国的 17 和 18 倍，棉花更是高达 31 倍；在劳动力成本占比中，美国六大农产品均在 10% 以下，玉米和大豆更是在 5% 以下，我国除小麦和大豆在 40% 以下，其余农产品都在 40% 以上，花生和棉花更是分别高达 50. 47% 和 61. 81% 。可见，劳动成本过高是导致主要农产品生产成本快速上涨的主要因素（杨敏丽，2016）。

经验和相关研究表明，机械化生产在降低玉米生产成本方面有积极作用。机械化生产通过有效替代人工作业，降低用工量，在降低人工成本方面有不可替代的作用（张丽娜，2017）。

如精量播种与人工播种相比较，每亩地可节省人工约 1. 17 个，按照 1 个工日开支 120 元计算，可节约成本约 140 元（高瑞娟，2017）。机械静电喷雾机，可以有效地减少人力投入，平均每亩约节省人工费用 150 ~ 180 元，航空植保等高效植保技术则更能够有效地节约人力的投入，降低人工成本；机械化深施肥技术，可以有效地节约在人工施肥环节的用工数量，降低人工成本；机械化收获的效率比人工收获提高 30 倍以上，有效节约了收获环节劳动力投入，降低人工成本（张东兴，2014）。其他玉米生产环节的机械化，均能够在不同程度上减少人力的投入，降低人工成本。

可见，机械化在替代人工，降低人工投入，减少人工成本上具有重要的作用，同时，机械化生产可促进规模化生产，降低成本，保障价格优势。

二、机械化生产对劳动生产率的影响分析

近年来，随着农村劳动力不断向第二、三产业进行转移，农村劳动力短缺问题日趋严峻，特别是青壮年劳动力更加短缺。而在玉米生产中同样面临着这个问题，要解决劳动力短缺问题，有效提升劳动生产率，促进玉米产业竞争力，就要求不仅要实现人力的有效替代，更要求提高生产效率，而运用机械装备是最好的选择（张丽娜，2017）。

研究表明，一般三行玉米免耕精量播种机的作业效率可以达到 4 ~ 7 亩/小时，四行玉米免耕精量播种机作业效率可以达到 6 ~ 9 亩/小时，与人工作业相比，机械化播种可以提高效率约 50 倍；玉米联合收获机作业效率一般在 10 亩/小时以上，比人工收获效率提高近 30 倍。同时，如果玉米田间机械化生产模式选择合适或者是前后茬作物机械化作业实现良好的衔接，劳动生产效率还能得到更大幅度的提升，例如“玉米联合收获—秸秆粉碎还田—小麦免耕播种”这种作业模式，就可以使得生产效率大大提升（杨敏丽，2016）。此外，机械化的跨区作业、订单作业、土地托管等的社会化服务的发展，都极大地提升了玉米的劳动生产率。

综上，机械化生产可以有效提升玉米生产的劳动生产率，促进玉米产业竞争力的提升。

三、机械化生产对农民收入的影响分析

机械化生产对农民增收具有积极的作用。机械化可以有效地提升作业质量，抢农时，促进增产增收，价格一定的条件下，增加产量，促进收入增加；机械化生产可提升土地产出

率以及劳动生产率,促进提效增收,而且机械化生产还能够有效提升资源利用率,如秸秆还田、机械打捆、残膜回收等变废为宝,增加收入;机械化生产可降低人工成本以及总生产成本,即机械化生产促进生产成本的节约,促进节本增收。

玉米机械播种环节投入主要包括机器成本(购机价格)、驾驶员工资、燃油费、修理费以及种子和农药的投入等。史志中(2015)经有关农机资料及问卷调查,得出各个厂家不同类型机具的播种投入平均为369.88元/亩,人工播种投入为580元/亩。

如果拖拉机折旧按8年计算,机具每年作业8天,配套动力拖拉机按其全年使用量的1/20计算,播种机按平均4 735元/台计算,配套动力一般取50马以上即可,按中等性能65 000元/台计算。机械(播种机+配套动力)折旧费(元/亩)为374.11元/亩。

实际机械化播种比人工播种节省580-374.11=205.89元/亩。

经以上分析,采用玉米机械化播种作业,与传统人工作业相比产生的经济效益为205.89元/亩。

徊阳县3个示范点机械播种的平均亩产387.4 kg,比对照"人工种植"增产38 kg;滨海县4个点次平均亩产637.9 kg,比对照增产125 kg;东海县3个点次平均亩产589.2 kg,比对照增产52 kg;铜山区4个点次平均亩产606 kg,比对照增产76 kg。加权平均后,每亩玉米机械化播种比对照玉米增产量为64.2 kg,增产12.4%。按当地统一收购价(2013年、2014年平均)每公斤2.5元计算,单位效益值是160.5元。

综上所述,玉米机械化播种不但可节省劳动力成本,而且可以达到增产、增收的目的。

玉米机械收获环节投入主要包括机器成本(购机价格)、驾驶员工资、燃油费、修理费的投入等。史志中(2015)经有关农机资料及问卷调查,得出各个厂家不同类型机具的平均每亩收获投入如下所示:

机械折旧费:17.94元/亩。

机械操作人员(1人)工资费:2.53元/亩。

机械操作辅助人员(1人)工资费:1.82元/亩。

材料费(主要为油料、机械维修等费用):7.06+10.69=17.75元/亩。

合计亩成本17.94+2.53+1.82+17.75=40.04元/亩。

传统人工作业情况:

用工(工/亩):2工/亩(摘穗和砍秸秆)。

工资费(元/亩):2工/亩×80元/人=160元/亩。

可见,玉米机械化收获比人工收获增加效益为160-40.04=119.96元/亩。

参考文献

[1] ALEXANDER W L, CROSS H Z. Grain-filling characteristics of early maize strains selected for variable R-nj expression[J]. Euphytica, 1983,32(3): 839 - 843.

[2] ALI G, SRIVASTAVA P S, IQBAL M. Influence of cadmium and zinc on growth and photosynthesis of bacopa monniera cultivated in vitro[J]. Biologia Plantarum, 2000,43(4): 599 - 601.

[3] AN L, LIU Y, ZHANG M, et al. Effects of nitric oxide on growth of maize seedling leaves in the presence or absence of ultraviolet-B radiation[J]. Journal of Plant Physiology, 2005,162(3): 317 - 326.

[4] BILSKA A. Closure of plasmodesmata in maize (*Zea mays*) at low temperature: A new mechanism for inhibition of photosynthesis[J]. Annals of Botany, 2010,106(5): 675 - 686.

[5] BLEVINS R L, THOMAS G W, SMITH M S, et al. Changes in soil properties after 10 years continuous non-tilled and conventionally tilled corn[J]. Soil & Tillage Research, 1983,3(2): 135 - 146.

[6] BOLAND A M, MITCHELL P D, JERIE P H, et al. The effect of regulated deficit irrigation on tree water use and growth of peach[J]. Journal of Horticultural Science, 2015, 68(2): 261 - 264.

[7] BORRÁS L, QTEGUI M. Maize kernel weight response to post flowering source - sink ratio [J]. Crop Science, 2001,41(6): 1816 - 1822.

[8] BORRÁS L, WESTGATE M. Predicting maize kernel sink capacity early in development [J]. Field Crops Research, 2006,95(2): 223 - 233.

[9] BROOKING I R. Maize ear moisture during grain-filling, and its relation to physiological maturity and grain-drying[J]. Field Crop Research, 1990,23(1): 55 - 67.

[10] BURTON R A, BEWLEY J D, SMITH A M, et al. Starch branching enzymes belonging to distinct enzyme families are differentially expressed during pea embryo development[J]. The Plant Journal, 1995,7(1): 3 - 15.

[11] Caldwell M M, Bornman J F. Effects of increased solar ultraviolet radiation on terresitrial ecosystems[J]. Journal of Photochemistry and Photobiology B: Biology, 1998,46(1 - 3): 1011 - 1344.

[12] CAMPOS H, COOPER M, HABBEN JE, et al. Improving drought tolerance in maize: a view from industry[J]. Field Crops Research, 2004,90(1): 19 - 34.

[13] CAPELLE V, MOREAU L. QTLs and candidate genes for desiccation and abscisic acid content in maize kernels[J]. BMC Plant Biology, 2010,10(1): 2.

[14] CARLSON S J, CHOUREY P S. A re-evaluation of the relative roles of two invertase, INCW2 and IVR1, in developing kernels and other tissues[J]. Plant Physiology, 1999,

121(3): 1025 - 1035.

[15] Carter M W, Poneleit C G. Black layer maturity and filling period variation among inbred lines of maize (Zea mays L.)[J]. Crop Science, 1973(13): 436 - 439.

[16] CAVALIERI A J, SMITH O S. Grain filling and field drying of a set of maize hybrid released from 1930 to 1982[J]. Crop Science, 1985,25(5): 856 - 860.

[17] CHENG L, ZHU J, CHEN G, et al. Atmospheric CO_2 enrichment facilitates cation release from soil[J]. Ecology Letters, 2010,13(3): 284 - 291.

[18] CHENG W H, TALIERCIO E W, CHOUREY P S. The miniature 1 seed locus of maize encode a cell wall invertase required for normal development of endosperm and maternal cells in the pedicel[J]. Plant Cell,1996, 8(6): 971 - 983.

[19] CHOWDHURY M H, BUCHELE W F. The nature of corn kernel damage inflicted in the shelling crescent of grain combines[J]. Transactions of the ASAE, 1978,21(4): 610 - 614.

[20] CONTESTABILE M, KABAT P. Water at a crossroads[J]. Nature Climate Change,2013 (3): 11 - 12.

[21] CRANE P L. Factors associated with varietal differences in rate of field drying in corn [J]. Agronomy Journal, 1959,51(6): 318 - 320.

[22] CROOKSTON R K, KURLE J E. Corn kernel milk line: use it as a key for harvesting stage[J]. Crops and Soils Magazine, 1987,39(6): 18.

[23] CROSS H Z, CHYLE J R, HAMMOND J J. Divergent selection for ear moisture in early maize[J]. Crop Science, 1987,27(5): 914 - 918.

[24] CROSS H Z, KABIR K M. Evaluation of field dry-dowa rates in early maize[J]. Crop Science, 1989,29(1): 54 - 58.

[25] CROSS H Z. A selection procedure for ear drying-rates in maize[J]. Euphytica, 1985, 34(2): 409 - 418.

[26] CURTIS P E, LENG E R, HAGEMAN RH. Development changes in oil and fatty acid content of maize strains varying in oil content [J]. Crop Science, 1968, 8 (6): 689 - 693.

[27] DAYNARD T B, KANNENBERG L W. Relationships between length of the actual, and effective grain filling periods and grain yield of corn[J]. Canada Journal Plant Science, 1976,56(2): 237 - 242.

[28] DING R, KANG S, LI F, et al. Evaluating eddy covariance method by large-scale weighing lysimeter in a maize field of northwest China [J]. Agriculture Water Management, 2010,98(1): 87 - 95.

[29] DONG M, ZHAO B, WU X, et al. Difference in hormonal content and activities of key enzymes in the grains at different positions on a rice panicle during grain filling and their correlations with rice qualities [J]. Scientia Agricultura Sinica, 2008, 41 (2): 370 - 380.

[30] DUKES J S, CHIARIELLO N R, CLELAND E E, et al. Responses of grassland production to single and multiple global environmental changes[J]. Plos Biology, 2005,3

(10): 319.

[31] DWYER L M, TOLLENAAR M. Genetic improvement in photosynthetic response of hybrid maize cultivars, 1959 to 1988. [J]. Canadian Journal of Plant Science, 1989, 69 (1): 81 -91.

[32] EDWARDS A, VINCKEN JP, SUURS JP, et al. Discrete forms of amylose are synthesized by isoforms of GBSSII in pea[J]. Plant Cell, 2002, 14(8): 1767 -1785.

[33] ELLIS R H, HONG T D. Temperature sensitivity of the low-moisture-content limit to negative seed longevity-moisture content relationships in hermetic storage[J]. Annals of Botany, 2006, 97: 785 -791.

[34] EYHERABIDE G H, HALLAUER A R. Reciprocal full-sib recurrent selection in maize I: direct and indirect response[J]. Crop Science, 1991, 31(4): 952 -959.

[35] EYHERABIDE G H, HALLAUER A R. Reciprocal full-sib recurrent selection in maize II: Contributions of additive dominance and genetic drift effects [J]. Crop Science, 1991, 31(6): 1442 -1448.

[36] FISHER D K, GAO M, KIM K M. Allelic analysis of the maize amylose-extender locus suggests that independent genes encode starch branching enzymes Iia and Iib[J]. Plant Physiology, 1996, 110(2): 611 -619.

[37] FREPPON J T, MARTIN SK S T, PRATT R C, et al. Section for low ear moisture in corn, using a hand-held meter[J]. Crop Science, 1992, 32(4): 1062 -1064.

[38] GHANNOUM O, CAEMMERER S V, ZISKA L H, et al. The growth response of C_4 plants to rising atmospheric CO_2 partial pressure: a reassessment [J]. Plant Cell & Environment, 2010, 23(9): 931 -942.

[39] GLEN K. Seed coating: a tool for stand establishment and a stimulus to seed quality[J]. Hort technology, 1991, 1(1): 98 -102.

[40] GRANT R, JACKSON B, KINIRY J, et al. Water deficit timing effects on yield components in maize[J]. Agronomy journal, 1989, 81(1): 61 -65.

[41] GUAN H P, PREISS J. Differentiation of the properties of the branching isozymes from maize (Zea mays)[J]. Plant Physiology, 1993, 102(4): 1269 -1273.

[42] HALL G E, JOHNSON W H. Corn kernel crackage induced by mechanical shelling[J]. Transactions of the ASAE, 1970, 13(1): 51 -55.

[43] HALLAUER A R, CARENA M J, MIRANDAFILHO J B. Quantitative genetics in maize breeding[M]. 2nd Edition. Ames: Iowa State University Press, 1998.

[44] HALLAUER A R, RUSSELL W A. Estimates of maturity and its inheritance in maize [J]. Crop Science, 1962, 2(4): 289 -294.

[45] HAMILL R L, HIGGENS C E, BOAZ H E, et al. The structure of beauvericin, a new depsipeptide antibiotic toxic to artemia salina[J]. Tetrahedron Letters, 1969, 10(49): 4255 -4258.

[46] HAN X Z, OSVALDO H C , GUAN H P, et al. Influence of maize starch granule-associated protein on the rheological properties of starch pastes. Part II. Dynamic measurements of viscoelastic properties of starch pastes [J]. Carbohydrate Polymers,

2002,49(3): 323 -330.

[47] HANSEN J E, LACIS A A. Sun and dust versus greenhouse gases: an assessment of their relative roles in global climate change[J]. Nature, 1990,346(6286): 713 -719.

[48] HANSON P J, EDWARDS N T, GARTEN C T, et al. Separating root and soil microbial contributions to soil respiration: a review of methods and observations [J]. Biogeochemistry, 2000,48(1): 115 -146.

[49] HENDRIK P, POT S, LAMBERS H. The effect of an elevated atmospheric CO_2, concentration on growth, photosynthesis and respiration of Plantago major[J]. Physiologia Plantarum,2010,73(4):553 -559.

[50] HICKS D R, GEADELMANN J L, PETERSON R H. Drying rates of frosted maturing maize[J]. Agronomy Journal, 1976,68(3): 452 -455.

[51] HUNTER J L, TEKRONY D M, MILES D F, et al. Corn seed maturity indicators and their relationship to uptake of carbon 14 assimilated[J]. Crop Science, 1991(31): 1309 -1313.

[52] HUNTER R B, MORTIMORE G, GERRISH E E, et al. Field drying of flint and dent endosperm maize[J]. Crop Science, 1979,19(3): 401 -402.

[53] KAKANI V G, REDDY K R, ZHAO D, et al. Field crop responses to ultraviolet-B radiation: a review[J]. Agricultural & Forest Meteorology, 2003,120(1): 191 -218.

[54] KANG M S, ZUBER M S, COLBERT T R, et al. Effect of certain agronomic traits on and relationship between rates of grain moisture reduction and grain fill during filling period in maize[J]. Field Crop Research, 1986,14(4): 339 -346.

[55] KANG M S, ZUBER M S, HORROCKS R D. An electronic probe for estimating ear moisture content of maize[J]. Crop Science, 1978,18(6): 1083 -1084.

[56] KANG M S, ZUBER M S. Combining ability for grain moisture, husk moisture, and maturity in maize with yellow and white endosperms[J]. Crop Science, 1989,29(3): 689 -692.

[57] KEELING P L, BACON P J, HOLT D C. Elevated temperature reduces starch deposition in wheat endosperm by reducing the activity of soluble starch synthase[J]. Planta, 1993, 191(3): 342 -348.

[58] KEELING P L, BANISADR R, BARONE L, et al. Effect of temperature on enzymes in the pathway of starch biosynthesis in developing wheat and maize grain[J]. Australian Journal of Plant Physiology, 1994,21(21): 807 -827.

[59] KHAN H R, MCDONALD G K, RENGEL Z, et al. Zinc fertilization and water stress affects plant water relations, stomatal conductance and osmotic adjustment in chickpea (*Cicer arientinum* L.)[J]. Plant and Soil, 2004,267(1): 271 -284.

[60] KISHITANI S, SHIBLES R. Respiration Rates of Soybean Cultivars 1[J]. Crop Science, 1986,26(3): 580 -583.

[61] KRAMER P J. Water relation of plants[M]. New York: American Academic Press, 1983.

[62] LAMATTINA L, GARCíAMATA C, MAGDALENA G A, et al. NITRIC OXIDE: The

Versatility of an Extensive Signal Molecule[J]. Annual Review of Plant Biology, 2003, 54(1): 109 - 136.

[63] LEAKEY A B, AINSWORTH E A, BERNACCHI C J, et al. Elevated CO_2 effects on plant carbon, nitrogen, and water relations: six important lessons from FACE[J]. Journal of Experimental Botany, 2009, 60(10): 2859 - 2876.

[64] LI M, LI W. Regulation of fertilizer and density on sink and source traits and yield of maize[J]. Scientia Agricultura Sinica, 2004(37): 1130 - 1137.

[65] LI R, HOU X, JIA Z, et al. Effects on soil temperature, moisture, and maize yield of cultivation with ridge and furrow mulching in the rainfed area of the Loess Plateau, China [J]. Agricultural Water Management, 2013, 116(1): 101 - 109.

[66] LIU Q, WEBER E, CURRIE V, et al. Physicochemical properties of starches during potato growth[J]. Carbohydrate Polymers, 2003, 51(2): 213 - 221.

[67] LIU Y, LI S, CHEN F, et al. Soil water dynamics and water use efficiency in spring maize (*Zea mays* L.) fields subjected to different water management practices on the Loess Plateau, China[J]. Agricultural Water Management, 2010, 97(5): 769 - 775.

[68] LIU Z, JI H, CUI Z, et al. QTL detected for grain-filling rate in maize using a RIL population[J]. Molecular Breeding, 2011, 27(1): 25 - 36.

[69] LONG S P, AINSWORTH E A, LEAKEY A D, et al. Food for thought: lower-than-expected crop yield stimulation with rising CO_2 concentrations. [J]. Science, 2006, 312 (5782): 1918 - 1921.

[70] LU H J, BERNARDO R, OHM H W. Mapping QTL for popping expansion volume in popcorn with simple sequence repeat markers[J]. Theoretical & Applied Genetics, 2003, 106(3): 423 - 427.

[71] LV L, WANG P, LU L. The Relationship of Source-sink for Yield Form in Summer Maize Under Different Canopy Structure[J]. Journal of Maize Sciences, 2008, 16(4): 66 - 71.

[72] MA B L, DWYER L M. Changes in kernel characteristics during grain filling in silage-specific and dual-purpose corn hybrids[J]. Canada Journal Plant Science, 2012, 92(3): 427 - 439.

[73] MABBAYAD M O, MOODY K. Herbicide seed treatment for weed control in wet-seeded rice[J]. Tropical Pest Management, 1992, 38(1): 9 - 12.

[74] MAIORANO A, FANCHINI D, DONATELLI M. MIMYCS. Moisture, a process-based model of moisture content in developing maize kernels[J]. European Journal of Agronomy, 2014(59): 86 - 95.

[75] MAITZ M, SANTANDREA G, ZHANG ZY, et al. A mutation reducing grain filling in maize through effects on basal endosperm and pedicel development[J]. The Plant Journal, 2000, 23(1): 29 - 42.

[76] MATITSCHKA G. Mineral N dynamic, N uptake and growth of lettuce as affected by mulch[J]. Acta Horticulture, 1996, 428(428): 85 - 94.

[77] Maxwell K, Johnson G N. Chlorophyll fluorescence a practical guide[J]. Journal of

Experimental Botany, 2000,51(345): 659 -668.

[78] MIAGARI R, KANG MS, ZHANG Y. Sample size for evaluating field ear moisture loss rate in maize[J]. Maydica, 1996,41(1): 19 -24.

[79] Miller M E, Chourey P S. The maize invertase-deficient miniature-1 seed mutation is associated with aberrant pedicel and endosperm development[J]. Plant Cell, 1992,4(3): 297 -305.

[80] ALEXANDER D E. Grain moisture loss rate of high-oil and standard-oil maize hybrids [J]. Agronomy Journal, 1988,80(5): 841 -845.

[81] MISEVIC D, ALEXANDER D E. Twenty four cycles of phenotypic recurrent selection for percent oil in maize: 1. per se and test-cross performance[J]. Crop Science, 1989,29(2): 320 -324.

[82] MONMA E, TSUNODA S. Photosynthetic Heterosis in Maize[J]. Japanese Journal of Breeding, 1979,29(2): 159 -165.

[83] MONTENEGRO A A, ABRANTES J R, DE LIMA J L, et al. Impact of mulching on soil and water dynamics under intermittent simulated rainfall[J]. Catena, 2013,109(10): 139 -149.

[84] NAGARAJAN V, MOHANTY A K, MISRA M. Sustainable green composites[J]. ACS Sustainable Chemistry & Engineering, 2013,1(3): 325 -333.

[85] NELSON S O, LAWRENCE K C. Kernel moisture variation on the ear in yellow-dent field corn[J]. Transactions of the ASAE, 1991,34(2): 513 -516.

[86] PARRY M L, CANZIANI O F, PALUTIKOF J P, et al. Summary for policymakers. in: climate change 2007: impacts, adaptation and vulnerability. contribution of working group ii to the fourth assessment report of the intergovernmental panel on climate change [M]. Cambridge :Cambridge University Press, 2007.

[87] PAULSEN M R. Corn breakage susceptibility as a function of moisture content[J]. American Society of Agricultural and Biological Engineers, 1983(83): 3078.

[88] PéREZ-RUIZ M, GONZALEZ-DE-SANTOS P, RIBEIRO A, et al. Highlights and preliminary results for autonomous crop protection [J]. Computers & Electronics in Agriculture, 2015(110): 150 -161.

[89] PLETT S. Corn kernel breakage as a function of grain moisture at harvest in a prairie environment [J]. Canada Journal Plant Science, 1994,74(3): 543 - 544.

[90] POORTER H. Interspecific variation in the growth response of plants to an elevated ambient CO_2 concentration[J]. Vegetatio, 1993,104/105(1): 76 -97.

[91] POTTER K N, TORBER H A, JONES O R, et al. Distribution and amount of soil organic C in long-term management systems in Texas[J]. Soil Tillage Research, 1998,47(3 -4): 309 -321.

[92] PREISS J. Biology and molecular biology of starch synthesis and its regulation[M]. Oxford: Oxford University Press, 1991.

[93] PROSDOCIMI M, JORDáN A, TAROLLI P, et al. The immediate effectiveness of barley straw mulch in reducing soil erodibility and surface runoff generation in Mediterranean

vineyards[J]. Science of the Total Environment, 2016(547): 323 -330.

[94] PURDY J D, CRANE P L. Inheritance of drying rate in mature corn (*Zea mays* L.) [J]. Crop Science, 1967,7(4): 294 -297.

[95] RAGAI H, LOOMIS W E. Respiration of maize grain[J]. Plant Physiology, 1954(29): 49 -55.

[96] RAHMAN A, WONG KS, JANE JL, et al. Characterization of SU1 isoamylase, a determinant of storage starch structure in maize[J]. Plant Physiology, 1998,117(2): 425 -435.

[97] REICH PB, HOBBIE SE, LEE T, et al. Nitrogen limitation constrains sustainability of ecosystem response to CO_2[J]. Nature, 2006,440(7086): 922 -925.

[98] REICH PB, HUNGATE BA, LUO Y. Carbon-Nitrogen Interactions in Terrestrial Ecosystems in Response to Rising Atmospheric Carbon Dioxide[J]. Annual Review of Ecology Evolution & Systematics, 2006(37): 611 -636.

[99] RENCH W, SHAW RH. Black layer development in corn[J]. Agronomy Journal,1971, 63 (2): 303 -309.

[100] ROLDáN A, CARAVACA F, HERNáNDEZ M T, et al. No-tillage, crop residue additions, and legume cover cropping effects on soil quality characteristics under maize in Patzcuaro watershed (Mexico)[J]. Soil & Tillage Research, 2003,72(1): 65 -73.

[101] ROWE L, KELLS J J, PENNER D. Efficacy and mode of action of CGA -154281, a protectant for maize (*Zea mays*) from metolachlor injury[J]. Weed science,1991,39 (1): 78 -82.

[102] RUBAN AV. Plant in light[J]. Communicative & Integrative Biology, 2009,2(1): 50 -55.

[103] RUPPEL S, MERBACH W, MAAKSWITAT E. Effects of black plastic mulching on nitrogen balance in cultivation of pickles[J]. Gartenbauwissenchaft, 1996,61(5): 230 -237.

[104] SALA RG, ANDRADE F H, CAMADRO E L, et al. Quantitative trait loci for grain moisture at harvest and field grain drying rate in maize (*Zea mays* L.)[J]. Theoretical & Applied Genetics, 2006,112(3): 462 -471.

[105] SáNCHEZHERMOSILLA J, PáEZ F, RINCóN V J, et al. Evaluation of a fog cooling system for applying plant-protection products in a greenhouse tomato crop[J]. Crop Protection,2013,48(43): 76 -81.

[106] SCHLESINGER W H, ANDREWS J A. Soil respiration and the global carbon cycle. [J]. Biogeochemistry, 2000,48(1): 7 -20.

[107] SCHMIDT J L, HALLAUER A R. Estimating harvest date of corn in the field[J]. Crop Science, 1966, 6(3): 227 -231.

[108] SCHNEIDER M K, LUSCHER A, RICHTER M, et al. Ten years of free-air CO_2 enrichment altered the mobilization of N from soil in Lolium perenne L. swards[J]. Global Change Biology, 2010,10(8): 1377 -1388.

[109] SCHONECK M W, EVANYLO G K. Effects of mulches on soil properties and tomato production, plant available nitrogen, organic matter input, and tilth-related properties [J]. Journal of sustainable Agriculture,1998, 13(1): 83 - 100.

[110] SHAW R H, LOOMIS W E. Basis for the prediction of corn yields [J]. Plant Physiology, 1950,25(2): 225 - 244.

[111] SINGLETARY G W, BANISADR R, KEELING P L. Heat stress during grain filling in maize: effects on carbohydrate storage and metabolism[J]. Australian Journal of Plant Physiology,1994, 21(6): 829 - 841.

[112] SINGLETARY G W, BANISADR R, KEELING P L. Influence of gene dosage on carbohydrate synthesis and enzymatic activities in endosperm of starch-deficient mutants of maize[J]. Plant Physiology, 1997,113(1): 293 - 304.

[113] SJE W, JMC P S, MIDGLEY G F. Responses of wild C_4 and C_3 grass species to elevated atmospheric CO_2 concentration: a meta-analytic test of current theories and perceptions[J]. Global Change Biology, 2010,5(6): 723 - 741.

[114] SLATTERY C J, KAVAKLI I H, THOMAS W, et al. Engineering starch for increased quantity[J]. Trends in plant science, 2000,5(7): 291 - 298.

[115] STARK DM, TIMMERMAN KP, BARRY GF, et al. Regulation of the amount of starch in plant tissues by ADP glucose pyrophosphorylase[J]. Science, 1992,258(5080): 287 - 292.

[116] STEWARD B A, ROBINSON C. Are agro-ecosystems sustainable in semiarid regions [J]. Advances in Agronomy, 1997(60): 191 - 228.

[117] STITT M. Rising CO_2 levels and their potential significance for carbon flow in photosynthetic cells[J]. Plant Cell & Environment, 2010,14(8): 741 - 762.

[118] TAGUCHI-SHIOBARA F, ZHUANG Y, HAKE S, et al. The fasciated ear gene encodes a leucine-rich repeat receptor-like protein that regulates shoot meristem proliferation in maize[J]. Gene & Development, 2001,15(20): 2755 - 2766.

[119] TALIERCO EW, KIM J Y, SHANKER S, et al. Isolation characterization and expression analysis of two cell wall invertase genes in maize [J]. Journal of Plant Physiology, 1999,155(2): 197 - 204.

[120] TAO Z, LI C, LI J, et al. Tillage and straw mulching impacts on grain yield and water use efficiency of spring maize in Northern Huang-Huai-Hai Valley [J]. The Crop Journal, 2015,3(5): 445 - 450.

[121] The kinze finger pick up seed meter for corn [EB/OL]. 2010 - 04 - 20. http://www.kinze.corn/plantersAndCarts/meteringSystems/fingerPick - up.html.

[122] TROYER A F, AMBROSE W B. Plant characteristics affecting field drying rate of ear corn[J]. Crop Science, 1971,11(4): 529 - 531.

[123] TURNER N C. Plant water relations and irrigation management[J]. Agricultural Water Management, 1990,17(1): 59 - 73.

[124] UNGER P W. Soil profile gravel layer: I. Effect on water storage, distribution, and vaporation[J]. Soil Science Society of America Journal, 1971(35): 631 - 634.

[125] VONDRICKA J, SCHULZE L P. Direct nozzle injection system for a real-time site-specific pesticide application[J]. Communications in Agricultural & Applied Biological Sciences, 2008,73(4): 709 -710.

[126] WANG Y D, WANG H M, MA Z Q, et al. Review of response mechanism of soil respiration to rainfall. [J]. Chinese Journal of Plant Ecology, 2010,34(5): 601 -610.

[127] WARD D A, WOOLHOUSE H W. Comparative effects of light during growth in photosynthetic properties of NADP-MEtype C_4 grasses from open and shade habitats. I. Gas exchange, leaf anatomy and ultrastruture[J]. Plant, Cell and Environment,1986, 9(4): 261 -270.

[128] WARD D A, WOOLHOUSE H W. Comparative effects of light during growth on photosynthetic properties of NADP-MEtype C_4 grasses from open and shade habitats. II. Photosynthetic enzyme activities and metabolism[J]. Plant, Cell and Environment, 1986,9(4): 271 -277.

[129] WIATRAK P. Influence of seed coating with micronutrients on growth and yield of winter wheat in southeastern coastal plains [J]. American Journal of Agricultural and Biological Sciences, 2013,8(3): 230 -238.

[130] WIDDICOMBE W D, THELEN K D. Row width and plant density effects on corn grain production in the Northern corn belt [J]. Agronomy Journal, 2002, 94 (5): 1020 -1023.

[131] WILLMOT D B, DUDLEY J W, ROCHEFORD T R, et al. Effect of random mating on marker-QTL associations for grain quality traits in the cross of Illinois High Oil × Illinois Low Oil[J]. Maydica, 2006,51(2): 187 -199.

[132] WINDELS C E, LINDOW S E. 1985. Biological control on the phylloplane[M]. New York:American Phytopathological Society,1985.

[133] WONG K S, KUBO A, JANE J L, et al. Structures and properties of amylopectin and phytoglycogen in the endosperm of sugary-1 mutants of rice[J]. Journal of cereal Science, 2003,37(2): 139 -149.

[134] YANG J, CARENA M J, UPHAUS J. Area under the dry down curve(AUDDC): A method to evaluate rate of dry down in maize[J]. Crop Science, 2010,50(6): 2347 -2354.

[135] YANG J, ZHANG J, WANG Z, et al. Hormonal changes in the grains of rice subjected to water stress during grain filling[J]. Plant Physiology, 2001,127(1): 315 -323.

[136] YANG J, ZHANG J, WANG Z, et al. Activities of key enzymes in sucrose-to-starch conversion in wheat grains subjected to water deficit during grain filling[J]. Plant Physiology, 2004,135(3): 1621 -1629.

[137] YANG W, PENG S, DIONISIO-SESE M, et al. Grain filling duration, a crucial determinant of genotypic variation of grain yield in field-grown tropical irrigated rice [J]. Field Crops Research, 2008,105(3): 221 -227.

[138] YANG Y, CHEN G, DONGBIN, et al. Responses of soil respiration to soil rewetting in

a natural forest and two monoculture plantations in subtropical China [J]. Acta Ecologica Sinica, 2004,24(5): 953 -958.

[139] ZHANG H, DONG S, GAO R, et al. Starch accumulation and enzyme activities associated with starch synthesis in maize kernels[J]. Journal of Integrative Agriculture, 2007,6(7): 808 -815.

[140] ZHANG H, TAN G, YANG L, et al. Hormones in the grains and roots in relation to post-anthesis development of inferior and superior spikelets in japonica/indica hybrid rice[J]. Plant Physiology Biochemistry, 2009,47(3): 195 -204.

[141] ZHANG J J, HU Y F, ZHOU H, et al. Starch accumulation and activities of key enzymes involved in starch synthesis in the grains of maize inbred lines with different starch contents[J]. Journal of Plant Physiology and Molecular Biology,2007, 33(2): 123 -130.

[142] ZHANG M, AN L, FENG H, et al. The Cascade Mechanisms of Nitric Oxide as a Second Messenger of Ultraviolet B in Inhibiting Mesocotyl Elongations [J]. Photochemistry & Photobiology, 2010,77(2): 219 -225.

[143] ZHANG X Y, CHEN S Y, PEI D, et al. Evapotranspiration, yield and crop coefficient of irrigated maize under straw mulch[J]. Pedosphere, 2005,15(5): 576 -584.

[144] ZHANG Z, LIU Z, CUI Z, et al. Genetic analysis of grain filling rate using conditional QTL mapping in maize[J]. PLOS ONE, 2013,8(2): e56344.

[145] ZHOU L M, LI F M, JIN S L. How double ridges and furrows mulched with plastic film affect soil water, soil temperature and yield of maize on the semiarid Loess Plateau of China[J]. Field Crops Research, 2009,113(1): 41 -47.

[146] ZHOU Z C, SHANGGUAN Z P. Effects of elevated CO_2 concentration on the biomasses and nitrogen concentrations in the organs of sainfoin (*Onobrychis viciaefolia Scop.*) [J]. Agricultural Sciences in China, 2009,8(4): 424 -430.

[147] ZUBER M S, GUNDY L J, ASLIN W E. Yield trials with corn hybrid in Missouri[R]. Missouri Agricultural Experiment Station Bulletin, 1949:5 -27.

[148] КЛЮЧКОН Ф, АСЫКА ЮА. 关于成熟时籽粒快速干燥的玉米育种问题[J]. 许启桂, 译. 国外农学 - 杂粮作物,1989 (3): 25 -27.

[149] 艾俊国, 孟瑶, 于琳, 等. 沼肥与化肥配施对东北春玉米光合生理特性及产量品质的影响[J]. 中国土壤与肥料, 2015(4): 59 -65.

[150] 白莉萍, 隋方功, 孙朝晖, 等. 土壤水分胁迫对玉米形态发育及产量的影响[J]. 生态学报, 2004,24(7): 1556 -1560.

[151] 白由路. 国内外施肥机械的发展概况及需求分析[J]. 中国土壤与肥料, 2016(3): 1 -4.

[152] 包和平, 毕成龙, 李颖, 等. 爆裂玉米蛋白质含量的主基因 + 多基因遗传效应分析[J]. 河南农业科学, 2011,40(5): 33 -36, 41.

[153] 鲍继友, 孙月轩, 姜先梅, 等. 夏玉米灌浆与温度, 籽粒含水率的关系[J]. 耕作与栽培, 1994(5): 22 -26.

[154] 鲍巨松, 杨成书, 薛吉全, 等. 不同生育时期水分胁迫对玉米生理特性的影响[J].

作物学报, 1991,17(4): 261 -265.
[155] 毕于运. 秸秆资源评价与利用研究[D]. 北京: 中国农业科学院,2010.
[156] 伯庆英, 周美华. 玉米生产全程机械化技术[J]. 现代农业科技, 2009(20): 90, 92.
[157] 卜玉山, 苗果园, 周乃健, 等. 地膜和秸秆覆盖土壤肥力效应分析与比较[J]. 中国农业科学, 2006,39(5): 1069 -1075.
[158] 蔡太义, 贾志宽, 黄耀威, 等. 中国旱作农区不同量秸秆覆盖综合效应研究进展Ⅰ:不同量秸秆覆盖的农田生态环境效应[J]. 干旱地区农业研究,2011, 29(5): 63 -68.
[159] 曹翠玲, 李生秀. 氮素形态对作物生理特性及生长的影响[J]. 华中农业大学学报, 2004,23(5): 581 -586.
[160] 曹殿云. 硫、锌肥对玉米生长发育、元素吸收及产量的影响[D]. 沈阳: 沈阳农业大学,2017.
[161] 曹焕元. 多用途灭茬旋耕机[J]. 湖南农机, 1997(2): 36.
[162] 曹庆军, 杨粉团, 陈喜凤, 等. 播期对吉林省中部春玉米生长发育、产量及品质的影响[J]. 玉米科学, 2013(5): 71 -75.
[163] 曹卫华, 张丽娜, 杨敏丽, 等. 农机购置补贴全价购机方式试点的调查分析[J]. 中国农机化学报, 2014,35(2): 32 -37.
[164] 曹云者, 宇振荣, 赵同科. 夏玉米需水及耗水规律的研究[J]. 华北农学报, 2013, 18(2): 47 -50.
[165] 常旭虹, 赵广才, 张雯, 等. 作物残茬对农田土壤风蚀的影响[J]. 水土保持学报, 2005,19(1): 28 -31.
[166] 车海云, 上官娅荣, 张军. 玉米单粒播种技术对种子质量的要求[J]. 种子科技, 2012, 30(11): 8.
[167] 陈晨, 董树亭, 刘鹏, 等. 利植密度对玉米自交系产量和灌浆特性的影响[J]. 玉米科学,2012, 20(6): 107 -111.
[168] 陈得义, 景希强, 王孝杰, 等. 耐密宜机收玉米品种选育探讨[J]. 作物杂志, 2014(2): 13 -15.
[169] 陈国平. 玉米的矿质营养和施肥技术(综述)[J]. 玉米科学: 1992(1):59 -66.
[170] 陈洪雷, 王岱. 玉米秸秆在制浆造纸工业中的应用研究[J]. 华东纸业, 2009,40(2): 15 -18.
[171] 陈建忠. 施钾肥对玉米籽粒灌浆及产量的影响[J]. 农技服务, 2009,26(12): 46, 123.
[172] 陈捷, 宋佐衡, 梁知洁, 等. 玉米茎腐病生物防治初步研究[J]. 植物保护, 1994, 20(3): 6 -8.
[173] 陈军, 戴俊英. 干旱对不同耐性玉米品种光合作用及产量的影响[J]. 作物学报, 1996(6): 757 -762,774.
[174] 陈君达, 李洪文, 高焕文, 等. 玉米免耕覆盖播种机的防堵装置[J]. 北京农业工程大学学报, 1994,14(3): 34 -39.
[175] 陈琳. 现代植物生理原理及应用[M]. 北京: 中国农业科学技术出版社, 2013.

[176] 陈奇恩，萧复兴，晋凡生，等. 晋中旱地玉米耗水规律及农田水分平衡研究[J]. 华北农学报，1991,6(4)：94－99.
[177] 陈素英，张喜英，裴冬，等. 秸秆覆盖对夏玉米田棵间蒸发和土壤温度的影响[J]. 灌溉排水学报，2004,23(4)：32－36.
[178] 陈雄，吴冬秀，王根轩，等. CO_2 浓度升高对干旱胁迫下小麦光合作用和抗氧化酶活性的影响[J]. 应用生态学报，2000,22(6)：881－884.
[179] 陈艳萍，孟庆长，赵文明，等. 苏玉 20 和郑单 958 籽粒灌浆特性的比较[J]. 江苏农业学报，2009,25(5)：976－979.
[180] 陈赟娟，程昆华. 玉米小斑病拮抗菌的分离筛选及生理生化初步鉴定[J]. 农业科技通讯，2014(5)：72－74.
[181] 陈兆波. 生物节水研究进展及发展方向[J]. 中国农业科学，2007,40(7)：1456－1462.
[182] 陈志，郝付平，王锋德，等. 中国玉米收获技术与装备发展研究[J]. 农业机械学报，2002,43(12)：44－50.
[183] 陈志梅，夏海东，鹿红卫，等. 浅谈玉米宜机收新品种选育策略[J]. 农业科技通讯,2016 (11)：37－39.
[184] 陈子刚，代滢芸. 2016 年黑龙江玉米市场分析报告[J]. 黑龙江粮食,2017(8)：18－21.
[185] 张瑞霞，李美娜，等. 宽覆膜种植玉米对产量的影响[J]. 内蒙古农业科技，2014(7)：26－27.
[186] 成运伟. 对我国发展玉米区域性机械化与规模化制种促进农业产业升级的趋势分析[J]. 种子世界,2016 (11)：1－4.
[187] 程绍义，于翠芳，刘绍棣. 紧凑型玉米株型及生理特性研究[J]. 华北农学报，1990,5(3)：20－27.
[188] 迟春田，周丽伟，李响，等. 长春市玉米全程机械化生产新技术模式[J]. 农业机械,2011 (16)：104－106.
[189] 崔俊明，张红艳，卢道文，等. 适宜机械化玉米遗传育种目标性状系列研究[J]. 农业科技通讯,2014 (7)：185－189.
[190] 崔俊明，张进忠，王利义，等. 不同紧凑株型玉米灌浆特性比较[J]. 玉米科学，1999, 7(4)：53－56.
[191] 崔丽娜，董树亭. 2 种玉米籽粒淀粉粒分布的比较[J]. 中国粮油学报，2013,28(12)：29－32.
[192] 崔昕. 我国玉米收获机发展情况分析[J]. 农业科技与装备，2012(5)：81－82.
[193] 崔毅. 农业节水灌溉技术及应用实例[M]. 北京：化学工业出版社,2005.
[194] 戴俊英，鄂玉江，顾慰连. 玉米根系的生长规律及其与产量关系的研究Ⅱ. 玉米根系与叶的相互作用及其与产量的关系[J]. 作物学报,1998,14(4)：310－314.
[195] 戴凌燕，刘玉涛，王宇先，等. 黑龙江春玉米种植区高产品种籽粒灌浆、脱水特性及产量分析[J]. 中国农学通报，2015,31(6)：75－79.
[196] 戴凌燕，刘玉涛，殷奎德，等. 玉米成熟过程中激素含量及其与籽粒灌浆和脱水相关性分析[J]. 干旱地区农业研究,2017, 35(3)：120－125.

[197] 戴明宏，单成钢，王璞. 温光生态效应对春玉米物质生产的影响[J]. 中国农业大学学报，2009,14(3)：35－41.

[198] 邓斌. 河西灌区不同耕作方式下春小麦土壤水分动态变化与产量效应研究[D]. 兰州：甘肃农业大学，2007.

[199] 丁光省. 我国青贮玉米发展现状及发展方向[J]. 中国乳业，2018，196(4)：2－8.

[200] 董宝娣，刘孟雨，张正斌，等. 水分胁迫条件下不同抗旱类型小麦灌浆初期内源激素的变化[J]. 麦类作物学报，2007,27(5)：852－858.

[201] 董海合，李凤华，任军，等. 东北春玉米区热带种质利用研[J]. 玉米科学，2001，9(2)：32－34.

[202] 董红芬，李洪，李爱军，等. 玉米播种期推迟与生长发育、有效积温关系研究[J]. 玉米科学，2012，20(5)：97－101.

[203] 董树亭，高荣岐，胡昌浩，等. 玉米花粒期群体光合性能与高产潜力研究[J]. 作物学报，1997 (3)：318－325.

[204] 杜岳峰，朱忠祥，毛恩荣，等. 基于 ADAMS 的丘陵山地小型玉米收获机仿真[J]. 农业机械学报，2011,42(11)：1－5.

[205] 范国昌，王惠新，籍俊杰，等. 影响玉米摘穗过程中籽粒破碎和籽粒损失率的因素分析[J]. 农业工程学报，2002,18(4)：72－74.

[206] 范仲学，王璞，梁振兴. 利用同位素示踪研究夏玉米灌浆期同化产物的运转[J]. 核农学报，2001，15(1)：32－37.

[207] 方羽生，杨卫华，张洪玲，等. 放线菌对 4 种病原真菌的拮抗作用初探[J]. 广东农业科学，2001(5)：39－41.

[208] 房全孝，陈雨海，李全起，等. 灌溉对冬小麦水分利用效率的影响研究[J]. 农业工程学报，2004,20(4)：34－39.

[209] 费学通. 基于 DEM－CFD 耦合的气吹式玉米精密排种器工作过程仿真分析[D]. 长春：吉林大学，2011.

[210] 冯健英. 美国先锋玉米种质在黄淮海地区的利用现状和前景[J]. 河北农业科学，2011,15(9)：57－59，68.

[211] 冯娟. 施氮量和密度对机(撒)播油菜产量及营养品质的影响[D]. 成都：四川农业大学，2006.

[212] 王晓娜，王清郦. 水肥耦合效应对玉米产量及青贮品质的影响[J]. 中国农业科学，2012,45(2)：376－384.

[213] 冯伟，管涛，王永华，等. 沼液与尿素配施对冬小麦光合特性及籽粒产量的影响[J]. 作物学报，2010,36(08)：1401－1408.

[214] 冯晓静，杨欣，桑永英，等. 玉米精密播种机械发展现状[J]. 江苏农业科学，2012(4)：422－424.

[215] 冯晓曦. 玉米灌浆期不同阶段籽粒品质性状及灌浆速度的动态分析[D]. 郑州：河南农业大学，2008.

[216] 冯艳春，李万良，郑金玉，等. 密度对玉米产量及商品品质的影响研究[J]. 玉米科学，2007，15(6)：79－81.

[217] 冯颖竹，谢振文，贺立红，等. 光强因子对甜糯玉米光合作用和产量构成的影响

[J]. 华北农学报, 2007,22(3): 132 - 136.
[218] 付健, 杨克军, 王玉凤, 等. 不同种植方式和密度对玉米籽粒灌浆速率的影响[J]. 湖北农业科学, 2014,53(18): 4272 - 4275.
[219] 付健. 栽培方式与密度对寒地玉米光合性能及产量的影响[D]. 大庆: 黑龙江八一农垦大学,2014.
[220] 高焕文, 李问盈. 我国农业机械化的跨世纪展望[J]. 农业工程学报, 2000(2): 9 - 12.
[221] 高焕文, 李问盈. 保护性耕作技术与机具[M]. 北京: 化学工业出版社,2004.
[222] 高俊凤. 植物生理学实验指导[M]. 北京: 高等教育出版社,2006.
[223] 高连兴, 李飞, 张新伟, 等. 含水率对种子玉米脱粒性能的影响机理[J]. 农业机械学报, 2011,42(12): 92 - 96.
[224] 高林, 王健威, 李鹏, 等. 玉米秸秆利用及其机械化收获技术[J]. 农业工程, 2015, 5(5): 14 - 20.
[225] 高荣岐, 董树亭, 胡昌浩, 等. 夏玉米籽粒发育过程中淀粉积累与粒重的关系[J]. 山东农业大学学报, 1993,4(1): 42 - 44.
[226] 高荣歧. 玉米籽粒发育过程中淀粉积累与粒重关系[J]. 山东农业大学学报, 1993(1): 647 - 648.
[227] 高瑞娟. 2016 年中国玉米市场回顾及 2017 年展望[J]. 河南畜牧兽医(市场版), 2006,38(1): 17 - 18.
[228] 高翔, 龚道枝, 顾峰雪, 等. 覆膜抑制土壤呼吸提高旱作春玉米产量[J]. 农业工程学报,2014, 30(6): 62 - 70.
[229] 高翔, 郝卫平, 顾峰雪, 等. 降雨对旱作春玉米农田土壤呼吸动态的影响[J]. 生态学报,2012, 32(24): 7883 - 7893.
[230] 高晓容, 王春乙, 张继权, 等. 近 50 年东北玉米生育阶段需水量及旱涝时空变化[J]. 农业工程学报, 2012,28(12): 101 - 107.
[231] 高亚军, 李生秀. 旱地秸秆覆盖条件下作物减产的原因及作用机制分析[J]. 农业工程学报,2005,21(7): 15 - 19.
[232] 高玉红, 郭丽琢, 牛俊义, 等. 栽培方式对玉米根系生长及水分利用效率的影响[J]. 中国生态农业学报, 2012,20(2): 210 - 216.
[233] 高玉红, 牛俊义, 闫志利, 等. 不同覆膜栽培方式对玉米干物质积累及产量的影响[J]. 中国生态农业学报, 2012,20(04): 440 - 446.
[234] 高元恩. 中国农业机械工业的现状与发展趋势[J]. 农业机械,2007 (1): 33 - 37.
[235] 耿爱军, 杨建宁, 张兆磊, 等. 国内外玉米收获机械发展现状及展望[J]. 农机化研究, 2016, 38(4): 251 - 257.
[236] 耿端阳, 张道林, 李清华, 等. 玉米收获机拨禾导向装置技术参数的试验研究[J]. 农业工程学报, 2012,28(s1): 45 - 49.
[237] 耿玉翠, 范树仁. 玉米氮肥适宜追肥期研究[J]. 山西农业科学, 1999,27(1): 21 - 29.
[238] 宫秀杰, 钱春荣, 于洋, 等. 玉米全程机械化高产耕作栽培技术模式及产量效益分析[J]. 黑龙江农业科学, 2010(11): 21 - 23.

[239] 龚秋菊，朱记伟. 玉米机械化收获籽粒前景展望与探讨[J]. 中国种业，2015(7)：21-22.
[240] 龚振平，杨悦乾. 作物秸秆还田技术与机具[M]. 北京：中国农业出版社,2012.
[241] 古燕. 玉米免耕播种喷药联合作业机研究[D]. 北京：中国农业大学,2005.
[242] 关义新，林葆，凌碧莹. 光氮互作对玉米叶片光合色素及其荧光特性与能量转换的影响[J]. 植物营养与肥料学报，2000,6(2)：152-158.
[243] 官情，王俊，宋淑亚，等. 黄土旱塬区不同覆盖措施对土壤水分及冬小麦水分利用效率的影响[J]. 地下水，2011,33(01)：21-24.
[244] 郭栋. 玉米籽粒联合收获机械化技术示范推广的思考[J]. 农业技术与装备，2016(6)：30-32.
[245] 郭建勋. 化肥机械深施与传统施肥和人工施肥对比[J]. 农业工程,2013,3(1)：26-27.
[246] 郭庆辰，白光红，刘洪泉，等. 黄淮海地区籽粒机收玉米育种探讨[J]. 农业科技通讯,2015 (9)：7-11.
[247] 郭相平，刘才良，邵孝候，等. 调亏灌溉对玉米需水规律和水分生产效率的影响[J]. 干旱地区农业研究，1999,17(3)：92-96.
[248] 韩伟，吕莹莹，张萌，等. 我国特用玉米生产现状与发展对策[J]. 安徽农业科学，2017,45(28)：39-41，77.
[249] 韩希英，宋凤斌. 干旱胁迫对玉米根系生长及根际养分的影响[J]. 水土保持学报，2006,20(3)：170-172.
[250] 韩绪明，张姬，耿爱军，等. 玉米秸秆机械化利用综述[J]. 中国农机化学报，2018,39(4)：114-118.
[251] 韩雪，郝兴宇，王贺然，等. FACE条件下冬小麦生长特征及产量构成的影响[J]. 中国农学通报,2012，28(36)：154-159.
[252] 郝付平，陈志. 国内外玉米收获机械研究现状及思考[J]. 农机化研究，2007(10)：206-208.
[253] 郝建军，于洋，张婷. 植物生理学[M]. 北京：化学工业出版社，2013.
[254] 何进，李洪文，高焕文. 中国北方保护性耕作条件下深松效应与经济效益研究[J]. 农业工程学报,2006，22(10)：62-67.
[255] 何萍，金继运，林葆. 不同氮磷钾用量下春玉米生物产量及其组分动态与养分吸收模式研究[J]. 植物营养与肥料学报，1998,4(2)：123-130.
[256] 何奇镜，伶培生，边少锋，等. 长期少耕对玉米产量与土壤生态环境的影响(1983—2002)[J]. 玉米科学，2004(3)：99-102，104.
[257] 贺俊林，体金，胡伟，等. 辊型和作业速度对玉米收获机摘穗性能的影响[J]. 农业机械学报，2006,37(3)：46-49.
[258] 贺立静，周述波. 植物生理与农业生产应用[M]. 长沙：湖南师范大学出版社，2012.
[259] 黑龙江省水利水电勘测设计研究院. 黑龙江省水利建设“十二五”规划——水资源配置分析[R]. 哈尔滨：黑龙江省水利水电勘测设计研究院,2007.
[260] 侯海涛. 国内外玉米收获机械比较[J]. 现代农业装备，2006(1)：74-75.

[261] 侯学亮. 邢台市玉米全程机械化研究[D]. 北京：中国农业科学院,2014.
[262] 胡昌浩，董树亭，岳寿松，等. 高产夏玉米群体光合速率与产量关系的研究[J]. 作物学报,1993，19(1)：63－69.
[263] 胡昌浩. 玉米栽培生理[M]. 北京：中国农业出版社,1995.
[264] 胡芬，陈尚谟. 旱地玉米农田地膜覆盖的水分调控效应研究[J]. 中国农业气象，2000,21(4)：15－17.
[265] 胡红，张翼夫，陈婉芝，等. 我国玉米追肥机械发展现状与前景展望[J]. 玉米科学,2016 (3)：147－152.
[266] 胡红. 玉米行间定点扎穴深施追肥机设计与研究[D]. 北京：中国农业大学,2017.
[267] 胡晋，李永平，颜启传. 种子水分测定的原理和方法[M]. 北京：中国农业出版社，2008.
[268] 胡少永. 玉米收获机械的研究现状及发展方向[J]. 现代化农业,2013(4)：59－61.
[269] 胡实，谢小立，王凯荣. 秸秆覆盖对夏玉米田棵间蒸发和近地层气象要素的影响[J]. 中国农业气象，2008,29(2)：170－173.
[270] 胡田田，康绍忠. 植物抗旱性中的补偿效应及其在农业节水中的应用[J]. 生态学报，2005,25(4)：885－891.
[271] 黄国成. 试论白僵菌防治玉米螟的发展前景[J]. 现代农业,2009(7)：37－38.
[272] 黄璐，乔江方，刘京宝，等. 夏玉米不同密植群体抗倒性及机收指标探讨[J]. 华北农学报，2015(2)：198－201.
[273] 黄振喜，王永军，王空军，等. 产量 15 000 kg/hm^2 以上夏玉米灌浆期间的光合特性[J]. 中国农业科学，2007,40(9)：1898－1906.
[274] 籍俊杰，刘焕新. 国内外玉米收获机械发展综述[J]. 当代农机,2006,8(4)：18－21.
[275] 季香云，包杨滨，蒋杰贤，等. 几种植物提取液对玉米蚜的防治效果试验[J]. 上海农业学报,2009,25(2)：49－51.
[276] 贾大林，孟兆江，王和洲. 农业高效用水及农艺节水技术[J]. 节水灌溉,1999(4)：7－10.
[277] 江龙，宋碧. 不同类型玉米生理特征与产量的关系[J]. 种子,2002 (4)：31－34.
[278] 姜恩浩，李明，王靖. 玉米籽粒自然脱水速率的研究概述[J]. 辽宁农业科学,2009(6)：42－44.
[279] 姜亦巍，王光洁. Ca^{2+}、BR 对玉米呼吸器官耐冷性的影响[J]. 华北农学报，1996，11(3)：74－77.
[280] 姜籽竹，朱恒光，张倩，等. 低温胁迫下植物光合作用的研究进展[J]. 作物杂志，2015 (3)：23－28.
[281] 蒋彬，熊波，张莉，等. 北京市主要农作物种业机械化生产装备配备调研[J]. 农业工程,2016，6(s1)：1－12.
[282] 蒋高明. 植物生理生态[M]. 北京：高等教育出版社,2004.
[283] 蒋万启. 浅谈玉米种子加工处理技术措施[J]. 种子科技,2012,30(7)：31－32.
[284] 蒋小金. 西北旱区覆膜对农田雨水分布格局及玉米产量的影响[D]. 兰州：兰州大

学,2015.
[285] 焦少娟，安德荣，刘欢，等. 土壤拮抗放线菌 JSJ－129－08 的筛选及活性产物的初步研究[J]. 西北农业学报，2008,17(5)：116－120.
[286] 解文艳，周怀平，杨振兴，等. 不同覆盖方式对旱地春玉米土壤水分及作物生产力的影响[J]. 水土保持学报，2014,28(04)：128－133.
[287] 金继运，何萍. 氮钾营养对春玉米后期碳氮代谢与粒重形成的影响[J]. 中国农业科学，1999,19(4)：57－64.
[288] 金益，王振华，张永林，等. 玉米灌浆后期百粒重变化的品种间差异分析[J]. 东北农业大学学报,1998,29(1)：7－10.
[289] 晋凡生，张宝林. 免耕覆盖玉米秸秆对旱塬地土壤环境的影响[J]. 中国生态农业学报，2000,8(3)：47－50.
[290] 靳永胜，李玉玲，胡学安，等. 爆裂玉米籽粒灌浆特性研究[J]. 河南农业科学，1999(10)：5－6.
[291] 鞠金艳. 黑龙江省农业机械化发展的系统分析与对策研究[D]. 哈尔滨：东北农业大学,2011.
[292] 鞠茜茜. 自动渠槽管灌溉对夏玉米土壤水分变化及水分利用效率的影响研究[D]. 泰安：山东农业大学,2017.
[293] 康国章，王永华，郭天财，等. 植物淀粉合成的调控酶[J]. 遗传,2006，28(1)：110－116.
[294] 康绍忠，马孝义. 对我国发展节水农业几个问题的思考[J]. 中国农业资源与区划,1999,20 (2)：30－33.
[295] 康伟健. 强光照光时间影响玉米光合作用适应的机制[D]. 泰安：山东农业大学,2017.
[296] 柯福来，马兴林，黄瑞冬，等. 种植密度对先玉 335 群体籽粒灌浆特征的影响[J]. 玉米科学，2011,19(2)：58－62，66.
[297] 孔繁宇. PDF752D 型玉米去雄机性能特点及田间应用效果总结[J]. 现代化农业，2013 (11)：47－48.
[298] 李波，陈喜昌，张宇，等. 鲜食糯玉米全程机械化栽培技术[J]. 农业科技通讯，2018(6)：288－289.
[299] 李潮海，李胜利，王群，等. 下层土壤容重对玉米根系生长及吸收活力的影响[J]. 中国农业科学,2005，38(8)：1706－1711.
[300] 李潮海，刘奎，连艳鲜. 玉米碳氮代谢研究进展[J]. 河南农业大学学报，2000,34(4)：318－323.
[301] 李潮海，刘奎，周苏玫，等. 不同施肥条件下夏玉米光合对生理生态因子的响应[J]. 作物学报，2002,28(2)：265－269.
[302] 李潮海，刘奎. 不同产量水平玉米杂交种生育后期光合效率比较分析[J]. 作物学报，2002,28(3)：379－383.
[303] 李潮海，栾丽敏，王群，等. 苗期遮光及光照转换对不同玉米杂交种光合效率的影响[J]. 作物学报,2005，31(3)：381－385.
[304] 李潮海，苏新宏，谢瑞芝，等. 超高产栽培条件下夏玉米产量与气候生态条件关系

研究[J]. 中国农业科学, 2001,34(3): 311 -316.
[305] 李潮海, 周顺利. 土壤容重对玉米苗期生长的影响[J]. 华北农学报,1994, 9(2): 49 -54.
[306] 李成鑫. 深松整地联合作业机的优化设计[D]. 杨凌: 西北农林科技大学,2017.
[307] 李德强. 生长调节剂在不同密度下对高油玉米产量和品质影响的研究[D]. 泰安: 山东农业大学,2002.
[308] 李东海, 于秀玲, 金彦文. 冀中南玉米小麦连作区"双晚一节"种植技术要点[J]. 农业科技通讯, 2010(5): 174 -176.
[309] 李凤海, 郭佳丽, 于涛, 等. 不同熟期玉米杂交种及其亲本籽粒脱水速率的比较研究[J]. 玉米科学,2012,20(6): 17 -24.
[310] 李岗, 贾志宽. 以色列的旱地农业简况[J]. 干旱地区农业研究, 1995,13(3): 105 -106.
[311] 李含琳. 当前国外节水农业技术的新进展及启示[J]. 天水行政学院学报, 2011(4): 3 -8.
[312] 李红磊. 玉米青枯病生防菌筛选及其应用技术研究[D]. 郑州: 河南农业大学,2010.
[313] 李洪昌, 高芳, 赵湛, 等. 国内外精密排种器研究现状与发展趋势[J]. 中国农机化学报, 2014(2): 12 -16, 56.
[314] 李洪文, 陈君达, 李问盈. 保护性耕作条件下深松技术研究[J]. 农业机械学报, 2000, 31(6): 42 -45.
[315] 李纪彬. 我国节水灌溉技术的现状与发展趋势[J]. 河南农业科学, 1997,1(3): 41 -45.
[316] 李洁, 吴明亮, 汤远菊, 等. 有机肥施肥机械的研究现状与发展趋势[J]. 湖南农业大学学报, 2013(S1): 97 -100.
[317] 李娟, 陈杰忠, 黄永敬, 等. Zn 营养在果树生理代谢中的作用研究进展[J]. 果树学报, 2011,28(04): 668 -673.
[318] 李坤, 袁文胜, 张文毅, 等. 玉米施肥技术与施肥机械的研究现状及趋势[J]. 农机化研究,2017, 39(1): 264 -268.
[319] 李璐璐, 谢瑞芝, 范盼盼, 等. 郑单 958 与先玉 335 籽粒脱水特征研究[J]. 玉米科学,2016, 24(2): 57 -61.
[320] 李璐璐, 谢瑞芝, 王克如, 等. 黄淮海夏玉米生理成熟期籽粒含水率研究[J]. 作物杂志,2017(2): 88 -92.
[321] 李明, 韩洪亮, 李波, 等. 精量播种方式对玉米种子质量的要求[J]. 种子,2012(7): 36.
[322] 李强. 玉米移栽机滴灌带铺设装置设计与试验研究[D]. 沈阳: 沈阳农业大学,2017.
[323] 李尚中, 樊廷录, 王勇, 等. 不同覆膜集雨种植方式对旱地玉米叶绿素荧光特性、产量和水分利用效率的影响[J]. 应用生态学报, 2014,25(2): 458 -466.
[324] 李少昆. 北方旱作玉米田间种植手册[K]. 北京: 中国农业出版社,2001.
[325] 李少昆, 杨祁峰, 王永宏, 等. 北方旱作玉米田间种植手册[K]. 北京: 中国农业

出版社,2011.
[326] 李少昆，赵明，王树安，等. 不同玉米基因型叶片呼吸速率的差异及与光合特性关系的研究[J]. 中国农业大学学报，1998(3)：59 - 65.
[327] 李少昆. 当前玉米生产中存在的主要问题与对策[J]. 中国农业信息,2008 (6)：37 - 38.
[328] 李少昆. 我国玉米机械粒收质量影响因素及粒收技术的发展方向[J]. 石河子大学学报(自然科学版)，2017,35(3)：265 - 272.
[329] 李绍长，陆嘉惠，孟宝民，等. 玉米籽粒胚乳细胞增殖与库容充实的关系[J]. 玉米科学，2000,8(4)：45 - 47.
[330] 李绍长，周锦瑶，盛茜，等. 五种基因型玉米籽粒灌浆特性的研究[J]. 石河子大学学报(自然科学版)，1997,1(3)：190 - 193.
[331] 李生秀，魏其克，陈明彦. 印度的旱地农业[J]. 干旱地区农业研究，1990(2)：27 - 31.
[332] 李世清，李东方，李凤民，等. 半干旱农田生态系统地膜覆盖的土壤生态效应[J]. 西北农林科技大学学报(自然科学版)，2003,31(5)：21 - 28.
[333] 李世清，邵明安，李紫燕，等. 小麦籽粒灌浆特征及影响因素的研究进展[J]. 西北植物学报，2004,23(11)：2031 - 2039.
[334] 李淑芳，张春宵，路明，等. 玉米籽粒自然脱水速率研究进展[J]. 分子植物育种，2014,12(4)：825 - 829.
[335] 李素美，东先旺，陈建华. 不同土壤目标水量对夏玉米光合性能及产量的影响[J]. 华北农学报，1999,1(3)：55 - 59.
[336] 李孝明. 辽宁省玉米籽粒收获机械化研究[J]. 农业科技与装备，2016(4)：60 - 61.
[337] 李欣，王玺，兰星. EM 菌与 $ZnSO_4$ 包衣处理对玉米幼苗形态及生理指标的影响[J]. 玉米科学，2008,16(3)：90 - 91，98.
[338] 李秀菊，职明星，卫秀英. BA 与 GA 对小麦不同花位籽粒粒重的影响[J]. 作物学报，2001,27(6)：1017 - 1020.
[339] 李艳. 多功能玉米秸秆还田机的研制[D]. 泰安：山东农业大学,2007.
[340] 李艳杰，史纪明，鞠成梅，等. 玉米籽粒水分与品种性状相关性研究初报[J]. 玉米科学,2000,8(4)：37 - 38.
[341] 李铁楠. 玉米中耕除草机发展现状与机具改进[J]. 农业工程，2013,3(4)：28 - 29.
[342] 李玉霖，张铜会，崔建垣. 科尔沁沙地农田玉米耗水规律研究[J]. 中国沙漠，2002，22(4)：47 - 51.
[343] 李月梅，马莹莹，杨英良，等. 低温对玉米光合和呼吸作用的影响及与冷害关系的研究[J]. 黑龙江农业科学，1991(6)：4 - 8.
[344] 李月兴，张宝丽，魏永霞. 秸秆覆盖的土壤温度效应及其对玉米生长的影响[J]. 灌溉排水学报，2011,30(2)：82 - 85.
[345] 李振华，张培英，焦光纯，等. 玉米高产生理指标的研究[J]. 东北农业大学学报，1995(1)：34 - 43.

[346] 梁海燕，刘迪迪，张娜，等．干旱胁迫对不同基因型小麦籽粒灌浆及内源激素的影响[J]．西北农业学报，2015,24(5)：41－47.

[347] 梁银丽，张成娥，郭东伟．黄土高原区农田覆盖效应与前景分析[J]．中国生态农业学报，2001,9(1)：55－57.

[348] 梁影，金清．玉米的矿质营养与施肥特点[J]．农家科技旬刊，2011(3)：9.

[349] 梁宗锁，康绍忠，石培泽，等．隔沟交替灌溉对玉米根系分布和产量的影响及其节水效益[J]．中国农业科学，2000,33(6)：26－32.

[350] 廖庆喜，黄海东，吴福通．我国玉米精密播种机械化的现状与发展趋势[J]．农业装备技术，2006(1)：4－7.

[351] 林伟．吉林省中部地区玉米种植模式综合评价研究[D]．长春：吉林大学，2015.

[352] 刘春光，高洪军，李强，等．吉林省西部半干旱区玉米需水规律及生长发育动态探讨[J]．吉林农业科学，2009,34(6)：16－19.

[353] 刘存辉，董树亭，胡昌浩．硫素水平对夏玉米产量及生理特性影响的研究[J]．玉米科学，2004,12(S2)：95－97,100.

[354] 刘恩科，赵秉强，胡昌浩，等．长期不同施肥制度对玉米产量和品质的影响[J]．中国农业科学，2004,37(5)：711－716.

[355] 刘恩科，赵秉强，胡昌浩，等．长期施氮、磷、钾化肥对玉米产量及土壤肥力的影响[J]．植物营养与肥料学报，2007,13(5)：789－794.

[356] 刘海峰，刘志成，高延波．灭茬旋耕联合整地机的现状及发展趋势[J]．农业与技术，2009,29(6)：142－143.

[357] 刘建，吕新民，党革荣，等．植保机械的研究现状与发展趋势[J]．西北农林科技大学学报，2003(10)：202－204.

[358] 刘京宝，房志勇，赵霞，等．河南省夏玉米最佳收获期研究[J]．河南农业科学，2011,40(6)：46－48，55.

[359] 刘景辉，刘克礼．春玉米需氮规律的研究[J]．内蒙古农牧学院学报，1994(3)：12－18.

[360] 刘俊瑞，赵忠诚．一种值得借鉴的玉米全程机械化作业模式[J]．农业机械，2001(10)：24－25.

[361] 刘立晶，刘忠军，李长荣，等．玉米精密排种器性能对比试验[J]．农机化研究，2011，33(4)：155－157.

[362] 刘路．大田环境下智能移动喷药机器人系统研究[D]．合肥：中国科学技术大学，2016.

[363] 刘民．鲜食玉米产业发展研究[J]．农业科技与装备，2010(5)：56－57.

[364] 刘明，孙世贤，齐华，等．水分胁迫对玉米苗期叶绿素荧光参数的影响[J]．玉米科学，2009,17(3)：95－98.

[365] 刘明，陶洪斌，王璞，等．播期对春玉米生长发育与产量形成的影响[J]．中国生态农业学报，2009，17(1)：18－23.

[366] 刘明．深松和施氮与土壤特性及玉米生长发育关系的研究[D]．沈阳：沈阳农业大学，2012.

[367] 刘鹏．不同胚乳类型玉米籽粒品质形成机理及调控研究[D]．泰安：山东农业大

学,2003.
[368] 刘萍. 中国鲜食甜、糯玉米品种试验产量与品质评价体系的建设[D]. 扬州: 扬州大学,2007.
[369] 刘淑云. 不同施肥制度对夏玉米产量与品质形成的影响及其生理机制[D]. 泰安: 山东农业大学,2005.
[370] 刘水长, 张勇, 李磊. 我国玉米机械化收获现状及对策[J]. 农机化研究, 2008(10): 201-203.
[371] 刘思奇, 钟雪梅, 史振声. 玉米果穗各部性状对籽粒含水量和脱水速率的影响[J]. 江苏农业科学, 2016,44(8): 130-132.
[372] 刘铁宁. 减源对密植夏玉米光合性能和产量的影响及其生理机制研究[D]. 泰安: 山东农业大学,2015.
[373] 刘武仁, 郑金玉, 罗洋, 等. 东北黑土地玉米保护性耕作技术模式研究[J]. 玉米科学,2007,15(6): 86-88.
[374] 刘霞, 李宗新, 王庆成, 等. 种植密度对不同粒型玉米品种籽粒灌浆进程、产量及品质的影响[J]. 玉米科学, 2007,15(6): 75-78.
[375] 刘显君, 王振华, 王霞, 等. 玉米籽粒生理成熟后自然脱水速率 QTL 的初步定位[J]. 作物学报,2010,6(1): 47-52.
[376] 吕霞, 王帅. 我国深松机械的现状分析与发展建议[J]. 农业科技与装备, 2011(2): 130-131.
[377] 刘欣. 玉米全程机械化技术集成推广应用研究[J]. 农业科技与装备, 2012(10): 70-71.
[378] 刘欣. 玉米精量播种机械化技术研究[J]. 农业科技与装备, 2013(1): 66-67.
[379] 刘阳. 玉米节水灌溉机械化播种作业技术研究[J]. 农业科技与装备, 2013(12): 60-61.
[380] 刘战东, 肖俊夫, 刘祖贵, 等. 高产条件下夏玉米需水量与需水规律研究[J]. 节水灌溉,2011(6): 4-6.
[381] 刘智辉. 球孢白僵菌对亚洲玉米螟毒力检测的研究[D]. 武汉: 华中农业大学,2005.
[382] 柳枫贺, 王克如, 李健, 等. 影响玉米机械收粒质量因素的分析[J]. 作物杂志, 2013(4): 116-119.
[383] 楼辰军, 王鹏文, 王国琴. 爆裂玉米研究现状[J]. 天津农业科学, 2000,6(3): 45-48.
[384] 卢从明, 张其德, 唐崇钦, 等. CO_2 加富对杂交稻及其亲本原初光能转化效率和激发能分配的影响[J]. 生物物理学报, 1996,12(4): 731-734.
[385] 卢勇涛, 李亚雄, 刘洋, 等. 制种玉米去雄机的研制[J]. 农业机械,2010(18): 92-94.
[386] 鹿秀云, 李社增, 栗秋生, 等. 玉米叶斑病拮抗细菌的筛选及其发酵培养基优化[J]. 中国生物防治, 2006,22(S1): 47-53.
[387] 禄兴丽, 廖允成. 不同耕作措施对旱作夏玉米田土壤呼吸及根呼吸的影响[J]. 环境科学, 2015,36(06): 2266-2273.

[388] 罗红兵. 玉米矿质营养与合理施肥[J]. 湖南农业, 2013(12):7.
[389] 罗辉. 玉米植保技术机械化探索[J]. 农业与技术, 2016,36(12): 61.
[390] 罗青红. 胡杨、灰叶胡杨对水分胁迫的光合生理响应[D]. 石河子: 石河子大学,2006.
[391] 罗寨玲. 青饲玉米机械化收获技术探索[J]. 农机科技推广, 2014(5): 24 -25.
[392] 罗志成, 王密侠. 中国干旱地区及其类型划分的研究状况[J]. 干旱地区农业研究, 1987(2): 95 -116.
[393] 吕凤金, 郭珍, 王子明, 等. 世界甜玉米生产和贸易概况[J]. 中国蔬菜,2005,1(3): 32 -33.
[394] 吕丽华, 陶洪斌, 王璞, 等. 种植密度对夏玉米碳氮代谢和氮利用率的影响[J]. 作物学报, 2008,34(4): 718 -723.
[395] 吕丽华, 王璞, 易镇邪, 等. 密度对夏玉米品种光合特性和产量性状的影响[J]. 玉米科学, 2007,15(2): 79 -81.
[396] 吕香玲, 兰进好, 张宝石. 玉米果穗脱水速率的研究[J]. 西北农林科技大学学报(自然科学版), 2006,34(2): 48 -52.
[397] 吕新, 胡昌浩, 董树亭, 等. 紧凑型玉米掖单 22 与 SC704 籽粒灌浆特性对比分析研究[J]. 山东农业大学学报(自然科学版), 2005,36(1): 70 -74.
[398] 吕永来, 肖振富, 于洪军,等. 2% 戊唑醇干粉种衣剂田间药效试验[J]. 内蒙古农业科技, 2007(2): 18 -34.
[399] 马冲, 部仁峰, 苏波, 等. 不同熟期玉米籽粒灌浆特性研究[J]. 作物研究,2000(4): 17 -19.
[400] 马春英, 李雁鸣, 韩金玲. 不同种类硫肥对冬小麦光合性能和籽粒产量性状的影响[J]. 华北农学报, 2004,19(1): 67 -70.
[401] 马巨发. 海吉 204 制种玉米去雄机在昌吉市的应用[J]. 新疆农机化, 2012(6): 36 -37.
[402] 马瑞霞, 张爱芹, 刘文成. 种植密度对不同类型夏玉米生产力和主要生理指标的影响[J]. 中国农学通报, 2006,22(5): 171 -173.
[403] 马树庆, 王琪, 郭建平, 等. 玉米地膜覆盖土壤水分效应及抗旱涝试验研究[J]. 自然灾害学报, 2009,18(3): 8 -13.
[404] 马旭凤, 于涛, 汪李宏, 等. 苗期水分亏缺对玉米根系发育及解剖结构的影响[J]. 应用生态学报, 2010,21(7): 1731 -1736.
[405] 马智艳, 董永彬, 乔大河, 等. 不同种质玉米杂交种苞叶性状特征分析[J]. 河南农业科学, 2015,44(2): 15 -18.
[406] 毛明策, 郭东伟, 梁银丽. 水分处理对油菜叶位光合速率、蒸腾速率及水分利用效率的影响[J]. 中国生态农业学报, 2010,9(1): 49 -51.
[407] 梅旭荣, 赵聚宝, 吕学都, 等. 屯留试验区旱地农田水分供需特征及秸秆覆盖的效果分析[J]. 中国农业气象, 1991,12(1): 31 -33.
[408] 蒙强, 刘静霞, 张恒嘉. 我国黄土高原旱作农业沟垄覆膜栽培技术研究进展[J]. 贵州农业科学, 2015,43(8): 72 -82.
[409] 孟凯, 张兴义. 东北北部黑土区玉米耗水特征分析[J]. 玉米科学,1996,4(3):

66 - 67.
[410] 孟凯，张兴义. 东北北部黑土区大豆耗水特征的研究[J]. 大豆科学，1997,16(3)：274 - 276.
[411] 孟庆平，张玉权，常淑娟，等. 玉米最佳收获期的主要相关性状研究初探[J]. 玉米科学,2007,15(S1)：117 - 122.
[412] 孟战赢，王育红，王向阳，等. 密度对夏玉米灌浆特性及产量的影响[J]. 河南农业科学，2011,40(12)：48 - 51.
[413] 孟兆江，卞新民，刘安能，等. 调亏灌溉对夏玉米光合生理特性的影响[J]. 水土保持学报,2006, 20(3)：182 - 186.
[414] 米拉提·巴扎哈孜. 探究玉米的植保技术机械化[J]. 农民致富之友，2017(16)：168 - 168.
[415] 慕康国，刘西莉，白建军,等. 种衣剂及其生物学效应[J]. 种子,1998(6)：50 - 52.
[416] 穆真. 清香型与浓香型烟区土壤稀土元素含量及主要化学指标比较研究[D]. 北京：中国农业科学院,2013.
[417] 聂影. 辽宁玉米收获机械化发展分析[J]. 农业科技与装备，2010(10)：75 - 78.
[418] 牛灵安，郝晋珉，张宝忠，等. 长期施肥对华北平原农田土壤呼吸及碳平衡的影响[J]. 生态环境学报，2009,18(03)：1054 - 1060.
[419] 潘大仁，林德波. 不同播期超甜玉米光合特性与产量的初步研究[J]. 福建农业大学学报，1998(4)：19 - 21.
[420] 潘瑞炽. 植物生理学[M]. 北京：高等教育出版社,2012.
[421] 潘天遵. 玉米群体改良杂交组合宜机收性评价及其指标的筛选[D]. 呼和浩特：内蒙古农业大学,2016.
[422] 彭超，陈月华，吴际友. 不同地表覆盖对地表温度、湿度和土壤水分的影响[J]. 中南林业科技大学学报，2014,34(4)：53 - 59.
[423] 彭羽，郭天财，蒋高明，等. 开花后水分调控对两个筋型冬小麦品种品质与产量的影响[J]. 植物生态学报，2004,28(4)：554 - 561.
[424] 齐华，白向历，孙世贤，等. 水分胁迫对玉米叶绿素荧光特性的影响[J]. 华北农学报,2009, 24(3)：102 - 106.
[425] 齐华，刘明，张卫建，等. 深松方式对土壤物理性状及玉米根系分布的影响[J]. 华北农学报,2012,27(4)：191 - 196.
[426] 齐延芳，许方佐，周柱华，等. 种植密度对玉米鲁原单 22 光合作用的影响[J]. 核农学报,2004,18(1)：14 - 17.
[427] 乔淑芬，顾地周，潘石. 白藓不同部位水蒸气蒸馏液对玉米蚜生物活性的影响研究[J]. 玉米科学,2010, 18(2)：125 - 132.
[428] 秦静远. 植物及植物生理[M]. 北京：化学工业出版社，2006.
[429] 秦泰辰，李增禄. 玉米籽粒发育性状的遗传及与产量性状关系的研究[J]. 作物学报，1991,17(3)：185 - 191.
[430] 秦营营. 玉米籽粒黑层形成和乳线消失与粒重及生理特征的关系研究[D]. 泰安：山东农业大学,2014.

[431] 邱新强，路振广，孟春红，等. 土壤水分胁迫对夏玉米形态发育及水分利用效率的影响[J]. 灌溉排水学报，2013,32(4)：79－83.
[432] 曲宏杰. 籽粒型玉米收获机适应性的试验与研究[D]. 淄博：山东理工大学,2013.
[433] 饶立华，薛建明，蒋德安，等. 钾营养对番茄光合作用和产量形成的效应[J]. 浙江农业大学学报，1989(4)：9－16.
[434] 任德元. 保护性耕作技术浅析[J]. 农机使用与维修，2017(2)：75－76.
[435] 任小龙，贾志宽，陈小莉，等. 模拟降雨量下沟垄微型集雨种植玉米的水温效应[J]. 中国农业科学,2008，41(1)：70－77.
[436] 任忠义，王满富，李洪，等. 玉米灌浆特性的遗传研究[J]. 玉米科学，1993,1(4)：4－7.
[437] 伞庆超，于良. 玉米机械化收获技术推广途径的探讨[J]. 农机使用与维修,2014(12)：11－11.
[438] 桑金梅，牛淑芳，张玉玲，等. 机械深施化肥技术在玉米生产上的应用[J]. 山西农业大学学报(自然科学版)，2003,23(4)：328－330.
[439] 山东省农业科学院玉米研究所. 玉米生理[M]. 北京：农业出版社，1987.
[440] 山仑，黄占斌，张岁岐. 节水农业[M]. 广州：暨南大学出版社,2000.
[441] 申丽霞，王璞. 不同氮肥运筹方式对夏玉米产量和氮素利用的影响[J]. 山西农业科学,2009,37(2)：36－39.
[442] 申琳. 夏玉米籽粒灌浆与籽粒含水率的关系及籽粒发育过程的分期[J]. 北京农业科学,1998,16(5)：6－9.
[443] 沈昌蒲. 深松耕法平衡土壤水分的作用[J]. 东北农学院学报，1978(3)：5－10.
[444] 盛晋华，刘克礼，目凤山，等. 春玉米叶片光合速率变化规律的研究[J]. 内蒙古农牧学院学报，1997(3)：43－47.
[445] 石虹. 浅谈全球水资源态势和中国水资源环境问题[J]. 水土保持研究,2002，9(1)：145－150.
[446] 史胜青，袁玉欣，杨敏生，等. 水分胁迫对4种苗木叶绿素荧光的光化学淬灭和非光化学淬灭的影响[J]. 林业科学，2004,40(1)：168－173.
[447] 史振声，王志斌，李凤海. 我国爆裂玉米的品种评价与区域性分析[J]. 玉米科学，2003,11(4)：12－14，18.
[448] 史振声，张喜华. 钾肥对甜玉米籽粒品质和茎秆含糖量的影响[J]. 玉米科学，19942(1)：76－80.
[449] 史振声. 沈农系列爆裂玉米新品种综合研究[J]. 沈阳农业大学学报，1992,23(3)：209－214.
[450] 史志中. 江苏省玉米生产主要环节机械化技术推广与分析[D]. 南京：南京农业大学,2015.
[451] 宋碧，吴盛黎，余世洪，等.不同生态条件下玉米高产群体质量指标的研究[J]. 耕作与栽培,1998 (5)：23－28.
[452] 宋凤斌，许世昌，戴俊英. 水分胁迫对玉米光合作用的影响[J]. 玉米科学,1994，2(3)：66－70.
[453] 宋日，吴春胜，牟金明，等. 打破犁底层对玉米根系生长发育的影响[J]. 耕作与栽

培,2000(5):6-7.
[454] 宋卫堂, 封俊, 胡鸿烈. 北京地区夏玉米联合收获的试验研究[J]. 农业机械学报, 2005,36(5):45-48.
[455] 苏俊. 黑龙江玉米[M]. 北京:中国农业出版社,2011.
[456] 孙百惠, 靳晓燕, 吴京文, 等. 黑龙江省玉米收获机械化现状及发展建议[J]. 农机使用与维修, 2013(12):1-2.
[457] 孙博, 解建仓, 汪妮, 等. 不同秸秆覆盖量对盐渍土蒸发、水盐变化的影响[J]. 水土保持学报, 2012,26(1):246-250.
[458] 孙彩霞, 沈秀瑛, 郝宪彬, 等. 根系和地上部生长指标与玉米基因型抗旱性的灰色关联度分析[J]. 玉米科学, 2008(1):31-33.
[459] 孙传生, 黄长海, 朱大为, 等. 东北黑土区水土保持保护性耕作措施探讨[J]. 水土保持研究, 2006,13(5):132-133, 136.
[460] 孙东宝, 孙高东, 王庆锁. 晋北半干旱区免耕对玉米光合和蒸腾特性的影响[J]. 中国农业气象, 2012,31(02):235-239.
[461] 孙宏勇, 张喜英, 陈素英. 农田耗水构成、规律及影响因素分析[J]. 中国生态农业学报 ,2011,19(5):53-59.
[462] 孙进良, 刘师多, 丁慧玲. 我国玉米收获机械化的应用现状与展望[J]. 农机化研究, 2009,31(3):217- 219.
[463] 孙景生, 肖俊夫, 段爱旺, 等. 夏玉米耗水规律及水分胁迫对其生长发育和产量的影响[J]. 玉米科学, 1999,7(2):45-48.
[464] 孙丽惠. 辽宁省玉米育种问题研究[J]. 园艺与种苗, 2016(3):3-5.
[465] 孙明涛. 玉米单粒和精量播种对种子质量的要求及其栽培技术要点[J]. 种子, 2013,32(4):120-121.
[466] 孙士明, 韩宏宇, 程亨曼, 等. 我国玉米生产机械化现状及发展建议[C]. 2010 国际农业工程大会“十二五”低碳农业装备技术创新研究分会场论文集,2010.
[467] 孙士明, 靳晓燕, 韩宏宇, 等. 黑龙江省玉米生产机械化现状及发展建议[J]. 农机化研究,2015,37(5):1-6.
[468] 孙英. 东北地区玉米种子越冬贮藏管理技术[J]. 杂粮作物, 2005,25(3):173.
[469] 孙永秀, 顾巍, 孙伟军. 浅谈植物水分生理和矿质营养吸收与运输[J]. 吉林农业, 2012(8):221.
[470] 孙玉霞, 马克元, 苏春季. 磷胁迫对玉米根系的影响[J]. 邯郸农业高等专科学校学报, 1995(Z1):32.
[471] 索全义, 赵利梅, 迟玉亭, 等. 氮肥对春玉米籽粒建成及品质形成的影响[J]. 内蒙古农业大学学报(自然科学版), 2000,21(1):26-29.
[472] 谭福忠, 韩翠波, 邹双利, 等. 极早熟玉米品种籽粒脱水特性的初步研究[J]. 中国农学通报, 2008,24(7):161-168.
[473] 谭国波, 赵立群, 张丽华, 等. 玉米拔节期水分胁迫对植株性状、光合生理及产量的影响[J]. 玉米科学, 2010,18(1):96-98.
[474] 谭万忠. 应用生物菌剂作种子处理防治植物病害的研究进展[J]. 国外农学植物保护, 1992,5(2):2-5.

[475] 汤红宦，张满效，何元庆．等．UV－B 和 NO 对玉米幼苗根系呼吸作用的影响[J]．兰州大学学报(自然科学版)，2010,46(02)：51－55,65.
[476] 唐军红．种子包衣机存在的问题与改进措施[J]．石河子科技，2006(4)：37－38.
[477] 唐黎标．发达国家农机化发展模式的启示[J]．农机质量与监督，2009 (1)：119－121.
[478] 唐文冰，张彦娥，张东兴，等．基于双目立体视觉的玉米雄穗识别与定位研究[C]．中国农业工程学会，2011 年学术年会论文集，2011.
[479] 唐文明，赵成昊，杨辉，佟圣辉玉米生产机械化对育种的要求及策略[J]．园艺与种苗，2015(3)：59－61.
[480] 陶世蓉，东先旺，张海燕，等．土壤水分胁迫对玉米植株性状整齐度的影响[J]．西北植物学报，2000,20(5)：812－817.
[481] 滕宏飞，狄广霞．鲜食玉米产业现状与发展对策[J]．中国农学通报，2007,23(4)：489－492.
[482] 田体伟．种衣剂对玉米的安全性及其对田间主要病虫害的影响评价[D]．郑州：河南农业大学，2015.
[483] 田肖肖．保护性耕作方式对夏玉米生长及水氮利用的影响[D]．杨凌：西北农林科技大学，2016.
[484] 田小卫，龙建友，白红进，等．一株放线菌次生代谢产物抗菌活性的初步研究[J]．天津农学院学报，2005,30(3)：51－54.
[485] 田在军，张涛， 宋嘉琪，等．笋玉米新品种玉笋 55[J]．长江农业，2016(13)：16－17.
[486] 佟屏亚．对玉米籽粒机械化收获的探讨[J]．农业技术与装备，2015 (4)：4－6.
[487] 王保民．玉米收获机械现状及其发展趋势[J]．农业技术与装备，2013(6)：25－26.
[488] 王博．玉米杂交种及其亲本灌浆特性[J]．农业工程，2012,2(6)：72－74.
[489] 王创云，邓妍，赵丽，等．不同覆膜栽培方式对玉米光合特性及产量形成的影响[J]．中国农学通报，2015,31(30)：62－67.
[490] 王福亮．黑龙江省玉米栽培技术发展与进步[J]．黑龙江农业科学，2010(10)：155－156.
[491] 王罕博，龚道枝，梅旭荣，等．覆膜和露地旱作春玉米生长与蒸散动态比较[J]．农业工程学报，2012,28(22)：88－94.
[492] 王吉强，高占林，党志红，等．吡虫啉包衣对黄瓜瓜蚜的防治效果及包衣后药剂在植株体内的分布[J]．农药学学报，2008,10(1)：87－91.
[493] 王建程，严昌荣，卜玉山．不同水分与养分水平对玉米叶绿素荧光特性的影响[J]．中国农业气象，2005,26(2)：95－98.
[494] 王建程．水分胁迫对玉米生理生态特性影响研究[D]．太原：山西农业大学，2004.
[495] 王敬亚，齐华，梁熠，等．种植方式对春玉米光合特性、干物质积累及产量的影响[J]．玉米科学，2009，17(5)：113－115,120.
[496] 王静红．玉米生育期四个重要的追肥时期[J]．民营科技，2011(7)：87.
[497] 王俊发，魏天路，刘孝民．振动深松的试验研究[J]．农业机械学报，2001,32 (3)：

33 -35, 39.

[498] 王克如, 李少昆. 玉米籽粒脱水速率影响因素分析[J]. 中国农业科学, 2017,50(11): 2027 -2035.

[499] 王空军, 张吉旺, 郭玉秋, 等. 我国北方玉米品种个体产量潜力与氮利用效率研究[J]. 应用生态学报, 2005,16(5):879 -894.

[500] 王连霞. 不同种类赤眼蜂防治玉米螟效果比较[J]. 黑龙江农业科学, 2013(2): 54 -56.

[501] 王亮, 廉明, 周丽伟, 等. 吉林省玉米全程机械化生产新技术体系研究[J]. 农业机械,2015 (11): 108 -111

[502] 王鹏文, 戴俊英, 魏云鹏. 干旱胁迫对玉米产量和品质的影响研究[J]. 玉米科学, 1999, 7(s1): 102 -106.

[503] 王琦琪, 陈印军. 中国黑龙江、吉林两省与美国玉米生产成本比较分析[J]. 世界农业,2018 (2): 135 -141.

[504] 王庆成, 刘开昌, 张秀清, 等. 紧凑型玉米新杂交种群体结构特点和变化动态[J]. 山东农业科学, 1998(5): 3 -8.

[505] 王绍美, 金胜利, 王刚. 半干旱区全覆膜双垄沟播技术对玉米产量和水分利用效率的影响[J]. 甘肃农业大学学报, 2010,45(4): 100 -106.

[506] 王殊华, 王云生, 张永林. 试论降低玉米籽粒含水量提高我省玉米商品粮质量[J]. 黑龙江农业科学, 1987(1): 42 -45.

[507] 王帅, 杨劲峰, 韩晓日, 等. 不同施肥处理对旱作春玉米光合特性的影响[J]. 中国土壤与肥料, 2008(6): 23 -27.

[508] 王帅. 长期不同施肥对玉米叶片光合作用及光系统功能的影响[D]. 沈阳: 沈阳农业大学,2014.

[509] 王涛, 李亚雄, 胡斌, 等. 制种玉米机械去雄机械的应用与展望[J]. 新疆农垦科技, 2015(4): 28 -31.

[510] 王统武. 农业机械化和玉米商业化育种[J]. 玉米科学,2006 14(增刊): 33 -34.

[511] 王伟. 调亏灌溉对冬小麦和夏玉米生长和产量影响机制的试验研究[D]. 杨凌: 西北农林科技大学,2009.

[512] 王喜恒, 吕波, 梁宾, 等. 黑龙江省玉米收获机械现状与发展趋势[J]. 农机化研究,2011 (2): 7 -8.

[513] 王喜印, 黄慧光, 徐静华, 等. 2 代玉米螟重发原因及其与 1 代残虫量关系分析[J]. 中国植保导刊, 2009,29(4): 15 -16.

[514] 王喜印, 王艳春, 黄慧光, 等. 利用微生物农药白僵菌防治玉米螟虫技术[J]. 园艺与种苗,2009,29(2): 143 -145.

[515] 王霞, 吴欣. 不同种植模式玉米籽粒灌浆进程研究[J]. 宁夏农林科技, 2014,55(8): 4, 7.

[516] 王晓明, 黄高宝. 河西绿洲灌区限水条件下主要农作物高产高效关系探讨[J]. 甘肃农大学报,1996 (2): 130 -134.

[517] 王艳芳, 崔震海, 阮燕晔, 等. 不同类型春玉米灌浆期间籽粒中内源激素 IAA、GA、ZR、ABA 含量的变化[J]. 植物生理学通讯, 2006,2(42): 225 -228.

[518] 王艳红，李金才，魏凤珍，等. 秸秆连续还田与化肥配施对玉米籽粒灌浆特性及产量与品质的影响[J]. 安徽农业大学学报，2013,40(6)：1022－1027.
[519] 王一鸣，吕智超，于国强，等. 谈玉米的植保技术的机械化[J]. 农业开发与装备，2014(9)：111.
[520] 王宜伦，李潮海，何萍，等. 超高产夏玉米养分限制因子及养分吸收积累规律研究[J]. 植物营养与肥料学报，2010,16(3)：559－566.
[521] 王优，张强，于路路. 玉米摘穗装置的应用现状与展望[J]. 农机化研究，2011,33(1)：228－231.
[522] 王玉宝，吴普特，赵西宁，等. 我国农业用水结构演变态势分析[J]. 中国生态农业学报，2010，18(2)：399－404.
[523] 王云生，王殊华，张永林，等. 试论降低玉米籽粒含水量提高我省玉米商品粮质量[J]. 黑龙江农业科学，1987,3(2)：42－45.
[524] 王振华，鲁晓民，张新，等. 我国玉米全程机械化育种目标浅析[J]. 河南农业科学，2011,40(11)：1－3.
[525] 王振华，张忠臣，常华章，等. 黑龙江省个玉米自交系生理成熟期及籽粒自然脱水速率的分析[J]. 玉米科学，2001,9(2)：53－55.
[526] 王震. 41份欧洲玉米种质选系主要性状评价及杂种优势分析[D]. 哈尔滨：东北农业大学，2017.
[527] 王忠，顾蕴洁，李卫芳，等. 玉米胚乳的发育及其养分输入的途径[J]. 江苏农学院学报，1997,18(3)：1－7.
[528] 王忠. 植物生理学[M]. 北京：中国农业出版社，2002.
[529] 王忠孝，杜成贵，王庆成. 玉米籽粒成熟的标志——乳线的研究[J]. 山东农业科学，1986 (4)：36－47.
[530] 王忠孝，高学曾，许金芳，等. 关于玉米籽粒败育的研究[J]. 中国农业科学，1986,19(6)：36－40.
[531] 卫勇强，雷晓兵，梁晓伟，等. 不同夏玉米品种籽粒自然脱水速率的研究[J]. 江苏农业科学，2011,39(6)：167－168.
[532] 魏国才，姜军，南元涛，等. 玉米不同层次叶片与单株产量的关系及实践意义研究[J]. 黑龙江农业科学，2000(1)：16－17.
[533] 魏珊珊，王祥宇，董树亭. 株行距配置对高产夏玉米冠层结构及籽粒灌浆特性的影响[J]. 应用生态学报，2014,25(2)：441－450.
[534] 魏训培，李桂芹，亓文田. 玉米亲本种子生产存在的问题及对策[J]. 现代农业科技，2008(11)：255，257.
[535] 魏玉君. 夏玉米光温需示与籽粒灌浆特性的研究[D]. 泰安：山东农业大学，2014.
[536] 温大兴，王鹏文，辛德财. 普通玉米与糯玉米籽粒灌浆特性比较研究[J]. 安徽农业科学，2009，37(20)：9430－9432.
[537] 温莉萍. 精量播种机械化技术现状及其发展[J]. 农村牧区机械化，2007 (4)：36－37.
[538] 吴崇海，李振金. 高留麦茬的整体效应与配套技术的研究[J]. 干旱地区农业研究，1996,14(1)：43－48.

[539] 吴春胜. 超高产玉米灌浆速率与干物质积累特性研究[J]. 吉林农业大学学报, 2008, 30(4): 382 - 385, 400.
[540] 吴广霞, 唐献龙, 杨德光, 等. 植物低温胁迫生理研究进展[J]. 作物杂志,2008(3): 17 - 19.
[541] 吴建明, 梁和, 陆国盈, 等. 密度和肥料对高油玉米生理性状的影响[J]. 西南农业学报,2005, 18(4): 392 - 396.
[542] 吴普特, 冯浩, 牛文全, 等. 我国北方地区节水农业技术水平及评价[J]. 灌溉排水学报, 2003,22(1): 26 - 30.
[543] 吴普特, 冯浩. 中国节水农业发展战略初探[J]. 农业工程学报,2005,21(6): 152 - 157.
[544] 吴少辉, 高海涛. 干旱对冬小麦粒重形成的影响及灌浆特性分析[J]. 干旱地区农业研究,2002,20(2): 49 - 51.
[545] 吴硕. 玉米连作与长期施肥效应研究Ⅱ. 连续施肥对玉米品质及土壤肥力的影响[J]. 辽宁农业科学,1996 (3): 7 - 12.
[546] 吴相辰. 沈北地区青贮玉米与常规玉米种植机械化模式比较研究[D]. 沈阳: 沈阳农业大学,2016.
[547] 吴学宏, 刘西莉, 王红梅, 等. 我国种衣剂的研究进展[J]. 农药,2003,42(5): 1 - 5.
[548] 吴正锋, 王空军, 董树亭, 等. 高油玉米籽粒灌浆期间氮素的吸收与分配[J]. 中国农业科学,2005, 38(4): 697 - 702.
[549] 伍月红, 张鹏, 刘世民, 等. 玉米生产全程机械化作业模式初探[J]. 江苏农机化, 2012(1):26 - 29.
[550] 相俊红. 农作物秸秆综合利用机械化技术推广研究[D]. 北京: 中国农业大学,2005.
[551] 相茂国. 玉米籽粒直收机械适应性研究[D]. 淄博: 山东理工大学,2014.
[552] 向葵. 玉米籽粒脱水速率测定方法优化及遗传研究[D]. 成都: 四川农业大学,2011.
[553] 肖俊夫, 刘战东, 陈玉民. 中国玉米需水量与需水规律研究[J]. 玉米科学, 2008, 16(4): 21 - 25.
[554] 肖俊夫, 刘战东, 南纪琴, 等. 不同水分处理对春玉米生态指标、耗水量及产量的影响[J]. 玉米科学, 2010,18(6): 94 - 97.
[555] 谢斌. 浅析玉米精量播种机械化技术的优点及操作要点[J]. 湖北农机化, 2016(4): 48 - 49.
[556] 谢军飞, 李玉娥. 农田土壤温室气体排放机理与影响因素研究进展[J]. 中国农业气象,2002, 23(4): 48 - 53.
[557] 谢曜鸿. 浅析光合作用和呼吸作用[J]. 中国战略新兴产业, 2017(32): 63.
[558] 谢玉花, 宋洪波, 刘升, 等. 贮藏温度和薄膜包装对甜玉米呼吸强度及品质的影响[J]. 食品科学,2014, 35(02): 282 - 286.
[559] 熊远福, 邹应斌, 唐启源, 等. 种衣剂及其作用机制[J]. 种子,2001(2): 35 - 37.
[560] 熊远福, 邹应斌, 文祝友, 等. 水稻种衣剂对秧苗生长、酶活性及内源激素的影响

[J]. 中国农业科学, 2004,37(11): 1611 -1615.
[561] 徐洪文, 宋凤斌, 朱先灿, 等. 不同生育时期玉米苞叶叶绿素荧光特性差异分析[J]. 华北农学报, 2009,24(6): 74 -77.
[562] 徐世昌, 戴俊英, 沈秀瑛, 等. 水分胁迫对玉米光合性能和产量的影响[J]. 作物学报,1995, 21(3): 356 -363.
[563] 徐伟. 浅谈玉米全程机械化生产[J]. 农业机械, 2016(11): 141 -142.
[564] 徐伟松, 钟国华, 李畅方, 等. 两种拟青霉菌提取物对菜蚜的控制作用[J]. 植物保护,2017, 33(6): 35 -38.
[565] 徐云姬, 顾道健, 张博博, 等. 玉米果穗不同部位籽粒激素含量及其与胚乳发育和籽粒灌浆的关系[J]. 作物学报, 2013,39(8): 1452 -1461.
[566] 徐云姬, 钱希旸, 李银银, 等. 根系分区交替灌溉对玉米籽粒灌浆及相关生理特性的影响[J]. 作物学报, 2016,42(2): 230 -242.
[567] 许迪, 蔡林根, 王少丽, 等. 农业持续发展的农田水土管理研究[M]. 北京: 中国水利水电出版社, 2000.
[568] 许迪, 吴普特, 梅旭荣, 等. 我国节水农业科技创新成效与进展[J]. 农业工程学, 2003,19(3): 5 -9.
[569] 许姣姣. 不同耕作方式对麦 - 玉两熟农田耕层土壤质量及呼吸组分的影响[D]. 泰安: 山东农业大学,2016
[570] 许香春, 王朝云. 国内外地膜覆盖栽培现状及展望[J]. 中国麻业,2006, 28(1): 6 -11.
[571] 薛朝阳, 胡军祥, 徐军生. 种子包衣技术及其研究进展[J]. 农业科技与信息, 2009(11): 5 -6.
[572] 薛吉全, 梁宗锁, 马国胜, 等. 玉米不同株型耐密性的群体生理指标研究[J]. 应用生态学报, 2002,13(1): 55 -59.
[573] 薛涛, 谢斌, 毛恩荣, 等. 玉米去雄机去雄作业控制系统设计与试验[J]. 农业工程学报,2015,31(4): 49 -54.
[574] 薛纬奇. 玉米生产全程机械化技术与装备研究——以榆次区为例[D]. 晋中: 山西农业大学,2016.
[575] 闫淑琴, 苏俊, 李春霞, 等. 玉米籽粒灌浆、脱水速率的相关与通径分析[J]. 黑龙江农业科学, 2007(4): 1 -4
[576] 杨村, 邹庆道, 田云, 等. 玉米籽粒水分含量的遗传研究[J]. 国外农学 - 杂粮作物,1998, 18(2): 11 -14.
[577] 杨恩琼, 袁玲, 何腾兵, 等. 干旱胁迫对高油玉米根系生长发育和朽粒产量与品质的影响[J]. 土壤通报, 2009,40(1): 85 -88.
[578] 杨桂杰. 玉米生产中存在的问题与对策研究[J]. 农民致富之友,2013(13): 40.
[579] 杨国虎, 李新, 王承莲. 种植密度影响玉米产量及部分产量相关性状的研究[J]. 西北农业学报, 2006,15(5): 57 -60, 64.
[580] 杨宏伟. 爆裂玉米新组合评价指标体系的构建与应用[D]. 天津: 天津农学院,2016.
[581] 杨建昌, 王国忠, 王志琴, 等. 旱种水稻灌浆特性与灌浆期籽粒中激素含量的变化

[J]. 作物学报,2002, 28(5): 615 -621.

[582] 杨建昌, 朱庆森, 王志琴. 亚种间杂交稻光合特性及物质积累与运转的研究[J]. 作物学报,1997, 23(1): 82 -88.

[583] 杨杰. 175 亿中央财政农机补贴资金到位 第二批资金重点补贴“三秋”生产机具[J]. 现代农业装备,2011 (8): 18.

[584] 杨劲峰, 马迪, 王帅, 等. 磷肥对玉米灌浆期光合系统性能的影响[J]. 玉米科学, 2016,24(5): 136 -141, 146.

[585] 杨峻芸, 奎丽梅. 国外玉米制种技术综述[J]. 种子,2000, 19(1): 29 -31.

[586] 杨利华, 宋亚辉, 王文秀, 等. 不同粒重类型普通夏玉米高赖氨酸玉米籽粒灌浆特点[J]. 河北农业科学, 1996(1): 38 -39.

[587] 杨敏丽. 农业机械化: 降低农业生产成本提高国际竞争力的关键(上)[J]. 中国农机化导报, 2016,08(006):30.

[588] 杨巍. 河北省小麦 - 玉米生产全程机械化工艺路线的研究[D]. 石家庄: 河北农业大学,2014.

[589] 杨卫兵, 王振林, 尹燕枰, 等. 外源 ABA 和 GA 对小麦籽粒内源激素含量及其灌浆进程的影响[J]. 中国农业科学, 2011,44(13): 2673 -2682.

[590] 杨晓青, 张岁岐, 梁宗锁, 等. 水分胁迫对不同抗旱类型冬小麦幼苗叶绿素荧光参数的影响[J]. 西北植物学报, 2004,24(5): 812 -816.

[591] 杨有志. 对深松的适宜深度及其有关措施的看法[J]. 辽宁农业科技, 1978(6): 32 -36.

[592] 杨长成, 王传士, 郑雅楠, 等. 赤眼蜂防治玉米螟的持续效果分析[J]. 玉米科学, 2011,19(1): 139 -142.

[593] 姚新灵, 丁向真, 陈彦云, 等. 淀粉分支酶和去分支酶编码基因的功能[J]. 植物生理学通讯,2005, 2(41): 253 -259.

[594] 易镇邪, 王璞, 张红芳, 等. 氮肥类型与施用量对夏玉米产量与品质性状的影响[J]. 玉米科学,2006,14(2): 130 -133.

[595] 于海明, 汪春, 李连豪, 等. 高效节能型灭茬旋耕联合整地机中旋耕机的设计[J]. 黑龙江八一农垦大学学报, 2008,20(6): 37 -39.

[596] 于吉琳. 播期与密度对玉米物质生产及产量的影响[D]. 沈阳: 沈阳农业大学,2013.

[597] 于文颖, 纪瑞鹏, 冯锐, 等. 不同生育期玉米叶片光合特性及水分利用效率对水分胁迫的响应[J]. 生态学报, 2015,35(09): 2902 -2909.

[598] 余海兵. 沼肥对糯玉米生长发育、品质及土壤特性的影响[D]. 南京: 南京农业大学,2007.

[599] 余萍. 美国节水及水资源开发利用的若干做法[J]. 城市道桥与防洪,2005(06): 168 -170.

[600] 袁鹰, 刘德璞, 张光弟, 等. 玉米常规育种中出现的问题的生物技术解决方案[J]. 分子植物育种,2005(1): 135 -139.

[601] 岳文龙. 玉米全程机械化生产技术集成探讨[J]. 农业技术与装备,2013(16): 50 -51, 54.

[602] 翟瑞常. 耕作对土壤生物动态变化的影响[J]. 土壤学报,1996, 33(2): 201 -210.

[603] 战秀梅, 韩晓日, 杨劲峰, 等. 不同施肥处理对玉米生育后期叶片保护酶活性及膜脂过氧化作用的影响[J]. 玉米科学, 2007,15 (1): 123 -127.

[604] 张波屏. 我国施肥机械的发展概况[J]. 粮油加工与食品机械, 1989(5): 1 -6.

[605] 张波屏. 我国施肥机械的发展概况(续)[J]. 粮油加工与食品机械,1989(6): 1 -4.

[606] 张波屏. 现代种植机械工程[M]. 北京: 机械工业出版社,1997.

[607] 张道林, 孙永进, 赵洪光. 自走式穗茎兼收型玉米联合收获机的设计与试验[J]. 农业工程学报, 2005,21(1): 79 -82.

[608] 张德奇, 廖允成, 贾志宽. 旱区地膜覆盖技术的研究进展及发展前景[J]. 干旱地区农业研究,2005,23(1): 208 -213.

[609] 张东兴. 玉米全程机械化生产技术与装备[M]. 北京: 中国农业大学出版社,2014.

[610] 张凤路, 崔彦宏, 王志敏, 等. 去叶影响玉米籽粒发育的生理研究[J]. 河北农业大学学报, 1999(3): 16 -19.

[611] 张贵. 黑龙江省玉米收获机械产品生产及质量现状分析[J]. 农业机械,2011(25): 93 -95.

[612] 张海艳. 不同类型玉米淀粉形成特性及酶学机理研究[D]. 泰安: 山东农业大学,2006.

[613] 张红芳, 王璞, 张来生, 等. 不同密度下施氮对甜玉米果穗形成的影响[J]. 玉米科学,2008,16(2): 125 -130.

[614] 张焕章. 玉米大垄双行深耕施肥播种机设计与试验研究[D]. 沈阳: 沈阳农业大学,2016.

[615] 张吉旺, 王空军, 胡昌浩, 等. 施氮时期对夏玉米饲用营养价值的影响[J]. 中国农业科学, 2002,35(11): 1337 -1342.

[616] 张继澍. 植物生理学[M]. 北京: 高等教育出版社,2006.

[617] 张建华, 李霞, 孟凡义. 矿质元素对玉米三叶期幼苗生长的影响[J]. 土壤肥料, 1992(1): 32 -35.

[618] 张建华, 李迎春. 光、温土壤湿度影响玉米生长发育及产量形成的模拟模式[J]. 干旱地区农业研究, 1997,15(2): 8 -14.

[619] 张金牛. 特用玉米栽培技术[J]. 种子世界,2017 (6):30.

[620] 张景生, 肖俊夫, 段爱旺, 等. 夏玉米耗水规律及水分胁迫对其生长发育和产量的影响[J]. 玉米科学, 1999,7(2): 45 -48.

[621] 张敬宇, 付健, 杨克军, 等. 不同种植方式和密度对玉米产量及光合特性的影响[J]. 安徽农业科学, 2015,43(23): 29 -32,93.

[622] 张娟, 王立功, 刘爱民, 等. 种植密度对不同玉米品种产量和灌浆进程的影响[J]. 作物杂志, 2009(3): 40 -43.

[623] 张俊鹏, 孙景生, 刘祖贵, 等. 不同水分条件和覆盖处理对夏玉米籽粒灌浆特性和产量的影响[J]. 中国生态农业学报, 2010,18(3): 501 -506.

[624] 张立国, 范骐骥, 陈喜昌, 等. 玉米生理成熟后籽粒脱水速率与主要农艺性状的相关分析[J]. 黑龙江农业科学, 2012(3): 1 -5.

[625] 张立国，张林，管春云，等. 玉米生理成熟后籽粒脱水速率与品质性状的相关分析[J]. 东北农业大学学报，2007,38(5)：582－585.

[626] 张立军，刘新. 植物生理学[M]. 2 版. 北京：科学出版社,2011.

[627] 张丽光. 灭茬旋耕深松全层施肥玉米精播机功能评测与综合农艺效应研究[D]. 石家庄：河北农业大学,2013.

[628] 张丽娜. 机械化生产对我国玉米产业竞争力影响的研究[D]. 北京：中国农业大学,2017.

[629] 张铭堂，段民孝，赵久然，等. 玉米单倍体加倍(DH)系籽粒性状表现的研究[J]. 华北农学报,2009，24(1)：128－132.

[630] 张其德，卢从明，刘丽娜，等. 二氧化碳加富对大豆叶片光系统Ⅱ功能的影响[J]. 植物生态学报,1996，20(6)：517－523.

[631] 张倩，张洪生，赵美爱，等. 种植方式对夏玉米光合特性与产量的影响[J]. 玉米科学,2012,20(5)：102－105.

[632] 张庆娜，傅迎军，孙殷会，等. 专用型笋玉米的引进与筛选[J]. 黑龙江农业科学，2016(2)：1－4.

[633] 张秋英，刘晓冰，金剑，等. 水肥耦合对玉米光合特性及产量的影响[J]. 玉米科学,2001，9(2)：64－67.

[634] 张少良，张兴义，于同艳，等. 秸秆覆盖对农田黑土春季地温的影响[J]. 干旱区资源与环境，2010,24(6)：169－173.

[635] 张世煌. 郑单 958 带给我们的创新思路和发展机遇[J]. 玉米科学,2006,14(6)：4－6.

[636] 张树光，冯学民，高树仁，等. 玉米成熟期籽粒含水量与果穗性状的关系[J]. 中国农学通报,1994 (2)：15－17.

[637] 张顺东. 玉米全程机械化制种技术[J]. 新疆农垦科技,2014(6)：43－44.

[638] 张铜会，赵哈林，赵学勇，等. 科尔沁沙地玉米耗水规律初探[J]. 中国沙漠，1999，19(s1)：137－139.

[639] 张万松，王春平，张爱民，等. 国内外农作物种子质量标准体系比较[J]. 中国农业科学,2011,44(5)：884－897.

[640] 张文斌，杨祁峰，牛俊义，等. 种植密度对全膜双垄沟播玉米籽粒灌浆及产量的影响[J]. 甘肃农业大学学报，2010,45(2)：74－78.

[641] 张雯，衣莹，侯立白. 辽西地区垄作保护性耕作方式对玉米产量效应的影响研究[J]. 玉米科学,2007，15(5)：96－99,103.

[642] 张欣. 多功能土壤耕作机具设计与试验[D]. 泰安：山东农业大学,2014.

[643] 张雪松，申双和，谢轶嵩，等. 华北平原冬麦田根呼吸对土壤总呼吸的贡献[J]. 中国农业气象,2009,30(03)：289－296.

[644] 张亚军，张林，周艳春，等. 玉米杂交种生理成熟后籽粒田间自然脱水速率差异分析[J]. 作物杂志,2010 (2)：58－61.

[645] 张毅，徐世昌. 孕期低温对玉米雌穗的伤害作用[J]. 作物学报,1995，21(2)：235－239.

[646] 张银锁，宇振荣，DRIESSEN P M. 环境条件和栽培管理对夏玉米干物质积累、分配

及转移的试验研究[J]. 作物学报, 2002,28(1):104-109.
[647] 张英,李时群,穆楠,等. 鲜食型玉米的研发现状及发展前景[J]. 杂粮作物, 2007,27(5):373-375.
[648] 张永丽,李雁鸣,肖凯,等. 不同氮、磷用量对杂种小麦旗叶光合特性的影响[J]. 植物营养与肥料学报, 2004,10(3):231-236.
[649] 张宇,张海林,陈继康,等. 耕作方式对冬小麦田土壤呼吸及各组分贡献的影响[J]. 中国农业科学, 2009,42(09):3354-3360.
[650] 张泽民,刘丰明,李雪英. 河南省1963—1993年玉米杂交种籽粒产量及其组成性状的遗传增益[J]. 作物学报, 1998(2):182-186.
[651] 张泽民,刘丰明,牛云生,等. 不同年代玉米杂交种干物质积累与分配规律的研究[J]. 河南农业大学学报, 1997,31(2):118-122.
[652] 张振明. 太阳辐射对玉米农田土壤呼吸作用的影响[J]. 黑龙江科学,2014,5(08):60.
[653] 张中伟. 普通×爆裂玉米RILs构建及主要性状QTL分析[D]. 郑州:河南农业大学,2009.
[654] 赵德春,赵巍. 5BJZ-3.0型新型种子包衣机的设计[J]. 农机化研究, 2006(3):97-98.
[655] 赵福庚,何龙飞,罗庆云. 植物逆境生理生态学[M]. 北京:化学工业出版社,2004.
[656] 赵宏伟,邹德堂,迟凤琴. 氮肥施用量对春玉米籽粒淀粉含量及淀粉合成关键酶活性的影响[J]. 农业现代化研究, 2007,28(3):28-35.
[657] 赵建勋. 安徽省机械化施肥的现状与对策[J]. 安徽农学通报, 2013(10):64-65.
[658] 赵金. 玉米免耕深松全层施肥精量播种机的研究[D]. 保定:河北农业大学,2012.
[659] 赵久然,卢柏山,史亚兴,等. 我国糯玉米育种及产业发展动态[J]. 玉米科学, 2016,24 (4):67-71
[660] 赵久然,杨国航,孙世贤,等. 国家青贮玉米品种区域试验现状及发展趋势——国家玉米品种区试系列介绍Ⅳ[J]. 作物杂志, 2008(1):85-89.
[661] 赵聚宝,梅旭荣,薛军红,等. 秸秆覆盖对旱地作物水分利用效率的影响[J]. 中国农业科学, 1996,29(2):59-66.
[662] 赵聚宝,梅旭荣. 秸秆覆盖在农业节水增产中的作用[J]. 农牧情报研究,1992(1):41-48.
[663] 赵丽英,邓西平,山仑. 不同水分处理下冬小麦旗叶叶绿素荧光参数的变化研究[J]. 中国生态农业学报, 2007,15(1):63-66.
[664] 赵利梅,王贵平,高炳德,等. 氮磷钾平衡施肥对春玉米籽粒建成及品质形成影响的研究[J]. 内蒙古农业大学学报(自然科学版), 2000,21(S1):16-20.
[665] 赵明,李少昆,董树亭,等. 美国玉米生产关键技术与中国现代玉米生产发展的思考[J]. 作物杂志,2011 (2):1-3.
[666] 赵娜,刁怀龙,常建国. 自走式玉米联合收获机能耗分析及节技术[J]. 农机化研究, 2013,35(8):50-53.
[667] 赵士诚,裴雪霞,何萍,等. 氮肥减量后移对土壤氮素供应和夏玉米氮素吸收利用

的影响[J]. 植物营养与肥料学报, 2010,16(2): 492 –497.

[668] 赵霞, 王小星, 黄瑞冬, 等. 玉米精量播种种子质量差异研究[J]. 玉米科学,2012, 20(4): 95 –100.

[669] 赵先丽, 张玉书, 纪瑞鹏, 等. 辽宁苗期玉米根叶对水分胁迫的响应[J]. 中国农学通报, 2011,27(30): 21 –26.

[670] 赵鑫, 陈长智. 浅析制约吉林市玉米收获机械化的因素及建议[J]. 农业机械,2010 (07): 94 –96.

[671] 赵秀梅, 张树权, 李维艳, 等. 赤眼蜂防治玉米螟田间防效测定与评估[J]. 作物杂志,2010(2): 93 –94.

[672] 赵益强, 谢果林, 李佩华. 我国甜、糯玉米生产现状及前景分析[J]. 西昌学院学报(自然科学版), 2005,19(3): 30 –33.

[673] 褚孝莹, 魏湜, 李双双, 等. 外源 GA_3 对小黑麦籽粒灌浆特性及产量的影响[J]. 麦类作物学报, 2012,32(6): 1156 –1160.

[674] 郑奎, 田玉. 玉米机械作业技术规程[J]. 农机化研究,1993(2): 49 –53.

[675] 郑丕尧, 蒋钟怀, 王经武. 夏播"京早 7 号"玉米叶片叶绿素含量消长规律的研究[J]. 华北农学报,1998, 3(1): 21 –27.

[676] 郑盛华, 严昌荣. 水分胁迫对玉米苗期生理和形态特性的影响[J]. 生态学报, 2006,26(4): 1138 –1143.

[677] 郑伟, 张艳红. 气候因素对玉米产量和品质的影响研究[J]. 现代农业科技,2007 (11): 103 –104.

[678] 中国农业机械化信息网. 农业部将启动玉米收获机械质量调查[J]. 现代农业装备,2012 (5): 29 –29.

[679] 中国农业科学院农业气象研究室. 北方抗旱技术[M]. 北京: 农业出版社,1980.

[680] 中国农业科学院烟草研究所. 中国烟草栽培学[M]. 上海: 上海科学技术出版社,2005.

[681] 仲爽. 黑龙江省西部半干旱区玉米水氮耦合效应试验研究[D]. 哈尔滨: 东北农业大学,2009.

[682] 周保疆, 毛建平. 杂交玉米制种中农业机械的应用与影响[J]. 种子科技,2010,28 (7): 12 –13.

[683] 周海玲, 李清龙, 张强强, 等. 玉米籽粒和玉米芯间连接的理论分析与试验研究[J]. 颗粒材料计算力学研究进展,2012(12):477 –484.

[684] 周会, 张军杰, 黄玉碧. 淀粉去分支酶研究进展[J]. 河南农业科学,2006,35(9): 5 –8.

[685] 周继鲲. 我国玉米收获机械化现状及发展对策[D]. 合肥: 安徽农业大学,2014.

[686] 周敏. 铈元素对缺镁营养胁迫下玉米幼苗光合作用的影响[D]. 苏州:苏州大学,2011.

[687] 周霓. 玉米机械化生产存在的问题及对策分析[J]. 中国农业信息,2015(8): 61 –62.

[688] 周文杰, 芦站根, 刘海鹏. 衡水湖黄顶菊提取物对玉米蚜触杀活性研究[J]. 现代农村科技, 2010(7): 40 –41.

[689] 周祥利，陶洪斌，李梁，等. 花后水分亏缺对玉米叶绿素荧光动力学参数及产量的影响[J]. 华北农学报，2010，25(6)：187－190.
[690] 周秀骥，罗超，李维亮，等. 中国地区臭氧总量变化与青藏高原低值中心[J]. 科学通报，1995，40(15)：1396－1398.
[691] 周旭，李心平，高连兴，等. 两种脱粒滚筒的玉米籽粒损伤试验研究[J]. 沈阳农业大学学报，2005，36(6)：756－758.
[692] 朱富春. 夏玉米适时晚收技术[J]. 耕作与栽培，2013(3)：50.
[693] 朱纪春，陈金环. 国内外玉米收获机械现状和技术特点分析[J]. 农业技术装备，2012 (12)：23－36.
[694] 朱明，陈海军，李永磊. 中国种业机械化现状调研与发展分析[J]. 农业工程学报，2015，31(14)：1－7.
[695] 朱自玺，侯建新. 夏玉米土壤水分指标研究[J]. 气象，1988，14(9)：13－16.
[696] 邹岚，卓杰强，杨仁全，等. 我国玉米收获机发展前景分析[J]. 农机化研究，2008 (4)：205－208.
[697] 左振鹏，孙庆泉，董膂浩，等. 爆、甜、糯玉米生育后期叶片光合特性的比较[J]. 作物学报，2009，35(10)：1930－1935.